员工岗位技能培训系列教材

集输工标准化操作

中国石油大港油田公司 编

石油工业出版社

内 容 提 要

本书共分为5章17节，主要包括油气水处理、机泵操作、原油输送和储存、自动控制技术、常用工具、量具、仪器仪表的使用及安全生产等集输工岗位日常操作项目192个，详细介绍了每个操作项目的操作流程、风险提示及防范措施、技术要求等内容。本书内容紧密结合油田生产实际，具有很强的实用性和可操作性。

本书适合从事集输工作的操作人员阅读，也可作为集输工岗位技能培训和职业技能等级培训用书。

图书在版编目（CIP）数据

集输工标准化操作/中国石油大港油田公司编.
—北京：石油工业出版社，2021.6
员工岗位技能培训系列教材
ISBN 978-7-5183-4664-6

Ⅰ.①集… Ⅱ.①中… Ⅲ.①油气集输–技术培训–教材 Ⅳ.①TE86

中国版本图书馆CIP数据核字（2021）第111186号

出版发行：石油工业出版社
（北京安定门外安华里2区1号　100011）
网　　址：www.petropub.com
编辑部：（010）64269289
图书营销中心：（010）64523633
经　　销：全国新华书店
印　　刷：北京中石油彩色印刷有限责任公司

2021年6月第1版　2021年6月第1次印刷
710×1000毫米　开本：1/16　印张：20.75
字数：398千字

定价：69.00元
（如出现印装质量问题，我社图书营销中心负责调换）
版权所有，翻印必究

《集输工标准化操作》
编委会

主　　任：刘洪冬

副 主 任：王英瑞　蒲秀刚

委　　员：陈少华　李　慧　侯立军　李宝柱

　　　　　陈　宇　王宏伟　邓　东　夏向军

　　　　　黄　忠

《集输工标准化操作》
编 写 组

主　　编：李　健

成　　员：(排名不分先后，按姓氏笔画排列)

于兴才	于春玲	马永雷	马新红	王世谦
王成海	王海林	牛亚军	冯雪浦	匡艳红
庄　颖	刘　苏	刘念英	刘建林	李　智
李庚钊	李建强	李崧菱	汪永山	宋忠利
张津波	张润进	岳国滨	周　凯	周小东
胡建平	宫艳红	秦廷保	贾盛伟	徐　辉
陶世杰	黄兴鸿	崔滨海	崔静涛	董明年

前　言

近年来，大港油田公司高度重视技能员工培训，深入推进全员培训工程，着力构建标准化培训体系，包含标准化培训教材、题库、视频课件、口袋读本等，对于全面提升员工标准化操作技能水平、确保合规操作、提高安全生产水平有着重要的意义，受到一线员工的高度认可。

根据中国石油天然气集团有限公司及大港油田公司有关技能员工培训工作的相关要求，大港油田公司组织编写了《采油工标准化操作》《集输工标准化操作》《维修电工标准化操作》等系列图书，共同构成大港油田自主编写的标准化培训教材体系。

本书由大港油田公司人才开发中心组织编写。根据新形势下油田公司发展对员工岗位素质能力、安全能力、操作水平的基本要求，结合集输工岗位实际，本着统筹规划、协同开发、资源共享的原则，专门成立了以第三采油厂为主编单位、各采油厂专家共同参与的编写组，并多次组织教材评审会，充分吸纳基层班组员工及技能专家的意见和建议，保证了教材编写的质量。

本书共分为 5 章 17 节 192 个项目，涵盖了集输工岗位主要操作项目。其中第一章为油气水处理，主要包含分离器、加热炉、管线流程等设备的日常检查、维护、故障处理等操作；第二章为机泵操作，主要包含离心泵、电动机、齿轮泵、往复泵、压缩机、螺杆泵等设备的日常检查、维护、故障处理等操作；第三章为原油输送和储存，主要包含油罐、输油管道等设备的日常检查、维护、故障处理等操作；第四章为自动控制技术，主要包含变送器、执行器、集散控制系统等设备的日常检查、维护、故障处理等操作；第五章为常用工具、量具、仪器仪表的使用及安全生产，主要包含常用工具、量具、仪器仪表及干粉灭火器等其他设备的使用方法。本书内容系统全面、流程清晰、操作规范、紧贴实际，是一本实用性和可操作性很强的培训教材。

在此特别感谢参与本书编审工作的技能专家以及提供大力支持的各采油厂相关人员。

由于编者水平有限，本书难免有不足之处，敬请广大读者批评指正。

编者
2021 年 5 月

目　录

第一章　油气水处理 ... 1

第一节　分离器 ... 1

项目一　油气分离器启运前的准备工作 ... 1
项目二　油气分离器启运操作 ... 2
项目三　油气分离器停运操作 ... 4
项目四　油气分离器运行中的检查与调整 ... 5
项目五　三相分离器启运操作 ... 6
项目六　三相分离器停运操作 ... 7
项目七　三相分离器倒换操作 ... 8
项目八　三相分离器运行中的检查与调整操作 ... 10
项目九　三相分离器天然气管线进油的原因及处理方法 ... 11
项目十　三相分离器出油管线窜气的原因及处理方法 ... 12
项目十一　三相分离器出水管线见油的原因及处理方法 ... 14
项目十二　三相分离器油出口含水升高的原因和处理方法 ... 15

第二节　加热炉 ... 16

项目一　管式加热炉启炉操作 ... 16
项目二　管式加热炉停炉操作 ... 19
项目三　管式加热炉紧急停炉操作 ... 20
项目四　管式加热炉巡回检查操作 ... 22
项目五　真空相变式加热炉启炉操作 ... 24
项目六　真空相变式加热炉停炉操作 ... 26
项目七　真空相变式加热炉巡回检查操作 ... 28
项目八　真空相变式加热炉的维护保养 ... 30
项目九　管式加热炉的维护保养 ... 32
项目十　自动燃烧器点不着火的原因及处理 ... 34
项目十一　加热炉回火的原因及处理方法 ... 35

项目十二　影响加热炉出口温度变化的原因及处理方法 …………… 37

　　项目十三　加热炉出口温度过低的原因及处理方法 ………………… 39

　　项目十四　加热炉凝管的原因及处理方法 …………………………… 40

　　项目十五　加热炉冒黑烟的原因及处理方法 ………………………… 42

第三节　管线流程 …………………………………………………………… 43

　　项目一　更换阀门填料操作 …………………………………………… 43

　　项目二　更换法兰垫片操作 …………………………………………… 45

　　项目三　更换法兰阀门操作 …………………………………………… 46

　　项目四　阀门的日常维护保养 ………………………………………… 48

　　项目五　闸阀常见故障的原因及处理 ………………………………… 50

　　项目六　更换安装压力表操作 ………………………………………… 52

　　项目七　更换安装流量计操作 ………………………………………… 54

　　项目八　攻制螺纹操作 ………………………………………………… 55

　　项目九　绘制岗位工艺流程图 ………………………………………… 57

　　项目十　测量绘制工件图 ……………………………………………… 58

　　项目十一　根据管路组装图组装管路流程 …………………………… 60

第四节　水质处理及质量指标测定 ………………………………………… 61

　　项目一　核桃壳过滤器投运操作 ……………………………………… 61

　　项目二　核桃壳过滤器反冲洗操作 …………………………………… 64

　　项目三　污水含油化验操作 …………………………………………… 65

　　项目四　污水悬浮物含量测量操作 …………………………………… 67

　　项目五　蒸馏法测定原油含水操作 …………………………………… 68

第二章　机泵操作 …………………………………………………………… 71

第一节　离心泵 ……………………………………………………………… 71

　　项目一　离心泵启运前的准备工作 …………………………………… 71

　　项目二　离心泵的启动操作 …………………………………………… 72

　　项目三　离心泵的停运操作 …………………………………………… 74

　　项目四　离心泵的切换操作 …………………………………………… 75

　　项目五　离心泵运行中的检查与调整 ………………………………… 76

　　项目六　离心泵的例行保养操作 ……………………………………… 78

项目七　清洗流量计过滤器操作 …………………………………… 81
项目八　单级离心泵更换润滑油操作 …………………………… 83
项目九　离心泵更换密封填料操作 ……………………………… 84
项目十　离心泵更换联轴器减振胶圈操作 ……………………… 85
项目十一　离心泵叶轮静平衡检测操作 ………………………… 87
项目十二　离心泵泵轴弯曲度检测和压力校直 ………………… 89
项目十三　拆装多级离心泵滚动轴承操作 ……………………… 90
项目十四　百分表测量机泵同心度操作 ………………………… 92
项目十五　百分表测量转子径向跳动量操作 …………………… 95
项目十六　百分表法测量转子总窜量操作 ……………………… 97
项目十七　更换离心泵机械密封操作 …………………………… 99
项目十八　拆装单级离心泵操作 ………………………………… 102
项目十九　拆装多级离心泵操作 ………………………………… 105
项目二十　功率法测试离心泵效率 ……………………………… 109
项目二十一　测定绘制离心泵特性曲线 ………………………… 111
项目二十二　离心泵装配前的质量检验 ………………………… 114
项目二十三　离心泵泵体振动的原因及处理 …………………… 117
项目二十四　离心泵压力达不到规定值的原因及处理 ………… 119
项目二十五　离心泵启泵后不出液的原因及处理 ……………… 120
项目二十六　离心泵运行中温度过高的原因及处理 …………… 122
项目二十七　离心泵汽蚀故障的原因及处理 …………………… 123
项目二十八　离心泵抽空的原因及处理 ………………………… 125
项目二十九　离心泵密封填料发热的原因及处理 ……………… 126
项目三十　离心泵密封填料漏失严重的原因及处理 …………… 128
项目三十一　离心泵叶轮和泵壳寿命过短的原因及处理 ……… 129

第二节　电动机 ……………………………………………………… 131
项目一　电动机拆装操作 ………………………………………… 131
项目二　三相异步电动机找头接线操作 ………………………… 133
项目三　电动机轴承加注润滑脂操作 …………………………… 136
项目四　电动机更换后轴承并测量轴承间隙操作 ……………… 138

项目五　使用兆欧表测量电动机绝缘操作……………………………………139
　　项目六　电动机不能启动的原因及处理…………………………………………142
　　项目七　电动机运转声音不正常的原因及处理…………………………………143
　　项目八　电动机振动过大的原因及处理…………………………………………144
　　项目九　电动机温度过高的原因及处理…………………………………………146
第三节　齿轮泵………………………………………………………………………148
　　项目一　拆装齿轮泵操作…………………………………………………………148
　　项目二　齿轮泵启泵前的准备工作………………………………………………150
　　项目三　齿轮泵的启停操作………………………………………………………151
　　项目四　齿轮泵运行中的检查操作………………………………………………152
　　项目五　齿轮泵流量不足的原因及处理方法……………………………………154
　　项目六　齿轮泵运转过程中有异常响声的原因及处理方法……………………155
　　项目七　齿轮泵泵体过热的原因及处理方法……………………………………156
　　项目八　齿轮泵不排液的原因及处理方法………………………………………158
　　项目九　齿轮泵密封机构渗漏的原因及处理方法………………………………159
　　项目十　齿轮泵压力表指针波动的原因及处理方法……………………………160
　　项目十一　齿轮泵轴功率过大的原因及处理方法………………………………162
第四节　往复泵………………………………………………………………………163
　　项目一　柱塞泵启泵操作…………………………………………………………163
　　项目二　柱塞泵停泵操作…………………………………………………………165
　　项目三　柱塞泵运行中的巡回检查………………………………………………166
　　项目四　柱塞泵一级保养操作……………………………………………………167
　　项目五　柱塞泵更换联组皮带操作………………………………………………169
　　项目六　柱塞泵更换柱塞操作……………………………………………………170
　　项目七　柱塞泵更换密封填料操作………………………………………………171
　　项目八　柱塞泵挡油头油封更换操作……………………………………………173
　　项目九　柱塞泵更换安全阀操作…………………………………………………174
　　项目十　柱塞泵更换吸液阀弹簧座………………………………………………175
　　项目十一　柱塞泵更换润滑油操作………………………………………………176
　　项目十二　柱塞泵更换阀座、阀片操作…………………………………………178

项目十三　柱塞泵更换卡箍操作…………………………………… 179
　项目十四　柱塞泵清洗过滤缸滤网操作………………………… 180
　项目十五　柱塞泵更换曲轴油封操作…………………………… 181
　项目十六　柱塞泵曲轴箱温度升高的原因及处理……………… 183
　项目十七　柱塞泵油封漏油的原因及处理……………………… 184
　项目十八　柱塞泵整机振动超限的原因及处理………………… 186
　项目十九　柱塞泵泵效下降的原因及处理……………………… 187
　项目二十　柱塞泵填料刺漏的原因及处理……………………… 189
　项目二十一　加药计量泵启泵前的检查和准备工作…………… 190
　项目二十二　加药计量泵启泵操作……………………………… 191
　项目二十三　加药计量泵停泵操作……………………………… 193
　项目二十四　加药计量泵倒泵操作……………………………… 194
　项目二十五　根据来液量调整加药量操作……………………… 195
　项目二十六　更换加药计量泵阀、阀座操作…………………… 196

第五节　压缩机………………………………………………………… 197
　项目一　活塞式压缩机运行中的检查…………………………… 197
　项目二　活塞式压缩机启动停运操作…………………………… 199
　项目三　活塞式压缩机日常维护保养操作……………………… 200
　项目四　螺杆式压缩机运行中的检查…………………………… 201
　项目五　螺杆式压缩机启动、停运操作………………………… 203
　项目六　螺杆式压缩机日常维护保养操作……………………… 205
　项目七　更换空气压缩机润滑油操作…………………………… 206

第六节　螺杆泵………………………………………………………… 207
　项目一　螺杆泵运行中的检查…………………………………… 207
　项目二　螺杆泵的启动、停运操作……………………………… 209
　项目三　螺杆泵日常维护保养操作……………………………… 211

第三章　原油输送和储存………………………………………… 213

第一节　油罐…………………………………………………………… 213
　项目一　拱顶油罐操作前的检查操作…………………………… 213
　项目二　拱顶油罐收发油操作…………………………………… 215

项目三　拱顶油罐倒罐操作……………………………………………… 217
　　项目四　浮顶油罐操作前的检查操作…………………………………… 218
　　项目五　浮顶油罐收发油操作…………………………………………… 220
　　项目六　浮顶油罐倒罐操作……………………………………………… 223
　　项目七　浮顶油罐的日常检查维护……………………………………… 224
　　项目八　油罐人工检尺操作……………………………………………… 226
　　项目九　油罐取样操作…………………………………………………… 227
　　项目十　油罐机械呼吸阀维护保养操作………………………………… 229
　　项目十一　油罐液压安全阀维护保养操作……………………………… 231
　　项目十二　油罐阻火器维护保养操作…………………………………… 233
　　项目十三　油罐着火事故的原因及处理………………………………… 234
　　项目十四　油罐抽瘪事故的原因及处理………………………………… 236
　　项目十五　油罐溢罐事故的原因及处理………………………………… 237
　　项目十六　油罐跑油事故的原因及处理………………………………… 239
　　项目十七　油罐鼓包事故的原因及处理………………………………… 240
　第二节　输油管道………………………………………………………… 242
　　项目一　输油管道发送清管器操作……………………………………… 242
　　项目二　输油管道接收清管器操作……………………………………… 244
　　项目三　输油管道出站压力突然下降的原因及处理…………………… 245
　　项目四　输油管道出站压力突然上升的原因及处理…………………… 246
　　项目五　站内原油管线破裂的原因及处理……………………………… 247
　　项目六　输油管道管线冻堵的原因及处理……………………………… 249

第四章　自动控制技术……………………………………………………… 251
　第一节　变送器…………………………………………………………… 251
　　项目一　压力变送器巡检及维护保养…………………………………… 251
　　项目二　压力变送器的拆装操作………………………………………… 252
　　项目三　温度变送器的拆装操作………………………………………… 254
　　项目四　液位计常见故障与处理………………………………………… 257
　第二节　执行器…………………………………………………………… 259
　　项目一　气动调节阀的检查与维护……………………………………… 259

项目二　气动调节阀不动作的原因及处理…………………………… 260
项目三　更换气动调节阀膜片操作…………………………………… 262
项目四　检查气动调节阀位置开关指示操作………………………… 263
项目五　分离器气出口压变指示为负值的原因及处理……………… 265
项目六　气动调节阀常见故障与处理………………………………… 266
　第三节　集散控制系统……………………………………………………… 268
项目一　联合站断电后 DCS 重新启动操作…………………………… 268
项目二　DCS 突然失灵，控制分离器液位的方法…………………… 270
第五章　常用工具、量具、仪器仪表的使用及安全生产……………………… 272
　第一节　常用工具、量具、仪器仪表的使用……………………………… 272
项目一　游标卡尺使用………………………………………………… 272
项目二　外径千分尺使用……………………………………………… 274
项目三　数字式钳形电流表使用……………………………………… 276
项目四　活动扳手的使用……………………………………………… 278
项目五　管钳的使用…………………………………………………… 279
项目六　梅花扳手的使用……………………………………………… 280
项目七　手钢锯的使用………………………………………………… 281
项目八　锉刀使用……………………………………………………… 283
项目九　拔轮器的使用………………………………………………… 284
项目十　螺旋千斤顶的使用…………………………………………… 285
项目十一　液压千斤顶的使用………………………………………… 287
项目十二　试电笔的使用……………………………………………… 288
项目十三　水平仪的使用……………………………………………… 289
项目十四　电动套丝机的使用………………………………………… 291
项目十五　万用表的使用……………………………………………… 293
项目十六　兆欧表的使用……………………………………………… 296
项目十七　黄油枪的使用……………………………………………… 298
项目十八　百分表的使用与安装……………………………………… 299
项目十九　管子割刀的使用…………………………………………… 302
项目二十　台钻的使用………………………………………………… 303

项目二十一　手持式多种气体检测仪的使用……………………………304
　第二节　安全生产及其他……………………………………………………306
　　项目一　干粉灭火器的正确使用……………………………………………306
　　项目二　二氧化碳灭火器的正确使用………………………………………308
　　项目三　正压式空气呼吸器的正确使用……………………………………309
　　项目四　心肺复苏操作………………………………………………………310
　　项目五　制作 Word 文件，在文字中插入表格、图片……………………312
　　项目六　制作 Excel 文件，并进行编辑处理操作…………………………313
参考文献………………………………………………………………………315

第一章　油气水处理

第一节　分离器

项目一　油气分离器启运前的准备工作

在油气集输过程中，油气混合物的分离是通过油气分离器完成的。油气分离器是根据相平衡原理，利用油气分离机理，借助机械方法，把油井来液分离为气相和液相，从而实现气液分离，油气卧式分离器工作原理如图 1-1-1 所示。

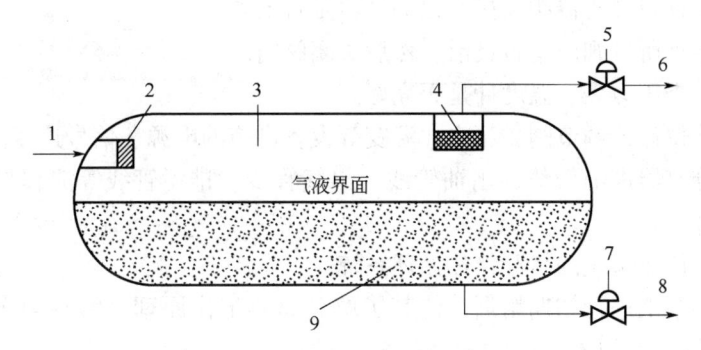

图 1-1-1　油气卧式分离器工作原理示意图
1—油气混合物入口；2—分流器入口；3—重力沉降部分；4—除雾器；5—压力控制阀；
6—气体出口；7—出液阀；8—液体出口；9—集液部分

一、风险提示及防范措施

本项目风险提示及防范措施见表 1-1-1。

表 1-1-1　风险提示及防范措施

风险提示		防范措施
人身伤害	中毒和窒息	按照"先检测、后作业"的原则，检测有毒有害气体浓度，做好个人防护
	高空坠落	上下扶梯应抓好扶手，在容器顶部操作时，应在护栏以内
设备损坏		严格执行操作规程，平稳操作，防止容器憋压超过设计压力
环境污染		正确切换流程，以免憋压造成泄漏

二、操作流程

（1）准备工作。
（2）检查连接螺栓。
（3）检查阀门灵活。
（4）检查仪器仪表。
（5）检查伴热。
（6）回收工具并填写记录。

三、准备工作

（1）穿戴劳动保护用品：安全帽、工作服、工作鞋、手套。
（2）准备工具、用具：防爆F形扳手1把，250mm、300mm活动扳手各1把，擦布若干，记录纸笔若干。

四、操作步骤

（1）检查与分离器相连接部位的螺栓是否上紧。
（2）检查所有阀门是否灵活，然后关闭阀门。
（3）检查压力表、温度计是否完好。
（4）液位计、调节阀、压变、温变等设备设施的电源、信号连接测试完毕。
（5）分离器进油管线、出油管线、出气管线、排污管线等流程是否已经具备投产条件。
（6）有伴热系统的打开伴热循环系统。
（7）对职工进行初期培训，使其了解分离器工作原理，熟悉操作规程及事故处理流程。
（8）回收工具并填写记录。

五、技术要求

（1）操作前应熟悉工艺运行参数。
（2）开关阀门时严禁正对阀门丝杠操作。

项目二 油气分离器启运操作

油气分离器启运操作，是通过油气分离器的正常启运，实现气液分离，保证分离器正常生产。

一、风险提示及防范措施

本项目风险提示及防范措施见表1-1-2。

表 1-1-2　风险提示及防范措施

风险提示		防范措施
人身伤害	中毒和窒息	按照"先检测、后作业"的原则，检测有毒有害气体浓度，做好个人防护
	高空坠落	上下扶梯应抓好扶手，在容器顶部操作时，应在护栏以内
设备损坏		严格执行操作规程，平稳操作，防止容器憋压超过设计压力
环境污染		正确切换流程，以免憋压造成泄漏

二、操作流程

（1）准备工作。
（2）开进口。
（3）观察压力。
（4）开气出口。
（5）开油出口。
（6）调整气出口。
（7）加大进油量。
（8）回收工具并填写记录。

三、准备工作

（1）穿戴劳动保护用品：安全帽、工作服、工作鞋、手套。
（2）准备工具、用具：防爆 F 形扳手 1 把，250mm、300mm 活动扳手各 1 把，擦布若干，记录纸笔若干。

四、操作步骤

（1）缓慢打开分离器进口，听进液声音是否正常；打开顶部放气阀门，置换出分离器内空气后，关闭顶部放气阀门；控制压力达到 0.1~0.2MPa，观察分离器和密封部位有无渗漏现象。
（2）观察分离器压力和液位变化情况。
（3）打开分离器气出口阀，防止分离器憋压。
（4）当分离器液位达到容器的 1/2 时，打开分离器出油阀门，观察调节阀是否动作。
（5）用气出口阀门调节分离器压力，压力为 0.15~0.25MPa，液位在 1/3~2/3 之间。
（6）检查来油温度是否正常。
（7）当运行正常后，逐渐增加进液量，调整平稳。
（8）回收工具并填写记录。

五、技术要求

(1) 操作前应熟悉工艺运行参数。
(2) 开关阀门时严禁正对阀门丝杠操作。
(3) 冬季启动应检查加热系统,提前 0.5h 进行预热。

项目三 油气分离器停运操作

油气分离器的停运操作,是通过停止设备的运行,切断进液,做好放空泄压,便于设备维修保养以及各项作业施工的进行。

一、风险提示及防范措施

本项目风险提示及防范措施见表 1-1-3。

表 1-1-3 风险提示及防范措施

风险提示		防范措施
人身伤害	中毒和窒息	按照"先检测、后作业"的原则,检测有毒有害气体浓度,做好个人防护
	高空坠落	上下扶梯应抓好扶手,在容器顶部操作时,应在护栏以内
设备损坏		严格执行操作规程,平稳操作,防止容器憋压超过设计压力
环境污染		正确切换流程,以免憋压造成泄漏

二、操作流程

(1) 准备工作。
(2) 启运备用分离器。
(3) 关闭进出口阀门(如长期停用需放净内部介质)。
(4) 回收工具并填写记录。

三、准备工作

(1) 穿戴劳动保护用品:安全帽、工作服、工作鞋、手套。
(2) 准备工具、用具:防爆 F 形扳手 1 把,250mm、300mm 活动扳手各 1 把,擦布若干,记录纸笔若干。

四、操作步骤

(1) 按操作规程启运备用分离器。
(2) 关闭预停分离器进出口阀门。
(3) 因检修需长期停用的分离器,应做如下操作:
① 关闭分离器进口阀门后,将分离器液位降至最低;
② 关闭油出口阀门,关闭气出口阀门;

③ 打开排污阀门，将内部介质排净；
④ 排污见气后，关闭排污阀门。
⑤ 打开放空阀门。
（4）做好分离器停运记录。

五、技术要求

（1）操作前应熟悉工艺运行参数。
（2）开关阀门时严禁正对阀门丝杠操作。

项目四 油气分离器运行中的检查与调整

为了保证油气分离器的安全经济运行，值班人员必须按规定时间、内容对设备进行及时检查与调整，以便随时掌握设备运行情况，防止事故的发生。

一、风险提示及防范措施

本项目风险提示及防范措施见表1-1-4。

表1-1-4 风险提示及防范措施

风险提示		防范措施
人身伤害	中毒和窒息	按照"先检测、后作业"的原则，检测有毒有害气体浓度，做好个人防护
	高空坠落	上下扶梯应抓好扶手，在容器顶部操作时，应在护栏以内
设备损坏		严格执行操作规程，平稳操作，防止容器憋压超过设计压力
环境污染		正确切换流程，以免憋压造成泄漏

二、操作流程

（1）准备工作。
（2）检查调整压力。
（3）录取数据。
（4）检查调节机构。
（5）回收工具并填写记录。

三、准备工作

（1）穿戴劳动保护用品：安全帽、工作服、工作鞋、手套。
（2）准备工具、用具：防爆F形扳手1把，250mm、300mm活动扳手各1把，擦布若干，记录纸笔若干。

四、操作步骤

（1）检查液面控制装置是否灵活好用，液位控制在规定范围之内。

(2) 检查各检测仪表指示是否准确。
(3) 检查分离器压力,压力控制在 0.15~0.25MPa。
(4) 检查各连接部位有无渗漏。
(5) 冬季运行时控制进油温度在正常范围内,伴热保温系统循环畅通。
(6) 按时录取数据,并认真填好记录。
(7) 回收工具。

五、技术要求

(1) 操作前应熟悉工艺运行参数。
(2) 开关阀门时严禁正对阀门丝杠操作。

项目五 三相分离器启运操作

三相分离器具有将油井产物分离为油、气、水三相的功能,适用于含水量较高,特别是含有大量游离水的油井产物的处理。这种分离器在油田中高含水生产期的集输联合站内得到广泛应用。

一、风险提示及防范措施

本项目风险提示及防范措施见表 1-1-5。

表 1-1-5 风险提示及防范措施

风险提示		防范措施
人身伤害	中毒和窒息	按照"先检测、后作业"的原则,检测有毒有害气体浓度,做好个人防护
	高空坠落	上下扶梯应抓好扶手,在容器顶部操作时,应在护栏以内
设备损坏		严格执行操作规程,平稳操作,防止容器憋压超过设计压力
环境污染		正确切换流程,以免憋压造成泄漏

二、操作流程

(1) 启动前的检查。
(2) 启动操作。
(3) 启动后的检查。
(4) 回收工具并填写记录。

三、准备工作

(1) 工具、用具、材料准备:250mm、300mm 活动扳手各 1 把,F 形防爆扳手 1 把,擦布若干。
(2) 劳动防护用品准备齐全,穿戴整齐。

四、操作步骤

（1）检查三相分离器配备的工艺管线和阀门有无渗漏情况，打开顶部排气阀，检查排污阀是否关闭。

（2）检查压力表、液位计、安全阀等是否正常完好，检查安全阀定压是否在规定范围内。

（3）打开三相分离器进口阀门，倾听进液声音是否正常，分离器平稳进液至堰板高度，进水过程中检查三相分离器相连接部位是否有漏水等异常情况。

（4）打开三相分离器油、水室出口阀门。

（5）投运初期液面以上的空气和伴生气的混合气应放净，关闭顶部排气阀，将油、水室液位控制在合理范围内，同时观察分离器压力变化，当压力达到设定值时打开气出口阀门，保证分离器压力平稳。

（6）分离器液位上升稳定后，根据油水处理情况调整好水、气出口阀开度，三相分离器的压力控制在 0.15~0.25MPa。

（7）确认分离器运行正常后，方可逐渐增加处理量。

（8）分离器运行正常后记录投产时间、保留档案。

（9）清理现场，回收工具、用具，填写记录。

五、技术要求

（1）启运前应检查各安全附件是否完好。

（2）投运前应进行试压、预热。

（3）启运过程严禁憋压。

（4）确认分离器运行正常后，方可逐渐增加处理量。

项目六　三相分离器停运操作

三相分离器的停运操作，是指通过停止设备的运行，切断进液，做好放空泄压，便于设备维修保养以及各项作业施工的进行。

一、风险提示及防范措施

本项目风险提示及防范措施见表 1-1-6。

表 1-1-6　风险提示及防范措施

风险提示		防范措施
人身伤害	中毒和窒息	按照"先检测、后作业"的原则，检测有毒有害气体浓度，做好个人防护
	高空坠落	上下扶梯应抓好扶手，在容器顶部操作时，应在护栏以内
设备损坏		严格执行操作规程，平稳操作，防止容器憋压超过设计压力
环境污染		正确切换流程，以免憋压造成泄漏

二、操作流程

(1) 关闭三相分离器的进口阀门。
(2) 关闭油、水出口和气出口阀门。
(3) 打开排污阀门排污。
(4) 回收工具并填写记录。

三、准备工作

(1) 工具、用具、材料准备：250mm、300mm 活动扳手各 1 把，F 形防爆扳手 1 把，擦布若干。
(2) 劳动防护用品准备齐全，穿戴整齐。

四、操作步骤

(1) 缓慢关闭三相分离器水出口阀，提高油水界面，打开三相分离器分层取样阀，高水位阀见水后，关闭停运三相分离器的来液进口阀门。
(2) 关闭停运三相分离器的油出口阀门，关闭气出口阀门。
(3) 打开三相分离器排污阀门，将三相分离器中的液体排放至污油池进行回收。
(4) 排液完毕后，关闭三相分离器排污阀门。
(5) 分离器停运完毕后记录停运时间。
(6) 清洗、回收工具、用具。

五、技术要求

(1) 停运过程防止憋压。
(2) 停运后应对三相分离器进行排污。
(3) 排污应进排污池，防止污染事故的发生。

项目七　三相分离器倒换操作

三相分离器的倒换是指通过操作员工的平稳操作实现设备正常启停，满足生产要求。

一、风险提示及防范措施

本项目风险提示及防范措施见表 1-1-7。

表 1-1-7　风险提示及防范措施

风险提示		防范措施
人身伤害	中毒和窒息	按照"先检测、后作业"的原则，检测有毒有害气体浓度，做好个人防护
	高空坠落	上下扶梯应抓好扶手，在容器顶部操作时，应在护栏以内
设备损坏		严格执行操作规程，平稳操作，防止容器憋压超过设计压力
环境污染		正确切换流程，以免憋压造成泄漏

二、操作流程

（1）对启用三相分离器进行启动前的检查。
（2）启动操作。
（3）减小预停三相分离器处理量。
（4）增大启用分离器处理量。
（5）关闭停用分离器。
（6）回收工具并填写记录。

三、准备工作

（1）工具、用具、材料准备：250mm、300mm 活动扳手各 1 把，F 形防爆扳手 1 把，擦布若干。
（2）劳动防护用品准备齐全，穿戴整齐。

四、操作步骤

（1）检查启用三相分离器配备的工艺管线和阀门有无渗漏情况，打开顶部排气阀，检查排污阀是否关闭。
（2）检查启用三相分离器压力表、液位计、安全阀等是否正常完好，检查安全阀定压是否在规定范围内。
（3）缓慢打开启用三相分离器进口阀门，倾听进液声音是否正常，向分离器平稳进液至堰板高度，进液过程中检查三相分离器连接部位是否有渗漏等异常情况。
（4）打开启用三相分离器油、水室出口阀门。
（5）投运初期，液面以上的空气和伴生气的混合气应放空，关闭启用三相分离器顶部排气阀，将油水室液位控制在合理范围内，同时观察分离器压力变化，当压力达到设定值时打开气出口阀门，保证分离器压力平稳。
（6）启用分离器液位上升稳定后，根据油水处理情况调整好水、气出口阀开度，三相分离器的压力控制在 0.15~0.25MPa。
（7）缓慢关闭停用三相分离器水出口阀，提高油水界面，打开停用三相分离器分层取样阀，高水位阀见水后，缓慢关小停运三相分离器的来液进口阀门。

(8) 确认启用三相分离器运行正常后，逐渐增加启用分离器处理量。

(9) 启用三相分离器进口全开后，关闭停运三相分离器的进口阀门、油出口阀门，关闭气出口阀门。

(10) 打开停用三相分离器排污阀门，将三相分离器中的液体排放至污油池进行回收。

(11) 排液完毕后关闭停运三相分离器排污阀门。

(12) 分离器倒换完毕后做好记录。

(13) 清洗、回收工具、用具。

五、技术要求

(1) 倒换过程防止憋压。

(2) 停运后应对三相分离器进行排污。

(3) 排污应进排污池，防止污染事故的发生。

(4) 倒换过程中，启用分离器和停用分离器应同时交替开关保持来液压力平稳。

项目八　三相分离器运行中的检查与调整操作

为了保证三相分离器的安全经济运行，值班人员必须按规定时间、内容对设备进行及时检查与调整，以便随时掌握设备运行情况，防止事故的发生。

一、风险提示及防范措施

本项目风险提示及防范措施见表1-1-8。

表1-1-8　风险提示及防范措施

风险提示		防范措施
人身伤害	中毒和窒息	按照"先检测、后作业"的原则，检测有毒有害气体浓度，做好个人防护
	高空坠落	上下扶梯应抓好扶手，在容器顶部操作时，应在护栏以内
设备损坏		严格执行操作规程，平稳操作，防止容器憋压超过设计压力
环境污染		正确切换流程，以免憋压造成泄漏

二、操作流程

(1) 三相分离器运行压力检查调整。

(2) 温度检查。

(3) 液位的检查调整。

(4) 回收工具并填写记录。

三、准备工作

(1) 工具、用具、材料准备：250mm、300mm活动扳手各1把，F形防爆扳手1把，擦布若干。

(2) 劳动防护用品准备齐全，穿戴整齐。

四、操作步骤

(1) 每2h进行一次检查，并录取三相分离器的压力、温度、液位、水位。

(2) 检查压力表是否灵活准确，正常运行时三相分离器的压力应控制在0.15~0.25MPa。

(3) 检查温度显示是否正常，运行时温度应控制在规定温度（高于原油凝点5~8℃）。

(4) 检查液位计是否灵活好用，正常运行时液位应控制在堰板以上50~300mm。

(5) 依次打开分层取样阀，检查油水界面位置，油水界面应控制在中水位。

(6) 分离器检查完毕后做好记录。

(7) 清洗、回收工具、用具。

五、技术要求

(1) 三相分离器的压力应控制在0.15~0.25MPa。

(2) 三相分离器运行时温度应控制在规定温度（高于原油凝点5~8℃）。

(3) 三相分离器正常运行时液位应控制在堰板以上50~300mm。

项目九　三相分离器天然气管线进油的原因及处理方法

三相分离器运行时，装置故障或操作不当，会使三相分离器液位过高，严重时造成天然气管线进油，当天然气管线进油时，要及时分析气管线进油的原因，采取相应处理措施，保证正常生产。

一、风险提示及防范措施

本项目风险提示及防范措施见表1-1-9。

表1-1-9　风险提示及防范措施

风险提示		防范措施
人身伤害	中毒和窒息	按照"先检测、后作业"的原则，检测有毒有害气体浓度，做好个人防护
	高空坠落	上下扶梯应抓好扶手，在容器顶部操作时，应在护栏以内
设备损坏		严格执行操作规程，平稳操作，防止容器憋压超过设计压力
环境污染		正确切换流程，以免憋压造成泄漏

二、操作流程

（1）准备工作。
（2）原因分析。
（3）处理措施。
（4）回收工具并填写记录。

三、准备工作

（1）工具、用具、材料准备：F形防爆阀门扳手1把，250mm、300mm活动扳手各1把，擦布若干。
（2）劳动保护用品准备齐全，穿戴整齐。

四、操作步骤

1. 原因分析

（1）三相分离器气出口开启过大，分离器压力低。
（2）三相分离器油、水出口开启过小或闸板脱落，液位升高。
（3）三相分离器液位计失灵，显示液位不准。
（4）三相分离器自控装置失灵。

2. 处理措施

（1）关闭或关小三相分离器气出口阀门，提高分离器压力。
（2）开大三相分离器油、水出口阀门，维修更换阀门。
（3）检查调整三相分离器液位计。
（4）检查恢复三相分离器自控装置。
（5）对三相分离器进油的气管线进行扫线放空。
（6）清洁并回收工具、用具，清理现场，做好记录。

五、技术要求

（1）三相分离器的压力应控制在0.15~0.25MPa。
（2）三相分离器正常运行时液位应控制在堰板以上50~300mm。
（3）三相分离器运行时液位计应灵活好用。
（4）三相分离器气管线放空应防止环境污染。

项目十　三相分离器出油管线窜气的原因及处理方法

三相分离器运行时，装置故障或操作不当，会使三相分离器液位过低，严重时造成油管线窜气，当油管线窜气时，要及时分析油管线窜气的原因，采取相应处理措施，保证正常生产。

一、风险提示及防范措施

本项目风险提示及防范措施见表1-1-10。

表1-1-10 风险提示及防范措施

风险提示		防范措施
人身伤害	中毒和窒息	按照"先检测、后作业"的原则,检测有毒有害气体浓度,做好个人防护
	高空坠落	上下扶梯应抓好扶手,在容器顶部操作时,应在护栏以内
设备损坏		严格执行操作规程,平稳操作,防止容器憋压超过设计压力
环境污染		正确切换流程,以免憋压造成泄漏

二、操作流程

（1）准备工作。
（2）原因分析。
（3）处理措施。
（4）回收工具并填写记录。

三、准备工作

（1）工具、用具、材料准备：F形防爆阀门扳手1把，250mm、300mm活动扳手各1把，擦布若干。
（2）劳动保护用品准备齐全，穿戴整齐。

四、操作步骤

1. 原因分析

（1）三相分离器油、水出口开启过大，液位降低。
（2）三相分离器气出口开启过小，三相分离器压力过高。
（3）三相分离器液位计失灵，显示液位不准。
（4）三相分离器自控装置失灵。

2. 处理措施

（1）立即关闭油出口阀门，关小三相分离器水出口阀，提高三相分离器液位，待液位上升后再缓慢打开油出口、调节水出口开度。
（2）开大三相分离器气出口阀门，降低分离器压力。
（3）检查调整三相分离器液位计。
（4）检查恢复三相分离器自控装置。
（5）清洁并回收工具、用具，清理现场，做好记录。

五、技术要求

（1）三相分离器的压力应控制在0.15～0.25MPa。

(2) 三相分离器正常运行时液位应控制在堰板以上 50~300mm。
(3) 三相分离器运行时液位计应灵活好用。

项目十一　三相分离器出水管线见油的原因及处理方法

三相分离器运行时，装置故障或操作不当，会使三相分离器液位过低，严重时造成水管线进油，当水管线进油时，要及时分析水管线进油的原因，采取相应处理措施，保证正常生产。

一、风险提示及防范措施

本项目风险提示及防范措施见表 1-1-11。

表 1-1-11　风险提示及防范措施

风险提示		防范措施
人身伤害	中毒和窒息	按照"先检测、后作业"的原则，检测有毒有害气体浓度，做好个人防护
	高空坠落	上下扶梯应抓好扶手，在容器顶部操作时，应在护栏以内
设备损坏		严格执行操作规程，平稳操作，防止容器憋压超过设计压力
环境污染		正确切换流程，以免憋压造成泄漏

二、操作流程

(1) 准备工作。
(2) 原因分析。
(3) 处理措施。
(4) 回收工具并填写记录。

三、准备工作

(1) 工具、用具、材料准备：F 形防爆阀门扳手 1 把，250mm、300mm 活动扳手各 1 把，擦布若干。
(2) 劳动保护用品准备齐全，穿戴整齐。

四、操作步骤

1. 原因分析

(1) 三相分离器水出口开启过大，油水界面过低。
(2) 三相分离器气出口过小，分离器压力高，液位低于堰板高度。
(3) 三相分离器液位计失灵，显示液位不准。
(4) 前端破乳剂未及时加入或加入量不足，造成油水分离效果不好。
(5) 破乳剂质量不合格，造成油水分离效果不好。
(6) 三相分离器自控装置失灵。

2.处理措施

(1) 关小三相分离器水出口阀门,提高油水界面高度。
(2) 调节气出口阀,降低分离器压力,提高三相分离器液位。
(3) 检查调整三相分离器液位计。
(4) 检查调整破乳剂加入量。
(5) 重新比对破乳剂。
(6) 检查恢复三相分离器自控装置。
(7) 清洁并回收工具、用具,清理现场,做好记录。

五、技术要求

(1) 三相分离器的压力应控制在 0.15~0.25MPa。
(2) 三相分离器正常运行时液位应控制在堰板以上 50~300mm。
(3) 三相分离器运行时液位计应灵活好用。

项目十二　三相分离器油出口含水升高的原因和处理方法

三相分离器运行时,装置故障或操作不当等原因,会使三相分离器油出口含水升高,要及时分析含水升高的原因,采取相应处理措施,保证正常生产。

一、风险提示及防范措施

本项目风险提示及防范措施见表 1-1-12。

表 1-1-12　风险提示及防范措施

风险提示		防范措施
人身伤害	中毒和窒息	按照"先检测、后作业"的原则,检测有毒有害气体浓度,做好个人防护
	高空坠落	上下扶梯应抓好扶手,在容器顶部操作时,应在护栏以内
设备损坏		严格执行操作规程,平稳操作,防止容器憋压超过设计压力
环境污染		正确切换流程,以免憋压造成泄漏

二、操作流程

(1) 准备工作。
(2) 原因分析。
(3) 处理措施。
(4) 回收工具并填写记录。

三、准备工作

(1) 工具、用具、材料准备:F形防爆阀门扳手1把,250mm、300mm活动扳手各1把,擦布若干。

(2) 劳动保护用品准备齐全，穿戴整齐。

四、操作步骤

1. 原因分析

(1) 三相分离器水出口阀门开度过小。

(2) 水位控制系统失灵。

(3) 前端破乳剂加入量突然降低或破乳剂质量出现问题。

(4) 来液物性出现变化。

(5) 来液量突然增大。

2. 处理措施

(1) 开大三相分离器水出口阀门。

(2) 检修水位控制系统。

(3) 保证加药装置稳定运行或更换合格药剂。

(4) 根据来液物性变化重新对破乳剂进行配型。

(5) 增加破乳剂加入量。

(6) 清洁并回收工具、用具，清理现场，做好记录。

五、技术要求

(1) 三相分离器的压力应控制在 0.15~0.25MPa。

(2) 三相分离器运行时液位计应灵活好用。

第二节　加热炉

项目一　管式加热炉启炉操作

加热炉是将燃料燃烧产生的热量传给被加热介质而使其温度升高的一种加热设备，它广泛地应用在油气集输系统中，将原油、天然气及其产物加热至工艺所要求的温度，以便进行输送、沉降、分离和脱水。

管式加热炉是在炉内设置一定数量的炉管，被加热介质在炉内连续流过，通过炉管管壁将炉内热量传给被加热介质。

目前在油田广泛应用的是卧式圆筒形管式加热炉，如图1-2-1所示。

一、风险提示及防范措施

本项目风险提示及防范措施见表1-2-1。

第一章　油气水处理

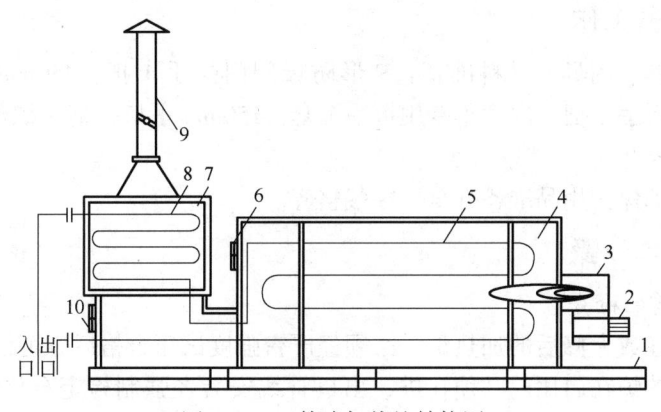

图 1-2-1　管式加热炉结构图
1—底座；2—风机；3—燃烧器；4—辐射室；5—辐射炉管；6—防爆门；
7—对流室；8—对流炉管；9—烟囱；10—人孔门

表 1-2-1　风险提示及防范措施

风险提示		防范措施
人身伤害	触电	定期检查接地等线路完好情况，操作控制柜时站在绝缘胶皮上
	火灾爆炸	加热炉要严格做到"三不点"；燃气炉要定期检查检漏装置的完好情况；定期检查各部有无渗漏，消除火灾隐患；确保超温、熄火报警装置灵敏可靠，介质压力、温度在规定范围内
	机械伤害	设备防护设施完好、齐全，严格按设备操作规程操作，开关阀门侧身
	高空坠落	上下扶梯应抓好扶手，高处作业应做好防护
	中毒和窒息	定期检测有毒有害气体浓度，检查有无泄漏部位，做好个人防护，操作间随时保持通风良好
	烫伤	接触炉体、防爆门等高温部分应做好防护措施
设备损坏		严格执行操作规程，平稳操作，严禁违章使用设备，定期维修保养
环境污染		正确切换流程，以免憋压造成泄漏，定期调整密封部位

二、操作流程

（1）准备工作。
（2）启动前检查。
（3）切换流程。
（4）点火运行。
（5）点火后的检查。
（6）填写记录。

三、准备工作

（1）工具、用具、材料准备：F形防爆阀门扳手1把，450mm管钳1把，250mm活动扳手1把，内六角专用扳手1套，150mm平口、梅花螺丝刀各1把，记录纸、笔若干。

（2）劳动保护用品准备齐全，穿戴整齐。

四、操作步骤

1. 启动前的检查

（1）新建或大修后的加热炉，必须经严密强度试压合格后方可使用。

（2）加热炉在启用前必须在进、出口管线安装经强制检定合格且在有效期内的压力表和温度计。

（3）检查炉膛、对流室内有无杂物，燃烧器喷嘴、炉膛、对流室的耐火材料应齐全、完好、牢固。

（4）检查人孔、看火孔、防爆门是否关闭，烟道挡板全部打开，指示标志与挡板状态一致。

（5）检查紧急放空管线是否畅通，紧急放空阀门能否正常开关。

（6）检查加热炉、控制柜接地线连接紧固且合格。

（7）接通电源，检查系统电压应在360～420V，控制柜仪表盘指示是否正确。

（8）检查熄火报警、高温报警、紧急停止控制应完好。

（9）检查燃烧器自动控制系统各部连接可靠，提前调节好燃料及供风比例。

（10）检查燃料供应系统、相关风机及吹灰系统是否正常，如有故障，提前排除。

（11）打开加热炉进、出口阀门，导通被加热介质进行循环，检查管线、法兰、阀门各部分有无渗漏。

（12）启动燃料供应系统，确认燃料的压力、温度正常，各部位无渗漏。

（13）与相关岗位联系，做好启动准备。

2. 启动操作

（1）在现场或值班室的控制柜面板上按"启动"按钮，启动燃烧器，系统自动完成预扫气、自动检漏、点火及正常燃烧。

（2）如果加热炉是在完全冷却的情况下启动，必须按照加热炉说明书的要求执行预热程序。

（3）在炉膛升温过程中，注意观察加热炉的温度、压力等各类仪表的指示及变化是否正常，不能升温过快。

（4）观察火焰的颜色是否正常，火焰是否稳定，不得偏烧或舔炉管，并调整烟道挡板,使排烟温度低于规定值。

(5) 运转正常后,挂好运行标识牌,通知相关岗位。

(6) 清洁、回收工具、用具,清理现场,填写记录。

五、技术要求

(1) 点火前提前在控制柜显示屏设定好吹扫时间、温度报警值等各项参数。

(2) 两次点火时间必须间隔 20min 以上,间隔期间不能停止吹扫,严格做到"三不点"。

(3) 燃气压力不得高于 0.05MPa。

(4) 加热炉进、出口压差应低于 0.15MPa。

(5) 点火及检查过程中,操作人员应该站在燃烧器的侧面,以防加热炉"打呛"或"回火"。

(6) 通过火焰颜色判断油(气)风比例是否正常,燃油时火焰颜色为金黄色,燃气时为淡蓝色,烟囱排烟为淡青色。

项目二 管式加热炉停炉操作

加热炉停止运行即为停炉,停炉按操作分为正常停炉和紧急停炉,正常停炉又分为临时停炉和较长时间停炉。

一、风险提示及防范措施

本项目风险提示及防范措施见表 1-2-2。

表 1-2-2 风险提示及防范措施

风险提示		防范措施
人身伤害	触电	定期检查接地等线路完好情况,操作控制柜时站在绝缘胶皮上
	火灾爆炸	加热炉要严格做到"三不点";燃气炉要定期检查检漏装置的完好情况;定期检查各部有无渗漏,消除火灾隐患;确保超温、熄火报警装置灵敏可靠,介质压力、温度在规定范围内
	机械伤害	设备防护设施完好、齐全,严格按设备操作规程操作,开关阀门侧身
	高空坠落	上下扶梯应抓好扶手,高处作业应做好防护
	中毒和窒息	定期检测有毒有害气体浓度,检查有无泄漏部位,做好个人防护,操作间随时保持通风良好
	烫伤	接触炉体、防爆门等高温部分应做好防护措施
设备损坏		严格执行操作规程,平稳操作,严禁违章使用设备,定期维修保养
环境污染		正确切换流程,以免憋压造成泄漏,定期调整密封部位

二、操作流程

（1）准备工作。

（2）降温。

（3）停炉。

（4）停炉后的检查。

（5）填写记录。

三、准备工作

（1）工具、用具、材料准备：F形扳手1把，450mm管钳1把，250mm活动扳手1把，150mm平口、梅花螺丝刀各1把，记录纸、笔若干。

（2）劳动保护用品准备齐全，穿戴整齐。

四、操作步骤

（1）需要停炉时，调度应该提前通知加热炉及相关岗位。

（2）接到通知后提前0.5h调节燃烧器的运行，减少燃料用量，缓慢降低出口温度。

（3）待温度降至规定值后，在现场或值班室的控制柜面板上按"停止"按钮，燃烧器自动完成熄火、扫气、停运。

（4）关闭烟道挡板及各孔门，使炉膛缓慢降温。

（5）当被加热介质进、出口温度达到平衡后，根据生产需要，可保持炉管内被加热介质继续流动或切换备用流程，对炉管进行扫线、放空后，关闭进、出口阀门。

（6）关闭燃料供应系统，使用重油燃料时，根据生产需要可保持燃油系统继续循环或进行扫线处理。

（7）按巡回检查路线对加热炉进行巡回检查，发现问题及时汇报处理。

（8）挂停运标识牌，清洁、回收工具、用具，清理现场，填写记录。

五、技术要求

（1）停炉时，必须先降温后停炉。

（2）如果长时间停炉，需待炉温降到40℃以下再进行扫线处理。

（3）停炉后，要密切注意排烟温度的变化，如发现排烟温度突然升高，要检查炉膛各部位，防止炉管渗漏发生二次燃烧。

项目三 管式加热炉紧急停炉操作

加热炉停止运行即为停炉，停炉按操作分为正常停炉和紧急停炉。正常停炉又分为临时停炉和较长时间停炉。紧急停炉一般为故障状态，会造成设备异常和经济损失。

一、风险提示及防范措施

本项目风险提示及防范措施见表1-2-3。

表1-2-3 风险提示及防范措施

风险提示		防范措施
人身伤害	触电	定期检查接地等线路完好情况，操作控制柜时站在绝缘胶皮上
	火灾爆炸	加热炉要严格做到"三不点"；燃气炉要定期检查检漏装置的完好情况；定期检查各部有无渗漏，消除火灾隐患；确保超温、熄火报警装置灵敏可靠，介质压力、温度在规定范围内
	机械伤害	设备防护设施完好、齐全，严格按设备操作规程操作，开关阀门侧身
	高空坠落	上下扶梯应抓好扶手，高处作业应做好防护
	中毒和窒息	定期检测有毒有害气体浓度，检查有无泄漏部位，做好个人防护，操作间随时保持通风良好
	烫伤	接触炉体、防爆门等高温部分应做好防护措施
设备损坏		严格执行操作规程，平稳操作，严禁违章使用设备，定期维修保养
环境污染		正确切换流程，以免憋压造成泄漏，定期调整密封部位

二、操作流程

（1）准备工作。
（2）原因描述。
（3）紧急停炉。
（4）停炉后处理。
（5）填写记录。

三、准备工作

（1）工具、用具、材料准备：F形扳手1把，450mm管钳1把，250mm活动扳手1把，150mm平口、梅花螺丝刀各1把，记录纸、笔若干。
（2）劳动保护用品准备齐全，穿戴整齐。

四、操作步骤

1. 原因

（1）加热炉炉管裂缝、鼓包、变形、穿孔。
（2）加热炉炉膛爆炸。
（3）加热炉烧高温。

(4) 加热炉进出口压力发生异常波动。
(5) 炉管发生振动或有水击声。
(6) 加热炉进出口阀门法兰垫子刺漏。
(7) 出现设备损坏、耐火材料衬里烧塌等严重威胁安全运行的情况。

2. 紧急停炉操作

(1) 在现场或值班室控制柜按"紧急停炉"按钮，停运燃烧器，切断控制柜电源。
(2) 通知值班干部、调度和相关岗位。
(3) 关闭燃料油（气）阀门。
(4) 关闭各风门和烟道挡板。
(5) 打开事故炉的紧急放空阀门，确保畅通后关闭加热炉进口、出口阀门。
(6) 若火灾爆炸，应立即启动应急预案。
(7) 根据现场实际情况采取切换掺水扫线、放空等措施清扫炉管后，查找穿孔部位，修补或更换管线。
(8) 清洁、回收工具、用具，清理现场，填写记录。

五、技术要求

(1) 紧急放空阀必须保持灵活好用、开关自如，紧急放空管线随时保持畅通。
(2) 处理事故时必须先关进口，后关出口，防止炉管憋压爆裂，扩大事故。
(3) 如需报火警，必须报清地点、着火物质，由专人引导消防车到正确位置。

项目四 管式加热炉巡回检查操作

为了保证加热炉的安全经济运行，值班人员必须按规定时间、内容、路线对设备进行及时检查，以便随时掌握设备运行情况，防止事故的发生。

一、风险提示及防范措施

本项目风险提示及防范措施见表1-2-4。

表1-2-4 风险提示及防范措施

风险提示		防范措施
人身伤害	触电	定期检查接地等线路完好情况，操作控制柜时站在绝缘胶皮上
	火灾爆炸	加热炉要严格做到"三不点"；燃气炉要定期检查检漏装置的完好情况；定期检查各部有无渗漏，消除火灾隐患；确保超温、熄火报警装置灵敏可靠，介质压力、温度在规定范围内

续表

风险提示		防范措施
人身伤害	机械伤害	设备防护设施完好、齐全，严格按设备操作规程操作，开关阀门侧身
	高空坠落	上下扶梯应抓好扶手，高处作业应做好防护
	中毒和窒息	定期检测有毒有害气体浓度，检查有无泄漏部位，做好个人防护，操作间随时保持通风良好
	烫伤	接触炉体、防爆门等高温部分应做好防护措施
设备损坏		严格执行操作规程，平稳操作，严禁违章使用设备，定期维修保养
环境污染		正确切换流程，以免憋压造成泄漏，定期调整密封部位

二、操作流程

（1）准备工作。
（2）检查燃烧器。
（3）检查火焰及炉膛。
（4）检查排烟。
（5）检查参数。
（6）检查炉体各部位。
（7）填写记录。

三、准备工作

（1）工具、用具、材料准备：F形扳手1把，450mm管钳1把，250mm活动扳手1把，150mm平口、梅花螺丝刀各1把，肥皂水，记录纸、笔若干。
（2）劳动保护用品准备齐全，穿戴整齐。

四、操作步骤

（1）按时对加热炉进行巡回检查，检查路线是：燃烧器及风机→火焰颜色→炉膛盘管及炉膛耐火材料→加热炉排烟温度→排烟颜色→炉膛及炉壁温度→进口温度、压力→出口温度、压力→紧急放空阀及进、出口阀门、各部位法兰→烟囱绷绳。

（2）检查燃烧器及风机。要根据燃烧器的使用要求观察燃烧器的运行状态是否正常，风机运行时有无异常噪声及振动，燃料供应系统有无泄漏。

（3）检查加热炉火焰形态。主要观察火焰的颜色是否正常，燃烧是否稳定，助燃空气供应是否正常，并借助火焰观察炉膛及门板内侧耐火材料是否正常，炉膛内有无积炭结焦，盘管有无渗漏、变形、鼓包等异常现象。

（4）检查排烟系统。主要确定排烟颜色是否为无色或浅灰色，排烟颜色过深，应调整燃烧器的风门，并检查燃烧器的燃料雾化系统是否正常；检查排烟温度，如果排烟温度过高，需对烟道挡板进行调整，若无效则需清扫对流室。

（5）检查温度、压力。确定炉膛温度、进口温度及压力、出口温度及压力是否在规定范围内。

（6）检查加热炉各部位。检查流程各部位有无渗漏、变形，烟囱绷绳松紧是否合适。

（7）清洁、回收工具、用具，清理现场，填写记录。

五、技术要求

（1）燃料为燃油，火焰颜色应为金黄色，燃料为燃气，火焰颜色则为淡蓝色，排烟颜色为淡青色。

（2）检查燃烧器及炉膛等部位应站在侧面，不能正对看火孔。

（3）正常燃烧时炉膛颜色明亮，排烟温度不超过规定值，排烟颜色正常为浅灰色。

（4）熄火报警、温度超限报警要灵活好用。

项目五 真空相变式加热炉启炉操作

真空相变加热炉是一种通过工作压力始终小于当地大气压的中间载热体（水和水蒸气），加热壳体内盘管中流动介质（水、油、气）的一种专用的加热设备，中间载热体通过无限循环的相变方式完成传热过程，如图1-2-2所示。

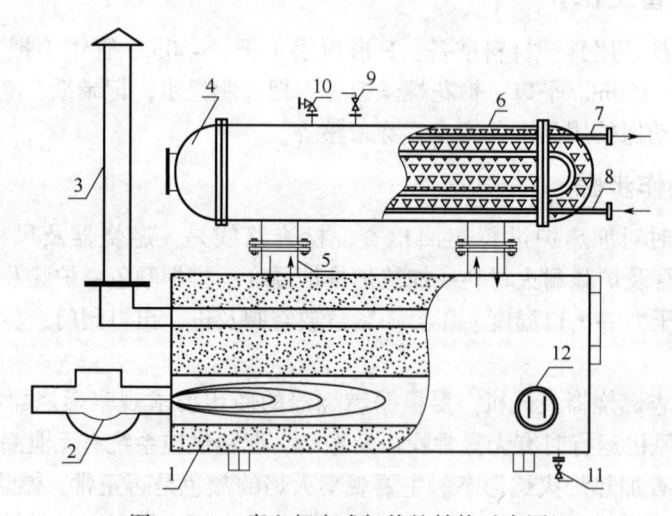

图1-2-2 真空相变式加热炉结构示意图
1—低压蒸汽发生器；2—燃烧器；3—烟囱；4—换热器；5—蒸汽接管；6—加热盘管；
7—换热器出口接管；8—换热器进口接管；9—排气阀；10—安全阀；
11—排污阀；12—人孔

一、风险提示及防范措施

本项目风险提示及防范措施见表1-2-5。

表1-2-5 风险提示及防范措施

风险提示		防范措施
人身伤害	触电	定期检查接地等线路完好情况,操作控制柜时站在绝缘胶皮上
	火灾爆炸	加热炉要严格做到"三不点";燃气炉要定期检查检漏装置的完好情况;定期检查各部有无渗漏,消除火灾隐患;确保超温、熄火报警装置灵敏可靠,介质压力、温度在规定范围内
	机械伤害	设备防护设施完好、齐全,严格按设备操作规程操作,开关阀门侧身
	高空坠落	上下扶梯应抓好扶手,高处作业应做好防护
	中毒和窒息	定期检测有毒有害气体浓度,检查有无泄漏部位,做好个人防护,操作间随时保持通风良好
	烫伤	接触炉体、防爆门等高温部分应做好防护措施
设备损坏		严格执行操作规程,平稳操作,严禁违章使用设备,定期维修保养
环境污染		正确切换流程,以免憋压造成泄漏,定期调整密封部位

二、操作流程

（1）准备工作。

（2）启炉前的检查工作。

（3）启炉前的准备工作。

（4）启炉操作。

（5）回收工具并填写记录。

三、准备工作

（1）工具、用具、材料准备：F形防爆阀门扳手1把，450mm管钳1把，250mm活动扳手1把，内六角专用扳手1套，磁铁1块，便携式红外线测温仪1个，绝缘手套1副，擦布1块。

（2）劳动保护用品准备齐全，穿戴整齐。

四、操作步骤

1. 启炉前的检查工作

（1）检查炉体各管线、弯头应无变形或其他异常现象。

（2）检查确认外部流程各密封部位无渗漏，各紧固件无松动。

（3）检查确认人孔、看火孔、防爆门、炉顶排气阀、自动泄压阀等已关闭，炉体安全阀校验合格。

（4）检查天然气压力，应符合规定，检查确认天然气管线无渗漏现象。

（5）检查确认各种温度、压力变送器、指示仪表齐全完好，液位计指示准确，液位在要求范围内；检查确认真空度符合要求。

（6）检查确认燃烧器各调节部件动作灵活，控制线路正常。

（7）检查确认配电电压在规定范围内，熄火、超温、超压、故障报警装置灵敏可靠。

（8）检查确认紧急放空系统畅通，各阀门灵活好用。

（9）检查自动点火、熄火程序，温度、压力参数设定在要求范围内。

2. 启炉前的准备工作

（1）倒通流程，提前进行循环运行。全开加热炉进出口阀门，检查流程和各阀门无渗漏，确认压力在加热炉允许范围内，且进出口压差正常。

（2）检查水、风、蒸汽等管路系统阀门，确保严密无漏失。

（3）倒通燃气流程，检查确认天然气控制阀门开关灵活、无漏气现象；检查确认过滤器滤网无堵塞现象，减压阀灵活、无漏气现象；按燃烧器所需压力，调节好阀后压力。

3. 启炉操作

（1）按照标准化操作接通电源，按下启动按钮，燃烧器进行自动检测，点火前风机吹扫90s，同时风门自动开到最大位置。吹扫结束后，空气风门返到最小位置。通过点火装置自动点火，成功后，燃烧器正常运行。

（2）燃烧器自动调整气量比例装置，使天然气气量与进风量比例适中，无黑烟、燃烧正常。

（3）介质升温速度及范围按自动设定参数运行。

（4）操作完毕，挂好运行标识牌。

（5）清洗、回收工具、用具，做好运行记录并汇报调度。

五、技术要求

（1）先检测后作业，作业场所保持通风。

（2）操作时必须使用防爆工具，严格执行各项操作规程。

项目六 真空相变式加热炉停炉操作

加热炉停止运行即为停炉，停炉按操作分为正常停炉和紧急停炉，正常停炉又分为临时停炉和较长时间停炉。紧急停炉一般为故障状态，会造成设备异常和经济损失。

一、风险提示及防范措施

本项目风险提示及防范措施见表1-2-6。

表 1-2-6　风险提示及防范措施

风险提示		防范措施
人身伤害	触电	定期检查接地等线路完好情况，操作控制柜时站在绝缘胶皮上
	火灾爆炸	加热炉要严格做到"三不点"；燃气炉要定期检查检漏装置的完好情况；定期检查各部有无渗漏，消除火灾隐患；确保超温、熄火报警装置灵敏可靠，介质压力、温度在规定范围内
	机械伤害	设备防护设施完好、齐全，严格按设备操作规程操作，开关阀门侧身
	高空坠落	上下扶梯应抓好扶手，高处作业应做好防护
	中毒和窒息	定期检测有毒有害气体浓度，检查有无泄漏部位，做好个人防护，操作间随时保持通风良好
	烫伤	接触炉体、防爆门等高温部分应做好防护措施
设备损坏		严格执行操作规程，平稳操作，严禁违章使用设备，定期维修保养
环境污染		正确切换流程，以免憋压造成泄漏，定期调整密封部位

二、操作流程

（1）准备工作。
（2）正常停炉。
（3）紧急停炉。
（4）回收工具并填写记录。

三、准备工作

（1）工具、用具、材料准备：F形防爆阀门扳手1把，450mm管钳1把，250mm活动扳手1把，内六角专用扳手1套，磁铁1块，绝缘手套。
（2）劳动保护用品准备齐全，穿戴整齐。

四、操作步骤

1. 正常停炉

（1）需要正常停炉操作时，加热炉操作工应提前通知相关岗位。
（2）正常停炉时，只要把控制柜"停止"按钮或燃烧器的按钮按到停运状态，燃烧器自动执行关闭程序，自动执行一段时间的吹扫过程，吹扫结束后燃烧器关闭。
（3）关闭燃料阀门，切断电源。
（4）当被加热介质进、出口温度达到平衡后，可根据生产需要，保持盘管内的介质继续流动或关闭进出口阀门进行放空扫线。
（5）按巡回检查路线对加热炉进行巡回检查，发现问题及时处理汇报。
（6）填写停运记录。

2.紧急停炉

（1）出现加热炉内水位急剧上升或下降，加热炉内压力急剧上升，压力表或真空阀出现失灵或故障，突然停电、停泵、发生事故，以及其他危及加热炉安全运行的异常情况时，应立即停炉。

（2）对于配套控制系统的加热炉，可通过"停止"按钮手动立即停止燃烧器，并切断控制柜电源，关闭所有燃料手动截止阀，避免燃烧油、气进入炉膛。

（3）通知值班干部、调度和相关岗位。

3.收尾工作

（1）操作完毕，挂好停运标识牌。

（2）清洗、回收工具、用具，做好记录。

五、技术要求

（1）先检测后作业，作业场所保持通风。

（2）在冬季长时间停止运行，要将加热炉内的水彻底排出，以防冻结；长期停用的，应采用干法保养，即在壳程内放入硅胶或生石灰，防止氧化腐蚀，同时对盘管进行扫线，完全清除管内油污；短期停用的（非冬季停用3个月以内），可采用湿法保养，即在壳程内加满水，并对盘管进行扫线，完全清除管内油污。

项目七　真空相变式加热炉巡回检查操作

为了保证加热炉及附属设备的安全经济运行，值班人员必须按规定时间、内容及路线对设备进行巡回检查，以便随时掌握设备运行情况，采取必要措施将事故消灭在萌芽状态。

一、风险提示及防范措施

本项目风险提示及防范措施见表1-2-7。

表1-2-7　风险提示及防范措施

风险提示		防范措施
人身伤害	触电	定期检查接地等线路完好情况，操作控制柜时站在绝缘胶皮上
	火灾爆炸	加热炉要严格做到"三不点"；燃气炉要定期检查检漏装置的完好情况；定期检查各部有无渗漏，消除火灾隐患；确保超温、熄火报警装置灵敏可靠，介质压力、温度在规定范围内
	机械伤害	设备防护设施完好、齐全，严格按设备操作规程操作，开关阀门侧身
	高空坠落	上下扶梯应抓好扶手，高处作业应做好防护
	中毒和窒息	定期检测有毒有害气体浓度，检查有无泄漏部位，做好个人防护，操作间随时保持通风良好
	烫伤	接触炉体、防爆门等高温部分应做好防护措施

续表

风险提示	防范措施
设备损坏	严格执行操作规程，平稳操作，严禁违章使用设备，定期维修保养
环境污染	正确切换流程，以免憋压造成泄漏，定期调整密封部位

二、操作流程

（1）准备工作。

（2）检查控制柜。

（3）检查燃烧器。

（4）检查燃料系统。

（5）检查火焰。

（6）检查炉前仪表。

（7）检查基础。

（8）检查进出口温度、压力。

（9）检查防爆门、烟囱、膨胀节。

（10）检查梯子、护栏。

（11）检查炉顶附件。

（12）回收工具并填写记录。

三、准备工作

（1）工具、用具、材料准备：F形防爆阀门扳手1把，450mm管钳1把，250mm活动扳手1把，内六角专用扳手1套，磁铁1块，便携式红外线测温仪1个，绝缘手套。

（2）劳动保护用品准备齐全，穿戴整齐。

四、操作步骤

（1）按时对加热炉进行巡回检查。

（2）检查确认控制柜各项参数显示正常，控制系统灵活好用。

（3）检查确认燃烧器运行状态正常，运行时无异常噪声及振动，燃料供应系统压力正常、无泄漏。

（4）检查确认火焰颜色正常，燃烧稳定。

（5）检查确认加热炉蒸汽温度、压力、介质液位在规定范围内。

（6）检查确认烟囱绷绳牢固，接地装置符合规定，排烟温度、颜色正常，冷凝水排放通道畅通。

（7）检查确认加热炉基础无下沉，排污阀和紧急放空阀完好。

（8）检查确认炉管进出口温度、压力在规定范围内。

(9) 检查确认防爆门、观火孔正常，膨胀节无渗漏。

(10) 检查确认梯子、护栏完好，检查加水口、安全阀、放气阀无渗漏。

(11) 回收工具并填写记录。

五、技术要求

(1) 检查过程中，严格执行"看、听、摸、闻"操作要求，及时发现异常，并正确处理。

(2) 加热炉各控制参数应严格控制在规定范围内，如有问题及时汇报并处理。

(3) 应用红外线测温仪进行测量，避免直接接触高温部位。

(4) 如液位计异常升高，应判断为炉管穿孔并做出相应处理。

项目八 真空相变式加热炉的维护保养

加热炉设备维护保养主要分为日常维护保养和定期维护保养两大部分。维护保养的范围包括加热炉本体、安全附件、保护装置及管道、阀门、附属设备等。

一、风险提示及防范措施

本项目风险提示及防范措施见表 1-2-8。

表 1-2-8 风险提示及防范措施

风险提示		防范措施
人身伤害	触电	定期检查接地等线路完好情况，操作控制柜时站在绝缘胶皮上
	火灾爆炸	加热炉要严格做到"三不点"；燃气炉要定期检查检漏装置的完好情况；定期检查各部有无渗漏，消除火灾隐患；确保超温、熄火报警装置灵敏可靠，介质压力、温度在规定范围内
	机械伤害	设备防护设施完好、齐全，严格按设备操作规程操作，开关阀门侧身
	高空坠落	上下扶梯应抓好扶手，高处作业应做好防护
	中毒和窒息	定期检测有毒有害气体浓度，检查有无泄漏部位，做好个人防护，操作间随时保持通风良好
	烫伤	接触炉体、防爆门等高温部分应做好防护措施
设备损坏		严格执行操作规程，平稳操作，严禁违章使用设备，定期维修保养
环境污染		正确切换流程，以免憋压造成泄漏，定期调整密封部位

二、操作流程

(1) 准备工作。

(2) 例行维护保养。

(3) 一级维护保养。
(4) 回收工具并填写记录。

三、准备工作

(1) 工具、用具、材料准备：F 形防爆阀门扳手 1 把，450mm 管钳 1 把，250mm 活动扳手 1 把，内六角专用扳手 1 套。
(2) 劳动保护用品准备齐全，穿戴整齐。

四、操作步骤

加热炉的日常维护保养应与每班的巡回检查及日常维修相结合。

1. 例行维护保养

(1) 每 8h 进行一次例行维护保养，由当班工人进行。
(2) 检查加热炉平台梯子及栏杆的清洁卫生，做到无油污、无杂物。
(3) 清洁加热炉管线，阀门及附件的灰尘、油污。
(4) 紧固加热炉本体，连接油气水等管线阀门、法兰，确保无渗漏。
(5) 检查设备及附件的连接件是否紧固，转动部件是否灵活好用。
(6) 检查和调整燃烧系统（包括油气分离器），保证处于最佳燃烧状态。
(7) 加热炉本体及附件无锈蚀，按规定做好刷漆防腐。

2. 一级维护保养

(1) 每运转 4000h，不超过±72h。全面检查烟管、盘管、火筒有无腐蚀、鼓包、裂纹等情况，并详细记录。
(2) 检查和修补脱漏的保温层。
(3) 检查和清扫烟管、火筒。
(4) 检查和调整烟道挡板，使其动作灵活、位置适当。
(5) 检查加热炉进出口阀门、紧急放空阀门是否灵活、严密，管线是否畅通。
(6) 检查炉顶真空阀是否完好。
(7) 检查烟囱绷绳是否牢固、接地装置是否符合规定。
(8) 全面检查各部件的连接情况，保证油、气、风、水无渗漏。
(9) 检查、紧固电气设备的接线情况，按期校验仪表。
(10) 检查燃烧器连接是否紧固，清理燃气阀过滤网和电动机风扇积灰。
(11) 检查炉体及烟囱有无腐蚀。

3. 收尾工作

操作完毕，回收工具、用具，做好记录。

五、技术要求

(1) 先检测后作业，作业场所保持通风。

（2）检修操作时必须使用防爆工具，严格执行各项操作规程。

项目九　管式加热炉的维护保养

加热炉设备维护保养主要分日常维护保养和定期维护保养两大部分。维护保养的范围包括加热炉本体、安全附件、保护装置及管道、阀门、附属设备等。

一、风险提示及防范措施

本项目风险提示及防范措施见表1-2-9。

表1-2-9　风险提示及防范措施

风险提示		防范措施
人身伤害	触电	定期检查接地等线路完好情况，操作控制柜时站在绝缘胶皮上
	火灾爆炸	加热炉要严格做到"三不点"；燃气炉要定期检查检漏装置的完好情况；定期检查各部有无渗漏，消除火灾隐患；确保超温、熄火报警装置灵敏可靠，介质压力、温度在规定范围内
	机械伤害	设备防护设施完好、齐全，严格按设备操作规程操作，开关阀门侧身
	高空坠落	上下扶梯应抓好扶手，高处作业应做好防护
	中毒和窒息	定期检测有毒有害气体浓度，检查有无泄漏部位，做好个人防护，操作间随时保持通风良好
	烫伤	接触炉体、防爆门等高温部分应做好防护措施
设备损坏		严格执行操作规程，平稳操作，严禁违章使用设备，定期维修保养
环境污染		正确切换流程，以免憋压造成泄漏，定期调整密封部位

二、操作流程

（1）准备工作。

（2）例行维护保养。

（3）一级维护保养。

（4）二级维护保养。

（5）填写记录。

三、准备工作

（1）工具、用具、材料准备：F形扳手1把，450mm管钳1把，250mm、300mm活动扳手各1把，梅花扳手、内六角扳手各1套，150mm一字、十字螺丝刀各1把，清洗油、润滑脂若干。

（2）劳动保护用品准备齐全，穿戴整齐。

四、操作步骤

1. 例行维护保养

（1）每运行 8h 进行一次例行维护保养。

（2）保持机体清洁。

（3）检查各连接部位有无松动、无渗漏。

2. 一级维护保养

（1）每运行 2000h 停机进行一次一级维护保养。

（2）对加热炉炉膛进行清灰，对烟道和对流室进行全面吹扫。

（3）视情况对炉口耐火砖、炉体保温层进行检修维护。

（4）检查清理燃烧器点火控制装置。

（5）检查更换电动机轴承润滑脂。

（6）检查紧急放空流程，做到阀门灵活好用，管线畅通。

（7）做好整机的清洁和防腐工作。

3. 二级维护保养

（1）每运行 8000h 停机进行一次二级维护保养。

（2）完成一级保养内容。

（3）对烟囱绷绳、烟道挡板、导向轮、防爆门进行润滑调整保养，做到无腐蚀、紧固、灵活好用。

（4）对吹灰器进行润滑调整保养，做到转动灵活、无卡阻现象。

（5）检查燃烧器火嘴，进行清理或更换。

（6）对加热炉控制系统进行全面检查和维护，重新检查调节油（气）风比例。

（7）检查风机轴承间隙，应在规定范围内，否则进行更换。

（8）对对流室、辐射室炉管进行清灰。

4. 收尾工作

清洁、回收工具、用具，清理现场，填写记录。

五、技术要求

（1）每年进行一次加热炉内、外部检查，检查炉体表面有无裂纹、变形、腐蚀、结垢，检查炉膛内部耐火衬里有无裂缝、松动，炉管有无结焦、变形等异常现象。

（2）每月检查各部位连接焊口，以防渗漏。

（3）每月检查调整烟囱绷绳，保证绷绳牢固。

项目十　自动燃烧器点不着火的原因及处理

在生产运行中,全自动燃烧器具有运行平稳、操作方便的特点,但如果安装、操作和维护不当,也可造成燃烧器故障频出,停炉次数频繁,影响加热炉的正常运行。

一、风险提示及防范措施

本项目风险提示及防范措施见表 1-2-10。

表 1-2-10　风险提示及防范措施

风险提示		防范措施
人身伤害	触电	定期检查接地等线路完好情况,操作控制柜时站在绝缘胶皮上
	火灾爆炸	加热炉要严格做到"三不点";燃气炉要定期检查检漏装置的完好情况;定期检查各部有无渗漏,消除火灾隐患;确保超温、熄火报警装置灵敏可靠,介质压力、温度在规定范围内
	机械伤害	设备防护设施完好、齐全,严格按设备操作规程操作,开关阀门侧身
	中毒和窒息	定期检测有毒有害气体浓度,检查有无泄漏部位,做好个人防护,操作间随时保持通风良好
	烫伤	接触炉体、防爆门等高温部分应做好防护措施
设备损坏		严格执行操作规程,平稳操作,严禁违章使用设备,定期维修保养
环境污染		正确切换流程,以免憋压造成泄漏,定期调整密封部位

二、操作流程

(1) 准备工作。
(2) 原因分析。
(3) 故障处理。
(4) 回收工具并填写记录。

三、准备工作

(1) 工具、用具、材料准备:F 形防爆阀门扳手 1 把,450mm 管钳 1 把,250mm 活动扳手 1 把,内六角扳手 1 套。
(2) 劳动保护用品准备齐全,穿戴整齐。

四、操作步骤

1. 原因分析

(1) 执行器损坏。
(2) 电磁阀不工作(主阀、点火阀)。

(3) 减压阀失灵。
(4) 伺服电动机失灵。
(5) 点火变压器损坏。
(6) 高压线损坏或脱落。
(7) 点火电极位置相对尺寸间隙过大或过小。
(8) 电极击穿。
(9) 检漏装置失灵。
(10) 火焰探测器损坏。
(11) 来气压力过低。
(12) 风道堵塞。

2. 处理措施
(1) 更换执行器。
(2) 更换新的电磁阀。
(3) 维修或更换减压阀。
(4) 更换伺服电动机。
(5) 更换点火变压器。
(6) 重新安装或更换高压线。
(7) 重新调整间隙。
(8) 更换电极。
(9) 更换检漏装置。
(10) 更换火焰探测器。
(11) 调节来气压力。
(12) 清理风道。

五、技术要求

(1) 先检测后作业，作业场所保持通风。
(2) 检修操作时必须使用防爆工具，电气仪表的拆卸维修由专业人员操作，严格执行各项操作规程。

项目十一　加热炉回火的原因及处理方法

回火是指当空气与燃料混合液体或气体从喷嘴流出的速度低于火焰传播速度时回到燃油处燃烧的现象，其主要原因是炉膛内形成正压。通过调节燃烧器油（气）风比例或烟道挡板，使燃料喷出的速度大于火焰传播速度，就可消除回火现象。

一、风险提示及防范措施

本项目风险提示及防范措施见表 1-2-11。

表 1-2-11 风险提示及防范措施

风险提示		防范措施
人身伤害	触电	定期检查接地等线路完好情况，操作控制柜时站在绝缘胶皮上
	火灾爆炸	加热炉要严格做到"三不点"；燃气炉要定期检查检漏装置的完好情况；定期检查各部有无渗漏，消除火灾隐患；确保超温、熄火报警装置灵敏可靠，介质压力、温度在规定范围内
	机械伤害	设备防护设施完好、齐全，严格按设备操作规程操作，开关阀门侧身
	中毒和窒息	定期检测有毒有害气体浓度，检查有无泄漏部位，做好个人防护，操作间随时保持通风良好
	烫伤	接触炉体、防爆门等高温部分应做好防护措施
设备损坏		严格执行操作规程，平稳操作，严禁违章使用设备，定期维修保养
环境污染		正确切换流程，以免憋压造成泄漏，定期调整密封部位

二、操作流程

(1) 准备工作。
(2) 原因分析。
(3) 处理措施。
(4) 回收工具并填写记录。

三、准备工作

(1) 工具、用具、材料准备：F 形防爆阀门扳手 1 把，450mm 管钳 1 把，250mm 活动扳手 1 把，内六角专用扳手 1 套，清焦工具若干。
(2) 劳动保护用品准备齐全，穿戴整齐。

四、操作步骤

1. 原因分析

(1) 炉膛内存有一定量的燃料气，点火前未吹扫干净。
(2) 加热炉超负荷运行，进入炉膛里的燃料过多。
(3) 油（气）风比调节不当。
(4) 烟道挡板开度过小，降低了炉子抽力，使烟气排不出去。
(5) 燃油压力、温度不合理。
(6) 火嘴堵塞或烧坏。
(7) 炉膛结焦阻挡火焰。

2.处理措施

（1）点火前应认真检查燃料阀是否渗漏，并吹扫炉膛。
（2）应关小燃料量，控制炉火。
（3）调节油风比，调至不脱火、不回火。
（4）缓慢调节烟道挡板位置，搞清烟道挡板的实际位置，严防在调节烟道挡板时将挡板关死或关得太小。
（5）调节燃料油、气压力。
（6）如果火嘴堵塞则清理畅通，如果火嘴损坏则更换新火嘴。
（7）如果炉膛结焦较轻时则清理干净，结焦严重时则需要更换新炉膛。
（8）按点火操作规程重新点火。
（9）清洁并回收工具、用具，清理现场，做好记录。

五、技术要求

（1）先检测后作业，作业场所保持通风。
（2）检修操作时必须使用防爆工具，调节燃油、燃气压力时不仅要保持压力平稳，而且要使压力满足加热炉工作压力需要，压力过大易产生不完全燃烧而回火，压力过小影响雾化效果而回火，燃油温度也要控制在合理范围内。
（3）电气仪表的拆卸维修由专业人员操作，严格执行各项操作规程。

项目十二　影响加热炉出口温度变化的原因及处理方法

加热炉运行时，如果炉管出口温度忽高忽低，则不利于生产的平稳运行，要及时分析温度降低、升高的原因，采取相应处理措施，保证正常生产。

一、风险提示及防范措施

本项目风险提示及防范措施见表1-2-12。

表1-2-12　风险提示及防范措施

风险提示		防范措施
人身伤害	触电	定期检查接地等线路完好情况，操作控制柜时站在绝缘胶皮上
	火灾爆炸	加热炉要严格做到"三不点"；燃气炉要定期检查检漏装置的完好情况；定期检查各部有无渗漏，消除火灾隐患；确保超温、熄火报警装置灵敏可靠，介质压力、温度在规定范围内
	机械伤害	设备防护设施完好、齐全，严格按设备操作规程操作，开关阀门侧身
	中毒和窒息	定期检测有毒有害气体浓度，检查有无泄漏部位，做好个人防护，操作间随时保持通风良好
	烫伤	接触炉体、防爆门等高温部分应做好防护措施

续表

风险提示	防范措施
设备损坏	严格执行操作规程，平稳操作，严禁违章使用设备，定期维修保养
环境污染	正确切换流程，以免憋压造成泄漏，定期调整密封部位

二、操作流程

(1) 准备工作。

(2) 原因分析。

(3) 处理措施。

(4) 回收工具并填写记录。

三、准备工作

(1) 工具、用具、材料准备：F形防爆阀门扳手1把，450mm管钳1把，250mm活动扳手1把，便携式红外线测温仪1个，内六角专用扳手1套。

(2) 劳动保护用品准备齐全，穿戴整齐。

四、操作步骤

1. 原因分析

(1) 燃料油（气）压力不稳。

(2) 燃料油性质发生变化，例如油的密度改变及含水不稳等。

(3) 燃料气带油。

(4) 雾化蒸气压力变化，如果压力低，雾化不好，火焰变红发暗，喷嘴喷油量增加，炉膛温度上升，烟囱冒黑烟；如果压力高，火焰颜色发白、火硬、变短，容易缩火、灭火。

(5) 进液量及进液温度变化。

(6) 进液性质变化，吸热量大，炉出口温度下降。

(7) 仪表失灵。

2. 处理措施

(1) 燃料油、气及雾化蒸气压力变化时，应及时进行调节，保证压力平稳。

(2) 联系相关来液岗位，保证加热炉来液流量、温度、性质稳定。

(3) 燃料气带油时，立即查找原因使燃料气脱油。

(4) 调节时要平稳，以免相互影响。

(5) 火嘴结焦要及时处理，喷嘴堵塞要及时清理。

(6) 一旦仪表失灵，立即查明原因进行处理。

(7) 清洁并回收工具、用具，清理现场，做好记录。

五、技术要求

（1）先检测后作业，作业场所保持通风。

（2）检修操作时必须使用防爆工具，电气仪表的拆卸维修由专业人员操作，严格执行各项操作规程。

项目十三　加热炉出口温度过低的原因及处理方法

加热炉运行时，如果炉管出口温度忽高忽低，则不利于生产的平稳运行，要及时分析温度降低、升高的原因，采取相应处理措施，保证正常生产。

一、风险提示及防范措施

本项目风险提示及防范措施见表1-2-13。

表1-2-13　风险提示及防范措施

风险提示		防范措施
人身伤害	触电	定期检查接地等线路完好情况，操作控制柜时站在绝缘胶皮上
	火灾爆炸	加热炉要严格做到"三不点"；燃气炉要定期检查检漏装置的完好情况；定期检查各部有无渗漏，消除火灾隐患；确保超温、熄火报警装置灵敏可靠，介质压力、温度在规定范围内
	机械伤害	设备防护设施完好、齐全，严格按设备操作规程操作，开关阀门侧身
	中毒和窒息	定期检测有毒有害气体浓度，检查有无泄漏部位，做好个人防护，操作间随时保持通风良好
	烫伤	接触炉体、防爆门等高温部分应做好防护措施
设备损坏		严格执行操作规程，平稳操作，严禁违章使用设备，定期维修保养
环境污染		正确切换流程，以免憋压造成泄漏，定期调整密封部位

二、操作流程

（1）准备工作。

（2）原因分析。

（3）处理措施。

（4）回收工具并填写记录。

三、准备工作

（1）工具、用具、材料准备：F形防爆阀门扳手1把，450mm管钳1把，250mm活动扳手1把，内六角专用扳手1套，便携式红外线测温仪1个。

（2）劳动保护用品准备齐全，穿戴整齐。

四、操作步骤

1. 原因分析

（1）燃气压力低。

（2）供风量不足造成燃烧不完全。

（3）烟道挡板开度过大，炉膛温度降低，增加了排烟热损失。

（4）来油量过大，造成加热炉出口温度过低。

（5）来液含水增高。

2. 处理措施

（1）将燃气压力调整在规定的范围内。

（2）调节燃烧器风门到合适位置。

（3）将烟道挡板调整到合适位置，观察烟囱冒烟情况。

（4）及时调整来液量。

（5）降低进入加热炉原油含水率。

（6）清洁并回收工具、用具，清理现场，做好记录。

五、技术要求

（1）先检测后作业，作业场所保持通风。

（2）检修操作时必须使用防爆工具，调节要平稳，严格执行各项操作规程。

项目十四 加热炉凝管的原因及处理方法

加热炉运行时，如果炉管出口温度持续降低，要及时分析温度降低的原因，否则会使输送原油在炉管中凝固，如不采取正确处理措施，可能会造成凝管事故。

一、风险提示及防范措施

本项目风险提示及防范措施见表1-2-14。

表1-2-14 风险提示及防范措施

风险提示		防范措施
人身伤害	触电	定期检查接地等线路完好情况，操作控制柜时站在绝缘胶皮上
	火灾爆炸	加热炉要严格做到"三不点"；燃气炉要定期检查检漏装置的完好情况；定期检查各部有无渗漏，消除火灾隐患；确保超温、熄火报警装置灵敏可靠，介质压力、温度在规定范围内
	机械伤害	设备防护设施完好、齐全，严格按设备操作规程操作，开关阀门侧身
	中毒和窒息	定期检测有毒有害气体浓度，检查有无泄漏部位，做好个人防护，操作间随时保持通风良好
	烫伤	接触炉体、防爆门等高温部分应做好防护措施

续表

风险提示	防范措施
设备损坏	严格执行操作规程，平稳操作，严禁违章使用设备，定期维修保养
环境污染	正确切换流程，以免憋压造成泄漏，定期调整密封部位

二、操作流程

（1）准备工作。
（2）原因分析。
（3）处理措施。
（4）回收工具并填写记录。

三、准备工作

（1）工具、用具、材料准备：F形防爆阀门扳手1把，擦布若干，450mm管钳1把，300mm活动扳手2把，0~100℃温度计2个，内六角专用扳手1套。
（2）劳动保护用品准备齐全，穿戴整齐。

四、操作步骤

1. 原因分析

（1）未及时发现炉火熄灭。
（2）停炉后未扫线或扫线不彻底。
（3）停炉后，加热炉进出口阀门不严，油品进入炉管。

2. 处理措施

（1）加热炉初凝时，可采用压力挤压法。先全开加热炉出口阀门，后逐步开大进口阀门，慢慢升压将凝管顶挤畅通。
（2）加热炉凝管较重时，可采用小火烘炉。先全开加热炉出口阀门，并适当关小进口阀门，先用小火烘炉，再以适当的压力顶挤。小火烘炉时，如果进口温度和压力急剧上升（说明炉外管线严重凝管），应立即停炉。
（3）在大气温度且允许停炉时间较长的情况下，可使用自然解凝法。切断进出口来液，然后使加热炉进出口两端敞口，利用环境温度解凝。
（4）进出口阀门不严密，则需更换阀门。
（5）清洁并回收工具、用具，清理现场，做好记录。

五、技术要求

（1）先检测后作业，作业场所保持通风。
（2）检修操作时必须使用防爆工具。
（3）顶挤时，顶挤压力不得超过炉管的最大工作压力。

项目十五 加热炉冒黑烟的原因及处理方法

加热炉运行时，油（气）风比例调节不当，导致燃料不完全燃烧，产生冒黑烟现象，造成环境污染。

一、风险提示及防范措施

本项目风险提示及防范措施见表1-2-15。

表1-2-15 风险提示及防范措施

风险提示		防范措施
人身伤害	触电	定期检查接地等线路完好情况，操作控制柜时站在绝缘胶皮上
	火灾爆炸	加热炉要严格做到"三不点"；燃气炉要定期检查检漏装置的完好情况；定期检查各部有无渗漏，消除火灾隐患；确保超温、熄火报警装置灵敏可靠，介质压力、温度在规定范围内
	机械伤害	设备防护设施完好、齐全，严格按设备操作规程操作，开关阀门侧身
	中毒和窒息	定期检测有毒有害气体浓度，检查有无泄漏部位，做好个人防护，操作间随时保持通风良好
	烫伤	接触炉体、防爆门等高温部分应做好防护措施
设备损坏		严格执行操作规程，平稳操作，严禁违章使用设备，定期维修保养
环境污染		正确切换流程，以免憋压造成泄漏，定期调整密封部位

二、操作流程

（1）准备工作。
（2）原因分析。
（3）处理措施。
（4）回收工具并填写记录。

三、准备工作

（1）工具、用具、材料准备：F形扳手1把，450mm管钳1把，250mm活动扳手1把，内六角专用扳手1套。
（2）劳动保护用品准备齐全，穿戴整齐。

四、操作步骤

1. 原因分析

（1）燃料油（气）压力过大。
（2）空气量不足。
（3）燃料油温度过低。

(4) 火嘴部分结焦。
(5) 炉管穿孔。

2. 处理措施

(1) 关小油（气）阀，调节进油（气）压力在规定范围内。
(2) 开大风门。
(3) 提高燃料油温度。
(4) 清理结焦。
(5) 紧急停炉，抢修。
(6) 清洁并回收工具、用具，清理现场，做好记录。

五、技术要求

(1) 先检测后作业，作业场所保持通风。
(2) 检修操作时必须使用防爆工具，严格执行各项操作规程。

第三节 管线流程

项目一 更换阀门填料操作

阀门填料填装在阀门填料函内，起到密封阀杆与阀体间隙的作用。其常用材质主要有石棉纤维、橡胶、碳素纤维、石墨等。

一、风险提示及防范措施

本项目风险提示及防范措施见表1-3-1。

表1-3-1 风险提示及防范措施

风险提示		防范措施
人身伤害	物体打击	放净阀门两侧余压，阀门应处于关闭状态，防止余压伤人
	划伤	正确使用裁纸刀切割密封填料
设备损坏		严格执行操作规程，平稳操作，严禁违章敲击阀门，加密封填料时松紧合适，减少阀杆磨损
环境污染		正确切换流程，以免憋压造成泄漏；放空时，放空处接好污油桶，防止造成污染

二、操作流程

(1) 准备工作。

(2) 倒流程放空泄压。

(3) 拆卸密封填料压盖。

(4) 取出旧密封填料。

(5) 检查阀杆。

(6) 量取新密封填料并添加。

(7) 试压倒流程。

(8) 回收工具，清理现场。

三、准备工作

(1) 工具、用具、材料准备：黄油若干，石棉绳或密封填料若干，200mm、250mm活动扳手各1把，150mm一字形螺丝刀1把，F形扳手1把，150mm密封填料钩1把，裁纸刀1把，放空桶1个，自制挂钩1个，擦布1块。

(2) 劳动防护用品准备齐全，穿戴整齐。

四、操作步骤

(1) 检查流程，确认管路内的介质流向。

(2) 根据生产工艺，切断压源并放空，确认更换阀门处于关闭状态。

(3) 卸松密封填料压盖锁紧螺帽，撬松密封填料压盖，放净阀内余压后，卸掉压盖紧固螺母，抬起压盖，用挂钩固定好，把两个压盖螺栓放平。

(4) 取出旧密封填料，并清理干净填料函；避免损伤阀杆和填料函内壁。

(5) 检查阀杆，保证其平直光洁，不得有腐蚀、机械损伤、沟槽、弯曲等。

(6) 选择与阀门填料函规格相符的填料，将其绕在阀杆上，量取合适长度，用裁纸刀将其斜切30°~45°，如图1-3-1(a)所示，切口要求平直整齐，不得有线头。如果用石棉绳，应用多股拧成绳，并抹上黄油备用。

(7) 加入新填料，如图1-3-1(b)所示，切口要吻合，每圈填料的接口应上下搭接；每层之间切口要错开120°~180°，如果加石棉绳，要顺时针盘转，每加一圈应压实，加满为止。

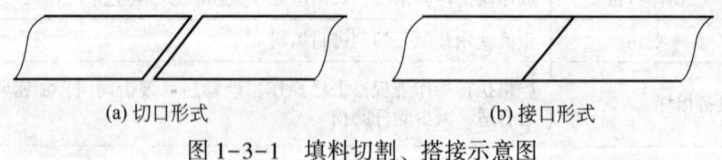

(a) 切口形式　　　　(b) 接口形式

图1-3-1　填料切割、搭接示意图

(8) 放下压盖，将两条压盖螺栓上好，均匀对称紧固压盖锁紧螺母，保证填料松紧合适，压盖阀杆之间间隙要均匀，压盖不能有倾斜，压盖压入填料函的深度不得少于5mm，并留有压紧的余地。

(9) 关闭放空阀门，试压无渗漏，恢复正常生产流程。

(10) 清洁并回收工具、用具，清理现场，做好记录。

五、技术要求

（1）不准憋压操作，操作前一定要先将管线内压力放净。确认阀门已关闭。

（2）密封压盖应对称紧固、无偏斜。

（3）开、关阀门时一定要缓慢侧身。

（4）填料不宜压得过紧，压盖的压紧程度应满足填料不泄漏、阀杆上下运动灵活。

项目二 更换法兰垫片操作

法兰垫片是用来密封阀门法兰与管路法兰接合面，防止介质泄漏。常用的法兰垫片有石棉垫片、金属缠绕垫片、合成树脂垫片。

一、风险提示及防范措施

本项目风险提示及防范措施见表1-3-2。

表1-3-2 风险提示及防范措施

风险提示		防范措施
人身伤害	物体打击	放净阀门两侧余压，阀门应处于关闭状态，防止余压伤人
	划伤	正确使用剪刀制作垫片
设备损坏		严格执行操作规程，平稳操作，严禁违章敲击阀门
环境污染		正确切换流程，以免憋压造成泄漏；放空时，放空处接好污油桶，防止造成污染

二、操作流程

（1）制作垫片。

（2）倒流程放空泄压。

（3）拆卸法兰螺栓。

（4）取出旧垫片。

（5）清理法兰端面。

（6）安装新垫片。

（7）紧固法兰螺栓。

（8）试压倒流程。

（9）回收工具并填写记录。

三、准备工作

（1）工具、用具、材料准备：2mm石棉垫若干，擦布1块，黄油若干，法兰盘1个，模拟设备1套，250mm、300mm活动扳手各1把，500mm撬杠1根，剪刀1把，画规1把，灰刀1把，300mm钢板尺1把，300mm平口刮刀1把，F形扳手1把，放空桶1个，肥皂水若干。

（2）劳动防护用品准备齐全，穿戴整齐。

四、操作步骤

（1）制作垫片。

① 用直尺在单片法兰上量出法兰的内外直径。

② 用画规在石棉垫片上画出法兰垫片内外圆。

③ 剪出法兰垫片并留有操作手柄。制作法兰垫片，保证内外圆光滑，手柄长度露出法兰外20mm±5mm，内外圆同心度不大于2mm。

④ 在剪出的法兰垫片两侧涂上黄油，放在干净的地方。

（2）检查流程，确认管路内的介质流向；倒流程，打开旁通阀门后，关闭上、下游阀门，切断管路介质，打开放空阀门泄压。

（3）卸法兰螺栓。先卸松外侧最下部的一条螺栓，让存在管线内的介质自下部排净，再卸松其他三条螺栓，并取出面对自己的那条螺栓。

（4）用撬杠撬开法兰，取出旧垫片，用刮刀将两侧法兰端面清理干净。

（5）将两侧均匀涂抹上黄油的新垫片，放入法兰片内，对正中心，不得偏斜。

（6）对角、均匀紧固法兰螺栓。

（7）关闭放空阀门，小幅打开下游控制阀门试压，检查有无渗漏现象，小幅打开上游控制阀门，观察无问题后，打开下、上游阀门至最大后回半圈，侧身关闭旁通阀门。

（8）清洁并回收工具、用具，清理现场，做好记录。

五、技术要求

（1）严禁憋压操作，以防其他设备出现故障。

（2）操作前先将管线内压力泄净。

（3）开、关阀门时要侧身缓慢进行。

（4）安装时两法兰应间隙均匀并对中。

项目三　更换法兰阀门操作

阀门是一种通过改变其内部通道截面积，控制管路内介质流动的通用机械装置。阀门的作用是接通或截断介质，防止介质倒流，调节介质的压力、流量等参数，分离、混合或分配介质，防止介质压力超过规定值，以保证管路或设备安全运行。

一、风险提示及防范措施

本项目风险提示及防范措施见表 1-3-3。

表 1-3-3 风险提示及防范措施

风险提示		防范措施
人身伤害	物体打击	放净阀门两侧余压,阀门应处于关闭状态,防止余压伤人
	划伤	正确使用剪刀制作垫片
设备损坏		严格执行操作规程,平稳操作,严禁违章敲击阀门
环境污染		正确切换流程,以免憋压造成泄漏;放空时,放空处接好污油桶,防止造成污染

二、操作流程

(1) 制作垫片。
(2) 倒流程。
(3) 卸法兰螺栓。
(4) 取下旧阀门。
(5) 安装新阀门。
(6) 试压倒流程。
(7) 回收工具并填写记录。

三、准备工作

(1) 工具、用具、材料准备:2mm 石棉垫若干,擦布 1 块,黄油若干,法兰盘 1 个,同型号阀门 1 个,250mm、300mm 活动扳手各 1 把,500mm 撬杠 1 根,剪刀 1 把,画规 1 把,300mm 钢板尺 1 把,300mm 平口刮刀 1 把,F 形扳手 1 把。

(2) 劳动防护用品准备齐全,穿戴整齐。

四、操作步骤

(1) 制作垫片。用直尺在单片法兰上量出法兰的内外直径;用画规在石棉垫片上画出法兰垫片内外圆;用剪刀剪出法兰垫片并留有操作手柄。

(2) 检查流程,确认管路内的介质流向。

(3) 倒流程。侧身打开旁通阀门后,侧身关闭上、下游阀门,切断管路介质(在确定阀门能关严的情况下),开放空阀门,泄压(观察压力归零)。

(4) 卸法兰螺栓。先卸松外侧最下部的一条螺栓,让管线内残存的液体自底部排净,再卸松其他三条螺栓,另一侧用同样的方法拆卸,拆下旧阀门,清除干净管路两侧法兰上的旧垫片和杂物。

(5) 安装新阀门。将阀门法兰与管线法兰对正，对角装上两条螺栓，将两面均匀涂抹黄油的新垫片放入两法兰中间，再对角穿上其他两条螺栓，另一侧用同样方法安装，紧固螺栓时，应对角均匀地进行。

(6) 关闭放空阀门，缓慢侧身小幅打开下游控制阀门试压，检查有无渗漏现象，缓慢侧身开上游控制阀门，观察无问题后，打开下、上游阀门至最大后回半圈，侧身关闭旁通阀门。

(7) 清洁并回收工具、用具，清理现场，做好记录。

五、技术要求

(1) 操作前先将管线内压力放净。
(2) 安装前应检查阀门开关灵活。
(3) 安装阀门时应保持关闭状态。
(4) 开、关阀门时要侧身缓慢进行。
(5) 安装时两法兰应间隙均匀并对中。

项目四　阀门的日常维护保养

阀门是一种通过改变其内部通道截面积，控制管路内介质流动的通用机械装置。在油气集输中，"跑、冒、滴、漏"等事故的发生大多与阀门渗漏有关。因此，掌握必要的阀门保养维修技术是油气集输的一项重要工作。

一、风险提示及防范措施

本项目风险提示及防范措施见表1-3-4。

表1-3-4　风险提示及防范措施

	风险提示	防范措施
人身伤害	物体打击	放净阀门两侧余压，阀门应处于关闭状态，防止余压伤人
	划伤	正确使用裁纸刀切割密封填料，正确使用剪刀制作垫片
设备损坏		严格执行操作规程，平稳操作，严禁违章敲击阀门，加密封填料时松紧合适，减少阀杆磨损
环境污染		正确切换流程，以免憋压造成泄漏；放空时，放空处接好污油桶，防止造成污染

二、操作流程

(1) 准备工作。
(2) 检查阀体。
(3) 检查各密封点。

(4) 阀门保养。
(5) 阀门操作维护。
(6) 回收工具并填写记录。

三、准备工作

(1) 工具、用具、材料准备：250mm、300mm 活动扳手各 1 把，梅花扳手 1 套，150mm、200mm 平口螺丝刀各 1 把，剪刀 1 把，石棉绳或相应规格的密封填料若干，润滑脂若干，棉纱布若干，清洗剂若干。
(2) 劳动防护用品准备齐全，穿戴整齐。

四、操作步骤

1. 阀体检查
(1) 检查确认阀体完好、无锈蚀。
(2) 检查确认手轮紧固螺母无松动，手轮转动灵活。
(3) 检查确认阀门压盖无裂痕。
(4) 检查确认阀门丝杠无锈蚀。

2. 阀门各密封点检查
(1) 检查确认阀盖无渗漏。
(2) 检查确认密封填料压盖无渗漏。
(3) 检查确认阀门两端法兰连接无渗漏。

3. 阀门保养
(1) 清除丝杠上的油污、灰尘、锈蚀。
(2) 用带有润滑油的抹布擦拭丝杠，室外阀门丝杠做好防护。
(3) 向阀门油嘴、油杯内添加润滑脂。
(4) 阀门本体应做好防腐、刷漆。
(5) 紧固手轮上的紧固螺母。
(6) 法兰连接螺栓配置齐全。

4. 阀门操作维护
(1) 开关阀门时要缓慢操作。
(2) 阀门全开后，手轮要回转半圈。
(3) 经常检查、紧固、更换阀门密封部位。
(4) 要对室外阀门丝杠做好保护工作。

5. 收尾操作
清洁并回收工具、用具，清理现场，做好记录。

五、技术要求

(1) 更换密封填料时，阀门处于关闭状态再操作。

(2) 开、关阀门时要侧身缓慢进行。

项目五　闸阀常见故障的原因及处理

闸阀是一种通过改变其内部通径，控制管路介质压力、流量，改变介质流动方向的通用装置。闸阀出现故障时应及时查找原因，采取相应处理措施，保证正常生产，闸阀结构如图 1-3-2 所示。

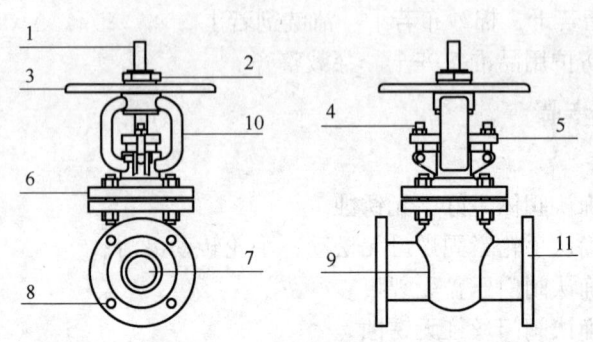

图 1-3-2　闸阀结构示意图
1—丝杠；2—背帽；3—手轮；4—压盖螺栓；5—密封填料压盖；6—大压盖；7—闸板；8—连接螺栓孔；9—阀体；10—压盖支架；11—法兰

一、风险提示及防范措施

本项目风险提示及防范措施见表 1-3-5。

表 1-3-5　风险提示及防范措施

风险提示		防范措施
人身伤害	物体打击	放净阀门两侧余压，阀门应处于关闭状态，防止余压伤人
	划伤	正确使用裁纸刀切割密封填料，正确使用剪刀制作垫片
设备损坏		严格执行操作规程，平稳操作，严禁违章敲击阀门，加密封填料时松紧合适，减少阀杆磨损
环境污染		正确切换流程，以免憋压造成泄漏；放空时，放空处接好污油桶，防止造成污染

二、操作流程

(1) 准备工作。

(2) 原因分析。

(3) 处理措施。

(4) 回收工具并填写记录。

三、准备工作

(1) 工具、用具、材料准备：300mm 活动扳手 1 把，250mm 活动扳手 1 把，200mm 螺丝刀 1 把，密封填料刀 1 把，密封填料钩 1 个，300mm 钢直尺 1 把，6mm×6mm、8mm×8mm、10mm×10mm、12mm×12mm 碳纤维密封填料各 4kg，润滑脂若干，200mm 剪刀 1 把，200mm 画规 1 个，200mm 平板刮刀 1 把，2mm 石板垫 2 张，棉纱布若干。

(2) 劳动保护用品准备齐全，穿戴整齐。

四、操作步骤

1. 闸阀关不严

1) 原因

(1) 闸板脱槽或底部有杂物。

(2) 闸板启闭接触面磨损、腐蚀。

2) 处理措施

(1) 维修或更换闸板，清除杂物。

(2) 重新研磨或更换闸板。

2. 密封填料渗漏

1) 原因

(1) 密封填料压盖松脱、压偏。

(2) 密封填料过少。

(3) 密封填料老化、磨损。

(4) 丝杠腐蚀。

2) 处理措施

(1) 调整紧固压盖螺栓。

(2) 添加密封填料。

(3) 更换密封填料。

(4) 更换丝杠。

3. 阀体与阀盖的法兰渗油

1) 原因

(1) 阀体与阀盖的法兰螺栓松动。

(2) 阀体与阀盖的法兰螺栓松紧不一致。

(3) 阀体与阀盖的法兰垫片老化、损坏。

(4) 阀体与阀盖的法兰间有杂物。

2) 处理措施

(1) 紧固法兰螺栓。

(2) 调整法兰螺栓使其松紧一致。

(3) 更换法兰垫片。

(4) 清理阀门与阀盖法兰间的杂物。

4. 丝杠升降不灵活

1) 原因

(1) 密封填料压得过紧。

(2) 铜套磨损严重。

(3) 丝杠腐蚀或损坏。

(4) 丝杠弯曲。

(5) 阀盖与丝杠偏磨。

2) 处理措施

(1) 调整密封填料压盖螺母或取出部分密封填料。

(2) 更换铜套。

(3) 养护或更换丝杠。

(4) 更换或校直丝杠。

(5) 旋紧阀盖时应对角紧固。

5. 收尾操作

清洁并回收工具、用具，清理现场，做好记录。

五、技术要求

(1) 更换密封填料时，阀门处于关闭状态再操作。

(2) 开、关阀门时要侧身缓慢进行。

(3) 开关阀门时，要通知相关岗位，切勿造成管线憋压。

项目六 更换安装压力表操作

压力表通过表内的敏感元件——波登管的弹性变形，再通过表内机芯的转换机构将压力形变传导至指针，引起指针转动来显示压力。在生产过程中，压力表达到检定期或损坏时，应及时更换，确保压力指示正常。

一、风险提示及防范措施

本项目风险提示及防范措施见表 1-3-6。

表 1-3-6 风险提示及防范措施

风险提示		防范措施
人身伤害	物体打击	关闭引压阀，应放净余压，防止余压伤人
	划伤	正确使用通针清理通孔，防止伤手

续表

风险提示	防范措施
设备损坏	严禁用手用力拧压力表壳体
环境污染	压力表安装应不渗漏，放空时接好污油桶，防止造成污染

二、操作流程

（1）准备工作。
（2）选择压力表。
（3）关闭压力表阀门、放空。
（4）用扳手卸压力表。
（5）更换压力表、试压。
（6）读取压力值。
（7）回收工具并填写记录。

三、准备工作

（1）工具、用具、材料准备：200mm、250mm 活动扳手各 1 把，通针 1 根，校验合格压力表 1 块，密封垫 1 个或密封带 1 卷，放空桶 1 个，棉纱若干。
（2）劳动防护用品准备齐全，穿戴整齐。

四、操作步骤

（1）根据工作压力范围选择量程合适的压力表，检查压力表外观、铅封、校检日期是否合格。
（2）关闭压力表控制阀门。
（3）打开压力表放空阀门。
（4）确认压力表指针归零后，用扳手卸松并取下压力表。
（5）清理表接头内螺纹，用通针通压力表和表接头。
（6）安装密封垫，将压力表按螺纹方向缠好密封带。
（7）用扳手将压力表装好，压力表表盘应摆正，便于观察读取压力值。
（8）关闭放空阀门，缓慢打开压力表控制阀门，检查压力表接头处有无渗漏。
（9）读取压力值，做好记录。
（10）清洁并回收工具、用具，清理现场，做好记录。

五、技术要求

（1）拆装压力表时，禁止用手用力拧压力表壳体。
（2）压力表应垂直安装。

项目七 更换安装流量计操作

流量计是测量流体流量的仪表，常用流量计有双转子流量计、腰轮流量计、刮板流量计、齿轮流量计、旋进旋涡流量计等。在生产过程中，流量计达到检定期或损坏时，应及时进行更换，确保计量准确。

一、风险提示及防范措施

本项目风险提示及防范措施见表1-3-7。

表1-3-7 风险提示及防范措施

风险提示		防范措施
人身伤害	触电	断电时，应站在绝缘胶皮上
	物体打击	放净阀门两侧余压，阀门应处于关闭状态，防止余压伤人；开、关阀门时要侧身，防止丝杠飞出伤人
设备损坏		转换器与流量计表头对接时，要平稳操作，卡针对准卡槽，防止损坏卡针
环境污染		正确切换流程，以免憋压造成泄漏；放空时，放空处接好污油桶，防止造成污染

二、操作流程

(1) 停运流量计。
(2) 排污放空。
(3) 变送器断电。
(4) 转换器分离。
(5) 拆卸旧流量计。
(6) 安装新流量计。
(7) 安装转换器。
(8) 变送器送电。
(9) 启运流量计。
(10) 回收工具并填写记录。

三、准备工作

(1) 工具、用具、材料准备：300mm活动扳手2把，450mm管钳1把，F形防爆扳手1把，法兰垫片2个，润滑脂若干，绝缘胶布1卷，记录纸2张，记录笔1支，棉纱布若干。

(2) 劳动防护用品准备齐全，穿戴整齐。

四、操作步骤

（1）打开流量计直通阀门，缓慢关闭流量计的进口阀，待计数器完全停止后，缓慢关闭流量计出口阀，记录流量计底数。

（2）打开流量计及管线的排污放空阀，排净残存的液体。

（3）断开变送器电源，拆掉电源及信号线，并用绝缘胶布将线头包扎好。

（4）卸下转换器压紧螺帽，将转换器与流量计表头分离。

（5）卸法兰螺栓，先卸松最下部的螺栓，防止余压喷出伤人；螺栓全部卸下后，将旧流量计取下。

（6）检查新流量计规格型号符合要求，检定标签在有效期内。

（7）按流量计走向安装新流量计。将流量计法兰与管线法兰对正，对角装上部分螺栓，将两面均匀涂抹润滑脂的新垫片放入两法兰中间，再对角装上其他螺栓，另一侧用同样方法安装，对角均匀紧固螺栓。

（8）将转换器与流量计表头对接，对接时注意卡针要对准卡槽，紧固压紧螺帽。

（9）将电源及信号线接好，合上变送器电源。

（10）关闭管道及流量计的排污放空阀，记录流量计底数，缓慢打开流量计的进口阀，流量计连接法兰应不渗漏。

（11）缓慢打开流量计出口阀，关闭直通阀门。

（12）清洁并回收工具、用具，清理现场，做好记录。

五、技术要求

（1）拆卸流量计前应先将前后管段内液体放净，再打开流量计的排污旋塞阀，排净流量计内残留的液体。

（2）拆下旧流量计时，应防止污染现场。

（3）安装时注意流量计的箭头走向，应与管线内介质流向一致。

（4）如果需要拆卸信号线，应先断电，确认无电后方可操作。

项目八　攻制螺纹操作

攻制螺纹是利用丝锥在圆柱孔内表面上加工出内螺纹的操作。

一、风险提示及防范措施

本项目风险提示及防范措施见表1-3-8。

表 1-3-8　风险提示及防范措施

风险提示		防范措施
人身伤害	触电	定期检查接地线路完好，操作员工戴绝缘手套侧身分、合闸刀
	机械伤害	操作台钻和使用手锤应徒手操作，检查触摸螺纹部位必须戴手套
设备损坏		严格执行操作规程，钻孔、攻丝时应加冷却液，防止损坏钻头、丝锥

二、操作流程

（1）准备工作。
（2）检查台钻、选择钻头。
（3）选择丝锥。
（4）钻孔。
（5）头锥攻丝。
（6）二锥攻丝。
（7）检查螺纹。
（8）回收工具并填写记录。

三、准备工作

（1）工具、用具、材料准备：钢板 1 块，机油若干，冷却液若干，$\phi6.7mm$、$\phi7mm$、$\phi8mm$ 钻头各 1 根，M8mm 丝锥 1 套（头锥和二锥），丝锥铰手 1 把，样冲 1 根，手锤 1 把，台钻 1 台，150mm 台虎钳 1 台，150mm 钢板尺 1 把，石笔 1 支，平锉 1 把，毛刷 1 把。

（2）劳动防护用品准备齐全，穿戴整齐。

四、操作步骤

（1）检查台钻、选择钻底孔钻头。
（2）选择丝锥。
（3）用样冲在工件的预钻孔位置进行定位，然后将工件夹紧在台钻上钻孔。
（4）取下工件，水平夹装在台虎钳上。
（5）头锥攻丝。把头锥安装在铰手上，然后将丝锥头部垂直放入底孔中，左手握住铰手中间并适当加压，右手握住铰手柄，并按顺时针方向转动；待整个丝锥切削部分全部攻入后，两手不要加压力，即可用双手平稳地转动铰手；每转 1/2~1 圈时，将丝锥反转 1/4 圈以割断和排除切屑，防止切屑堵塞屑槽，造成丝锥的损坏和折断。攻丝过程中加润滑油 2~3 次。
（6）二锥攻丝。用手把二锥攻丝旋进头锥已攻过的螺纹中，使其得到良好的导向，再进行攻丝。
（7）攻丝完毕，清除螺纹内的杂物，用 M8mm 标准螺栓检查是否合格。

(8) 清洁并回收工具、用具，清理现场。

五、技术要求

(1) 操作台钻时，严格执行台钻操作规程。
(2) 攻螺纹时，丝锥应垂直于工件平面。
(3) 攻螺纹费力时，不可强行扭转。
(4) 丝锥用完后，要擦洗干净，涂上机油，妥善保管。

项目九 绘制岗位工艺流程图

油气集输工艺流程图是表示流体在站内的流动过程的图样，它是由站内管线、管件、阀门、仪表所组成，并与其他集输设备相连的管路系统。工艺流程图只是一种示意图，它只代表一个区域或一个系统所用的设备及管线的来龙去脉，不代表设备的实际位置和管线的实际长度。

一、操作流程

(1) 选择图幅、设计幅面。
(2) 绘制工艺流程图草图。
(3) 描图、填写。
(4) 收尾工作。

二、准备工作

(1) 工具、用具、材料准备：300mm 三角尺 1 套，600mm 丁字尺 1 把，300mm 直尺 1 把，绘图仪 1 套，绘图纸 1 张，450mm×600mm 绘图板 1 块，HB、2H、2B 铅笔各 1 支，绘图笔 1 套，橡皮 1 块，毛刷 1 把，胶布 1 卷。
(2) 劳动防护用品准备齐全，穿戴整齐。

三、操作步骤

1. 选择图幅、设计幅面

(1) 根据岗位工艺流程和绘图比例选择图样。
(2) 把图样固定在绘图板上。
(3) 绘制边框，左边留 25mm，其余各边留 5mm。
(4) 图样上方留出流程图名称位置。
(5) 在图样的下边根据需要留出工艺流程图的标题栏及图例位置。

2. 绘制工艺流程图

(1) 按比例合理布局设备位置。
(2) 用实线画出管线走向，并与各设备连接成工艺流程图。

(3) 在管线的相应位置上按图例绘制管件图。

(4) 检查流程图，应与实际工艺相符。

3. 描图、填写

(1) 按照工艺管线的主次，选择相应粗线条细描图。

(2) 用细绘图笔在管线上规范画出走向，填写设备、管线名称并排序编号。

(3) 填写标题栏及相关内容。

(4) 清理图样。

(5) 清洁和回收用具。

四、技术要求

(1) 绘制工艺管线交叉时，应横断竖不断。

(2) 绘图线条的粗细应与实际设备管线的主次相符合。

(3) 在工艺管线上规范标出介质走向，在设备上标注名称。

项目十　测量绘制工件图

在维修设备时，需要对已磨损或有缺陷的零件进行修复，对不能修复的零件进行加工制作，应按零件的结构、工作性质和加工位置等要求进行零件图绘制。

一、风险提示及防范措施

本项目风险提示及防范措施见表1-3-9。

表1-3-9　风险提示及防范措施

风险提示		防范措施
人身伤害	物体打击	测量时，防止工件脱落伤人

二、操作流程

(1) 绘制草图。

(2) 测量工件。

(3) 选择图幅比例。

(4) 选择视图位置。

(5) 绘制工件。

(6) 填写标题栏。

(7) 清洁工具、用具、量具。

三、准备工作

(1) 工具、用具、材料准备：300mm三角尺1套，1200mm丁字尺1把，300mm直尺1把，绘图仪1套，绘图纸1张，600mm×900mm绘图板1块，HB、

2H、2B 铅笔各 1 支，150mm 游标卡尺 1 把，橡皮 1 块，毛刷 1 把，胶布 1 卷。

（2）劳动防护用品准备齐全，穿戴整齐。

四、操作步骤

（1）绘制工件草图。按比例绘制工件草图，对所画草图进行校核，并作必要的调整补充。

（2）测量工件尺寸。测量工件的定形尺寸、定位尺寸和总体尺寸，并在草图上标出尺寸。

（3）选择比例。根据工件大小，确定比例。

（4）选择主视图。对工件进行结构分析，按其工作位置或加工位置，确定主视图的投射方向。

（5）绘制工件零件图。画出各视图的基准线、对称中心线等，视图之间留有一定的空间，以便标注尺寸；按比例、按基准画工件基本视图；检查修改，加粗图线；标注工件的定形尺寸、定位尺寸和总体尺寸。

（6）填写标题栏、技术要求。

（7）清洁和回收工具、用具、量具。

五、技术要求

（1）先绘制工件草图，选择合适比例绘图，如图 1-3-3 所示。

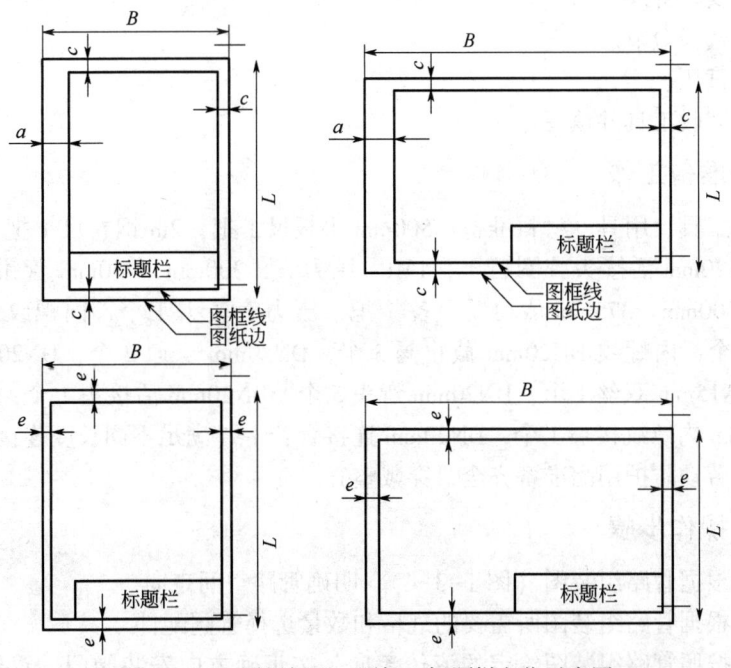

图 1-3-3　图纸幅面、图框、标题栏方位示意图

(2) 正确标注尺寸，任何图线不得穿过尺寸数字，填写技术要求。

项目十一　根据管路组装图组装管路流程

所谓管路组装，就是按照管路组装图中标注的每一设备（管阀）的安装位置，逐条按其空间位置及走向，进行管路组装。

一、风险提示及防范措施

本项目风险提示及防范措施见表1-3-10。

表1-3-10　风险提示及防范措施

风险提示		防范措施
人身伤害	物体打击	开关阀门要缓慢稳，人应站在侧面，避免阀杆飞出伤人；规范使用工具、用具，防止磕碰伤人
	环境污染	试压时，发现管路泄漏时应立即关闭压力源，放空后对泄漏进行处理

二、操作流程

(1) 准备工作。
(2) 明确走向。
(3) 选取管件。
(4) 安装管阀。
(5) 选择短节。
(6) 试压。
(7) 回收工具并填写记录。

三、准备工作

(1) 工具、用具、材料准备：500mm钢板尺1把，2m钢卷尺1把，生料带若干，DN20mm活接头胶圈若干，1MPa压力表，300mm、450mm管钳各1把，200mm、300mm、375mm活动扳手各1把，压力表接头1个，内螺纹DN15mm截止阀1个，内螺纹DN20mm截止阀3个，DN20mm三通2个，DN20mm双丝12个，DN15mm双丝1个，DN20mm弯头5个，DN20mm活接头1个，DN20mm变DN15mm内螺纹接箍1个，DN20mm连接管若干（满足不同长度连接需要）。
(2) 劳动防护用品准备齐全，穿戴整齐。

四、操作步骤

(1) 根据管路组装图（图1-3-4），明确管路空间走向。
(2) 根据管路组装图所需要的规格和数量选择管阀配件。
(3) 按照管路组装图给定的流体流向，按正确方向安装阀门、双丝等管阀配件，进行工艺流程组装。

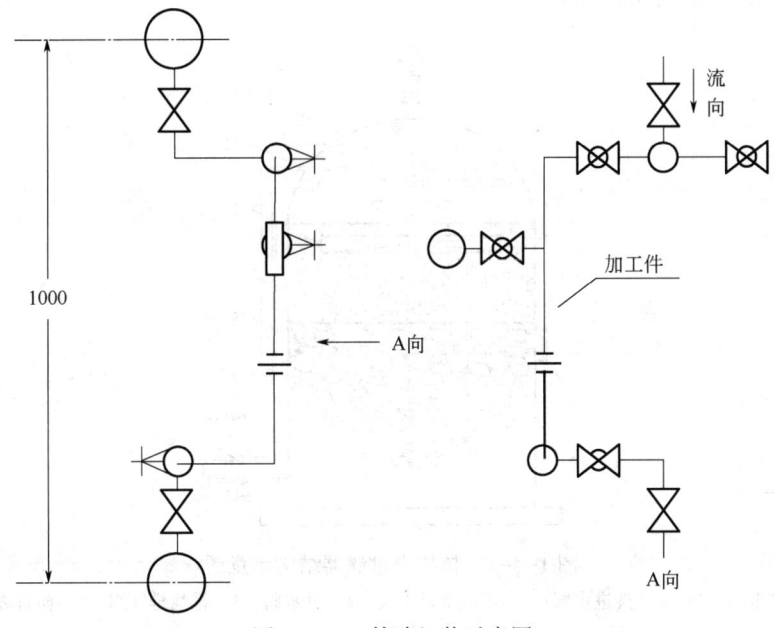

图 1-3-4　管路组装示意图

(4) 测量剩余长度，选择合适长度连接短节，并将短节连接至管路中。
(5) 倒流程试压。
(6) 清洁并回收工具、用具，清理现场。

五、技术要求

(1) 管路安装应横平竖直，倾斜角度小于 5°。
(2) 管件紧固后不得倒扣，以防渗漏。
(3) 在闭合管路中，最后安装活接头。

第四节　水质处理及质量指标测定

项目一　核桃壳过滤器投运操作

核桃壳过滤器（图 1-4-1）是压力过滤器的一种，滤料由野生厚皮山核桃经脱脂、研磨、去皮、烘干等工序制成，粒径有 0.5~0.8mm、0.8~1.2mm、1.2~1.6mm、1.6~2.0mm 四种规格。污水进入核桃壳过滤器内，自上而下通过滤层，浮油和悬浮物被吸附在滤料表面或被截留在滤料的孔隙中，从而达到净化污水的目的。

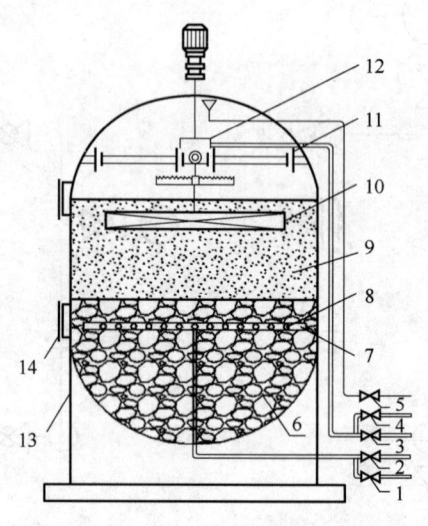

图 1-4-1 核桃壳过滤器结构示意图
1—出水阀；2—反冲洗进水阀；3—反冲洗排水阀；4—进水阀；5—排油排气阀；6—卵石垫层；7—集（配）水总管；8—集（配）水支管；9—滤料层；10—搅拌器；11—配水支管；12—配水室；13—过滤罐支座；14—人孔

一、风险提示及防范措施

本项目风险提示及防范措施见表 1-4-1。

表 1-4-1 风险提示及防范措施

	风险提示	防范措施
人身伤害	中毒	检查各连接部位是否有渗漏，各孔口是否关闭，必须按照"先检测、后作业"的原则，检测有毒有害气体浓度，做好个人防护
	高空坠落	容器顶部操作应在护栏以内，禁止跨越防护栏
设备损坏		严格执行操作规程，平稳操作，防止容器憋压超过设计压力
环境污染		正确切换流程，以免憋压造成泄漏

二、操作流程

（1）准备工作。

（2）检查各部位螺栓。

（3）检查仪器仪表。

（4）检查皮带。

(5) 检查供电。
(6) 检查自控。
(7) 投运。
(8) 回收工具并填写记录。

三、准备工作

(1) 工具、用具、材料准备：250mm、300mm 活动扳手各 1 把，F 形扳手 1 把，擦布 1 块。
(2) 劳动防护用品准备齐全，穿戴整齐。

四、操作步骤

1. 投运前检查

(1) 检查过滤器各连接部位，确保紧固无松动。
(2) 检查各阀门、法兰、螺栓，确保紧固、无渗漏现象。
(3) 检查确保计量仪表完好，并在检定周期内。
(4) 检查确保工艺流程管线畅通。
(5) 检查确保搅拌机皮带松紧程度适中，搅拌润滑油液位在 1/2~2/3 处，油质合格。
(6) 检查确保供电系统正常，电压符合要求。
(7) 检查确保调节阀完好，供气系统正常。
(8) 检查确保巡检通道畅通，操作平台的栏杆踏步牢固、无锈蚀。
(9) 检查确保自控系统调试完毕，达到设计要求。
(10) 检查确保安全附件检定合格，且在有效期内。

2. 投运

(1) 打开核桃壳过滤器的排油排气阀和过滤器进水阀，待排油排气阀出口有水流出时，关闭排油排气阀。
(2) 打开核桃壳过滤器出水阀，启动提升泵供水，此时核桃壳过滤器进入正常运行状态。

3. 收尾工作

清洁并回收工具、用具，清理现场，做好记录。

五、技术要求

(1) 开关阀门时严禁正对阀门操作。
(2) 核桃壳过滤器的进出口压差在 0.1MPa 以内。
(3) 运行前要检查滤料应满足添加要求，运行后定期检查续加。

项目二 核桃壳过滤器反冲洗操作

当核桃壳过滤器运行一段时间后,核桃壳过滤器会出现前后压差过大、滤料板结等现象,导致滤后水质下降,需要定期对核桃壳过滤器进行反冲洗操作,达到核桃壳滤料再生的目的。

一、风险提示及防范措施

本项目风险提示及防范措施见表1-4-2。

表1-4-2 风险提示及防范措施

风险提示		防范措施
人身伤害	中毒	检查各连接部位是否有渗漏,各孔口是否关闭,必须按照"先检测、后作业"的原则,检测有毒有害气体浓度,做好个人防护
	高空坠落	容器顶部操作应在护栏以内,禁止跨越防护栏
设备损坏		严格执行操作规程,平稳操作,防止容器憋压超过设计压力
环境污染		正确切换流程,以免憋压造成泄漏

二、操作流程

(1)准备工作。
(2)开排油阀。
(3)关进、出水阀。
(4)开反冲洗出水阀、反冲洗进水阀,启运反冲洗泵,启运搅拌器。
(5)停反冲洗泵、反冲洗进水阀、反冲洗出水阀,开初滤阀。
(6)恢复原流程。
(7)回收工具并填写记录。

三、准备工作

(1)工具、用具、材料准备:250mm、300mm活动扳手各1把,F形扳手1把,擦布1块。
(2)劳动防护用品准备齐全,穿戴整齐。

四、操作步骤

(1)进行排油(收油)操作。打开排油阀,收油2min。
(2)关闭核桃壳过滤器进出水阀、排油阀。
(3)打开过滤器反冲洗进、出水阀,启运反冲洗泵进行反冲洗,运行5min后,启运搅拌机搅拌20min。

(4) 停运反冲洗泵，同时关闭过滤器反冲洗进、出水阀，静置 10min 后，打开初滤阀，打开过滤器进水阀，进行过滤器初滤，初滤 10min。

(5) 初滤完毕后，打开过滤器出水阀，关闭初滤阀，过滤器正常运行。

(6) 清洁并回收工具、用具，清理现场，做好记录。

五、技术要求

(1) 开关阀门时严禁正对阀门操作。

(2) 核桃壳过滤器的进出口压差在 0.1MPa 以内。

(3) 反冲洗时注意搅拌机工作应正常，扇叶搅动应正常。

(4) 反冲洗后应观察水质情况，若水质不合格，需要重复反冲洗。

(5) 反冲洗时禁止打开排油阀，防止滤料损失。

项目三　污水含油化验操作

含乳化油的污水会在工艺设施和管道设备中与污水中的悬浮颗粒及氧化铁一起沉降，形成具有较大黏性的油泥团，堵塞管道和设备，影响生产的正常进行。通过对污水进行化验可以准确判断出污水含油的数据，方便岗位及时调整运行方案，为下一步生产打好基础。

一、风险提示及防范措施

本项目风险提示及防范措施见表 1-4-3。

表 1-4-3　风险提示及防范措施

风险提示		防范措施
人身伤害	触电	操作员工应正确佩戴绝缘手套；禁止用湿手触碰电气设备
	盐酸烧伤	正确穿戴劳动保护用品，用大量清水冲洗
	中毒	操作时应佩戴好防毒面具，必须打开强制排风设施，保证空气流通
	着火	易燃溶液密封完好、无渗漏，清理易燃物

二、操作流程

(1) 准备工作。

(2) 安装仪器。

(3) 移液试样。

(4) 萃取。

(5) 计算。

(6) 清洗回收。

三、准备工作

(1) 工具、用具、材料准备：分光光度计 1 台，无水硫酸钠若干，石油醚 1 瓶，500mL 分液漏斗 2 只，50mL 比色管 2 只，盐酸溶液（1∶1）若干，烧杯 200mL，200mm 玻璃棒、药匙各 1 只。

(2) 劳动防护用品准备齐全，穿戴整齐。

四、操作步骤

(1) 用洗净、烘干的 50mL 比色管取样。取样前将取样阀打开，以 5~6L/min 的流速畅流 3min 后再取样，取样时切勿用水样冲洗比色管，并且一次取准 50mL。若未一次取准，则更换新的比色管重新取样。

(2) 将取好的水样移入分液漏斗中，加入 1∶1 的盐酸 4~10 滴，调 pH 值至 2（水样如果已酸化，则不需要加酸），用 50mL 石油醚分 2~3 次冲洗盛水样的比色管（盐酸只在第一次萃取时加入）。

(3) 先将石油醚倒进取水样的比色管中充分摇晃冲洗比色管，然后倒入分液漏斗中，盖好盖子进行充分摇晃，不断排气，待将水样中油品溶解到石油醚中，将分液漏斗静置 3~5min 进行油水分层。

(4) 将分液漏斗水层移入装本水样的试管中，重复萃取 2~3 次。

(5) 将每次萃取后的萃取液收集在装有无水硫酸钠粉末的烧杯中，用玻璃棒充分搅拌使萃取液中的水分被无水硫酸钠充分吸收。

(6) 将吸水后的萃取液移入另一只干净的容量瓶中，加入石油醚到 50mL 摇匀（萃取液不能超过 50mL）。

(7) 用石油醚做空白样，将萃取液在分光光度计上进行比色，记录吸光度值。通过标准曲线查找吸光度对应的浓度值。

(8) 根据公式进行计算：

$$\rho_0 = m_0 / V_w \times 10^3 \tag{1-4-1}$$

式中　ρ_0——含油量，mg/L；

　　　m_0——在标准曲线上查出的含油量，mg；

　　　V_w——萃取水样体积，mL。

(9) 清洗各个容器并放到烘箱，擦拭其他部件并放回原位。

五、技术要求

(1) 所用仪器必须完好、无损伤、清洁干净。

(2) 分光光度计经校验合格。

(3) 盐酸具有一定腐蚀性，使用时应按规定使用。

项目四 污水悬浮物含量测量操作

通过对污水进行化验可以准确判断出污水含悬浮物的数据，方便岗位及时调整运行方案，为下一步生产打好基础。污水悬浮物含量测量有称重法和比对法两种。

一、风险提示及防范措施

本项目风险提示及防范措施见表1-4-4。

表1-4-4 风险提示及防范措施

风险提示		防范措施
人身伤害	触电	操作员工应正确佩戴绝缘手套；禁止用湿手触碰电气设备
	器皿伤害	正确使用器皿，操作时注意避免磕碰
	中毒	操作时应佩戴好防毒面具，必须打开强制排风设施，保证空气流通
	着火	易燃溶液密封完好、无渗漏，清理易燃物

二、操作流程（称重法）

（1）准备工作。
（2）安装仪器。
（3）称取试样。
（4）测定。
（5）计算。
（6）清洗回收。

三、准备工作

（1）工具、用具、材料准备：微孔薄膜过滤试验仪1个，真空泵1台，烘干箱1个，天平1个，0.45μm滤膜若干，蒸馏水若干，玻璃皿若干，冲洗瓶1个，尖头镊子1个，无铅汽油若干，100mL比色管1只。
（2）劳动防护用品准备齐全，穿戴整齐。

四、操作步骤

（1）将滤膜放入蒸馏水中浸泡30min，并用蒸馏水清洗3~4次。
（2）取出滤膜放入烘箱中，在90℃下烘干3min，取出后放入干燥器冷却至室温，并称重。
（3）取50mL水样。
（4）将已称重的滤膜用蒸馏水润湿装入微孔过滤器中。
（5）将预测水样装入微孔薄膜过滤实验仪器中，并将盛水样的仪器用蒸馏水冲洗，倒入过滤器中。

(6) 打开真空泵，过滤水样。

(7) 用镊子从过滤器中取出滤膜烘干并称重。

(8) 根据公式进行计算：

$$C=(m-m_0)/V_w \qquad (1-4-2)$$

式中　C——悬浮固体含量，mg/L；

　　　m——试验后滤膜质量，mg；

　　　m_0——试验前滤膜质量，mg；

　　　V_w——萃取水样体积，mL。

(9) 清洗各个容器并放到烘箱，擦拭其他部件并放回原位。

(10) 采用比对法测量时，应将萃取完的水样在光线充足处与标准样比较，比较前要轻轻摇动两个比色管，待无气泡时对比，若水样的浑浊程度与标准溶液一样，则标准样悬浮物含量就是水样的悬浮物含量。

(11) 采用比对法测量时，当水样的悬浮含量大于标准系列的含量时，用蒸馏水以倍数的关系稀释水样，然后与标准系列对比，直到能够比较，然后测定结果乘以稀释倍数，就是水样悬浮物的含量。

五、技术要求

(1) 所用仪器必须完好、无损伤、清洁干净。

(2) 汽油易燃，操作时应远离热源、火花和明火。

(3) 油蒸气对身体有害，使用时要进行足够的通风。

项目五　蒸馏法测定原油含水操作

在油田生产和管理过程中，经常要对油品含水率进行测定，油品含水率测量的准确度对于原油的开采、脱水、集输、计量、销售、提炼等具有重要的意义，油田开发、加工炼制、计量交接和产品销售都需要掌握准确的原油含水情况，以便采取脱水措施和相应的开发、加工和销售方案，确保生产正常运行。检测油品含水率最常用的方法就是蒸馏法（GB/T 8929—2006）。

一、风险提示及防范措施

本项目风险提示及防范措施见表1-4-5。

表1-4-5　风险提示及防范措施

风险提示		防范措施
人身伤害	触电	操作员工应正确佩戴绝缘手套；禁止用湿手触碰电气设备
	灼烫	正确穿戴劳动保护用品

第一章 油气水处理

续表

风险提示		防范措施
人身伤害	火灾	控制好电热套的温度,防止飞溅,注意通风,防止油蒸气积聚
	中毒	操作时应佩戴好防毒面具,必须打开强制排风设施,保证空气流通
	环境污染	正确回收原油试样,倒入污油池内

二、操作流程

（1）准备工作。

（2）安装仪器。

（3）称取试样。

（4）测定。

（5）计算。

（6）清洗回收。

三、准备工作

（1）工具、用具、材料准备：含水测定器（包括1000mL圆底烧瓶、0.05mL接收器、400mm直管式冷凝管、可控温电热套、含水测定架）1套,电子天平1台,乳胶管若干,镊子1把,500mL量筒1个,玻璃珠若干,刮具1个,凡士林1盒,溶剂油若干,玻璃棒1根,干燥管1个,原油试样若干。

（2）劳动防护用品准备齐全,穿戴整齐。

四、操作步骤

（1）安装仪器。固定冷凝管,连接乳胶管,采用低进高出进行冷凝管连接,各个磨口处涂抹凡士林以保证气密性良好。

（2）称取试样。调整好天平（调平）,试样温度预热到40~60℃,将搅拌均匀的原油试样沿着玻璃棒倒入圆底烧瓶中进行称重（200g±0.1g）,放入3~5颗玻璃珠,量取200mL溶剂油倒入圆底烧瓶中,总体积达到400mL。

（3）测定。连接冷凝管、接收器、烧瓶,在冷凝管的上端处接干燥管,打开冷却水（20~25℃）,进行蒸馏;加热初始阶段要缓慢加热0.5~1h以防止暴沸,初始加热后,调整沸腾速度以便使冷凝液不高于冷凝管的3/4高度,馏出物应以2~5滴/s的速度进入接收器;继续蒸馏,直到除接收器外仪器的任何部位都看不到可见水,接收器内水的体积在5min内保持不变（上层溶剂混合物为透明色）时,则可以停止蒸馏;刮下冷凝管内壁水滴,待接收器温度下降至正常后读取数值。

（4）根据公式进行计算：

$$质量分数(\%) = (V_2 - V_0)/m \times 100\% \tag{1-4-3}$$

式中　V_2——接收器中水的体积，mL；
　　　V_0——溶剂空白试验水的体积，mL；
　　　m——试样的质量，g。

（5）清洗各个容器并放到烘箱，擦拭其他部件并放回原位。

五、技术要求

（1）冷凝管与接收器的轴心线要相互重合，冷凝管下端的斜口切面要与接收器的支管管口相对。

（2）磨口处都要涂上凡士林，以免漏气。

（3）试样用量应根据预期水含量多少而定，要求蒸出的水不超过10mL。

（4）接收器中的水体积不再增加，且上层溶剂完全透明时停止蒸馏。

第二章　机泵操作

第一节　离心泵

项目一　离心泵启运前的准备工作

离心泵是把机械能转换为动能的一种设备，通过泵轴带动叶轮旋转，对液体做功使其能量增加，达到输送液体的目的。离心泵具有性能范围广泛、流量均匀、结构简单、运转可靠和维修方便等诸多优点。为保证离心泵正常启动，启动前应对相关部位及辅助设备进行全面检查，合格后方可启动。

一、风险提示及防范措施

本项目风险提示及防范措施见表 2-1-1。

表 2-1-1　风险提示及防范措施

风险提示		防范措施
人身伤害	触电	操作电气设备时，操作员工必须戴绝缘手套，站在绝缘胶皮上，防止触电
	机械伤害	设备防护设施完好、齐全，严格按设备操作规程操作，操作员工开关阀门时侧身
设备损坏		严格执行操作规程，平稳操作，严禁违章敲击设备，如盘泵时遇到卡阻，严禁使用管钳强行盘泵
环境污染		正确切换流程，以免憋压造成泄漏

二、操作流程

(1) 准备工作。
(2) 检查各部位紧固情况。
(3) 检查各电气设备及仪表。
(4) 检查储罐液位。
(5) 检查润滑油油质、油位。
(6) 盘车。
(7) 进液、放空。
(8) 与相关岗位进行联系。

三、准备工作

（1）工具、用具、材料准备：17~19mm 开口扳手 2 把，300mm 活动扳手 1 把，150mm 钢板尺 1 把，0.05~1mm 塞尺 1 把，F 形防爆阀门扳手 1 把，绝缘手套 1 副，试电笔 1 支，擦布若干。

（2）劳动防护用品准备齐全，穿戴整齐。

四、操作步骤

（1）检查确认机泵周围应无杂物，各部位紧固螺栓无松动。

（2）检查确认各种仪表齐全准确、灵活好用，系统电压在 360~420V。

（3）检查确认并调整密封填料松紧程度，确认伴热水畅通、污油盒无堵塞。

（4）检查确认储罐液位在控制范围内。

（5）检查确认机泵润滑油油质合格，液位应在 1/2~2/3 范围内。

（6）检查确认电气设备和接地线完好。

（7）按照运转方向盘车 3~5 圈，保证灵活无卡阻，联轴器端面间隙符合要求。

（8）打开泵进口阀门，放净过滤缸及泵内气体，见液后关闭并活动出口阀门。

（9）启泵前与相关岗位进行联系，做好准备工作。

五、技术要求

（1）操作电气设备，应戴绝缘手套、站在绝缘胶皮上，防止触电。

（2）使用 F 形扳手时必须开口向外。

（3）开关阀门时必须侧身缓慢进行。

项目二 离心泵的启动操作

离心泵的启动操作是通过离心泵的正常启运，为输送液体提供一定能量，保证液体的正常输送。

一、风险提示及防范措施

本项目风险提示及防范措施见表 2-1-2。

表 2-1-2 风险提示及防范措施

风险提示		防范措施
人身伤害	触电	操作电气设备时，操作员工必须戴绝缘手套
	机械伤害	设备防护设施完好、齐全，严格按设备操作规程操作，操作员工开关阀门时侧身

续表

风险提示	防范措施
设备损坏	严格执行操作规程，平稳操作
环境污染	正确切换流程，以免憋压造成泄漏

二、操作流程

（1）按启动按钮。

（2）打开出口阀门、调节流量。

（3）检查各仪表。

（4）检查确认各密封点无渗漏。

（5）确认密封填料漏失量正常。

（6）确认振幅符合要求。

（7）确认无异常声音。

（8）确认轴承温度正常。

（9）和相关岗位进行联系，做好记录。

三、准备工作

（1）工具、用具、材料准备：17~19mm 开口扳手 2 把，300mm 活动扳手 1 把，F 形防爆阀门扳手 1 把，绝缘手套 1 副，振幅仪 1 把，红外线测温仪 1 把。

（2）劳动防护用品准备齐全，穿戴整齐。

四、操作步骤

（1）工频启动。按标准化操作解锁，戴绝缘手套侧身合闸，按启动按钮；当电流从最高值下降时，二次起跳，泵压上升稳定后，缓慢打开泵的出口阀门，根据生产需要，调节好泵压及流量；泵运行正常后，挂运行标识牌，做好相关记录。

（2）变频启动。打开出口阀门，戴绝缘手套侧身合闸，启动变频控制器；将控制柜上选择旋钮拨至变频位置，根据生产参数调节设定值（压力、排量）在规定范围内，按启动按钮启动；泵运行正常后，挂运行标识牌，做好相关记录。

（3）检查各种仪表指示是否正常，电动机实际工作电流不允许超过额定电流。

（4）检查各密封点有无渗漏。检查密封填料泄漏情况，填料漏失量为 10~30 滴/min，机械密封无渗漏。

（5）检查润滑油的液位，应在看窗的 1/2~2/3 处，确认润滑油油质合格。

（6）机组振幅应小于 0.06mm。

(7) 检查机泵轴承温度应小于75℃。

(8) 机泵运转正常后,挂运行标识牌,每小时对机泵进行检查,并做好记录,填写报表。

五、技术要求

(1) 操作电气设备,应戴绝缘手套、站在绝缘胶皮上,防止触电。

(2) 使用F形扳手必须开口向外。

(3) 开关阀门时必须侧身缓慢进行。

(4) 启泵后,出口阀门关闭时间不超过2~3min,防止泵发生汽蚀。

(5) 运行中压力表指示值在量程的1/3~2/3。

项目三 离心泵的停运操作

离心泵的停运,是通过停止设备的运行,做好放空泄压并切断电源,便于后期对设备进行维修保养等操作。

一、风险提示及防范措施

本项目风险提示及防范措施见表2-1-3。

表2-1-3 风险提示及防范措施

风险提示		防范措施
人身伤害	触电	操作电气设备时,操作员工必须戴绝缘手套
	机械伤害	设备防护设施完好、齐全,严格按设备操作规程操作,操作员工开关阀门时侧身
设备损坏		严格执行操作规程,平稳操作
环境污染		正确切换流程,以免憋压造成泄漏

二、操作流程

(1) 与相关岗位进行联系。

(2) 关小出口阀门。

(3) 按停止按钮。

(4) 拉闸断电,挂牌。

(5) 盘车。

(6) 关闭进口阀门。

(7) 填写记录。

三、准备工作

(1) 工具、用具、材料准备:300mm活动扳手1把,F形防爆阀门扳手1

把，绝缘手套 1 副。

（2）劳动防护用品准备齐全，穿戴整齐。

四、操作步骤

（1）停泵前与相关岗位进行联系，做好准备工作。

（2）停泵。工频停泵是指关小泵出口阀门，当电流下降接近最低值时，按停止按钮，迅速关闭出口阀门；变频停泵是指通过下调变频控制参数降低负荷后，按停止按钮，将选择按钮拨到锁停位置，关闭出口阀门。

（3）戴绝缘手套拉闸断电，挂标识牌。

（4）泵停稳后，盘车 3~5 圈，转动灵活，关闭泵进口阀门。

（5）做好停泵记录。

五、技术要求

（1）开关阀门时必须侧身缓慢进行。

（2）使用 F 形扳手时必须开口向外。

（3）操作电气设备，应戴绝缘手套、站在绝缘胶皮上，防止触电。

（4）冬季输送原油的泵停运后，应将泵内原油用水替换干净后放净泵内液体，盘车检查。

项目四 离心泵的切换操作

离心泵的切换是通过操作员工正确平稳操作实现设备正常启停，满足生产要求。

一、风险提示及防范措施

本项目风险提示及防范措施见表 2-1-4。

表 2-1-4　风险提示及防范措施

风险提示		防范措施
人身伤害	触电	操作电气设备时，操作员工必须戴绝缘手套
	机械伤害	设备防护设施完好、齐全，严格按设备操作规程操作，操作员工开关阀门时侧身
设备损坏		严格执行操作规程，平稳操作
环境污染		正确切换流程，以免憋压造成泄漏

二、操作流程

（1）检查备用泵。

(2) 启动备用泵。
(3) 缓慢打开出口阀门调节流量。
(4) 缓慢关小预停泵出口阀门。
(5) 停运预停泵。
(6) 根据生产需要调节压力、排量。
(7) 做好倒运记录。

三、准备工作

(1) 工具、用具、材料准备：17~19mm 开口扳手 2 把，300mm 活动扳手 1 把，F 形防爆阀门扳手 1 把，绝缘手套 1 副，试电笔 1 支。
(2) 劳动防护用品准备齐全，穿戴整齐。

四、操作步骤

(1) 按启动前准备步骤检查备用泵，通知相关岗位，做好准备工作。
(2) 按启泵操作步骤启动备用泵，缓慢打开备用泵的出口阀门，同时缓慢关小预停泵的出口阀门，观察汇管压力波动不要大于 0.2MPa。
(3) 关闭预停泵的出口阀门停泵，根据生产需要调节好运行泵的压力、排量，挂上运行牌（变频倒泵时按变频停泵操作规程停运后，按变频启动操作规程启动预启泵）。
(4) 戴绝缘手套拉闸断电，挂标识牌。
(5) 关闭已停泵的进口阀门，盘泵 3~5 圈，转动灵活，挂上停运牌。
(6) 做好倒泵记录。

五、技术要求

(1) 开关阀门时必须侧身缓慢进行。
(2) 使用 F 形扳手必须开口向外。
(3) 操作电气设备，应戴绝缘手套、站在绝缘胶皮上，防止触电。
(4) 冬季输送原油的泵停运后，应将泵内原油用水替换干净后放净泵内液体，盘车检查。
(5) 切换过程中，严格控制汇管压力波动不要大于 0.2MPa。

项目五　离心泵运行中的检查与调整

为了保证离心泵的安全经济运行，值班人员必须按规定时间、内容对设备进行及时检查与调整，以便随时掌握设备运行情况，防止事故的发生。

一、风险提示及防范措施

本项目风险提示及防范措施见表 2-1-5。

表 2-1-5　风险提示及防范措施

风险提示		防范措施
人身伤害	触电	操作电气设备时，操作员工必须戴绝缘手套
	机械伤害	设备防护设施完好、齐全，严格按设备操作规程操作，操作员工开关阀门时侧身
设备损坏		严格执行操作规程，平稳操作
环境污染		正确切换流程，以免憋压造成泄漏

二、操作流程

（1）准备工作。

（2）检查各指示仪表、电气设备。

（3）检查密封部位泄漏情况。

（4）检查润滑油位、油质。

（5）检查机组振幅。

（6）检查机泵轴承温度。

（7）做好检查记录。

三、准备工作

（1）工具、用具、材料准备：17~19mm 开口扳手 2 把，300mm 活动扳手 1 把，250mm 螺丝刀 1 把，F 形防爆阀门扳手 1 把，绝缘手套 1 副，红外线测温仪 1 把，振幅仪 1 把。

（2）劳动防护用品准备齐全，穿戴整齐。

四、操作步骤

（1）检查各种仪表指示是否正常，电动机的实际工作电流不允许超过额定电流。

（2）检查确认各密封点无渗漏，检查密封填料泄漏情况，填料漏失量为 10~30 滴/min，机械密封无渗漏。

（3）检查润滑油的液位，应在看窗的 1/2~2/3 处，确认润滑油油质合格。

（4）检查机泵有无异常声音。

（5）机组振幅应不大于 0.06mm。

（6）检查机泵轴承温度应小于 75℃。

（7）机泵运转正常后，每小时对机泵进行检查，并做好记录，填写报表。

五、技术要求

（1）开关阀门时必须侧身缓慢进行。

(2) 使用 F 形扳手必须开口向外。
(3) 操作电气设备，应戴绝缘手套、站在绝缘胶皮上，防止触电。
(4) 运行中压力表指示值在量程的 1/3~2/3。

项目六　离心泵的例行保养操作

离心泵保养分为经常性保养、一级保养、二级保养、三级保养，离心泵经常性保养的时间为 8h，由当班员工来完成，离心泵运转 1000h±8h 进行一级保养，离心泵运转 4000h±24h 进行二级保养，离心泵运转 10000h±48h 进行三级保养。

一、风险提示及防范措施

本项目风险提示及防范措施见表 2-1-6。

表 2-1-6　风险提示及防范措施

风险提示		防范措施
人身伤害	触电	操作员工戴绝缘手套，站在绝缘胶皮上，侧身分、合闸刀，严禁带负荷拉闸；检查电气开关是否损坏或接地保护是否失效，避免造成触电或电弧伤害
	划伤	正确使用工具
	机械伤害	设备防护设施完好、齐全，严格按设备操作规程操作，操作员工开关阀门时侧身
设备损坏		拆卸各零部件时，严格按照操作规程操作，防止造成设备设施损坏
环境污染		正确切换流程，以免憋压造成泄漏

二、操作流程

(1) 准备工作。
(2) 经常性保养。
(3) 一级保养。
(4) 二级保养。
(5) 三级保养。
(6) 回收工具并填写记录。

三、准备工作

(1) 工具、用具、材料准备：梅花扳手 1 套，开口扳手 1 套，500mm 撬杠 1 根，F 形防爆阀门扳手 1 把，200mm 拉力器 1 套，200mm、250mm 平口螺丝刀各 1 把，ϕ35mm×300mm 铜棒 1 根，钩形扳手 1 把，手锤 1 把，4mm 塞尺 1 把，150mm 钢板尺 1 把，150mm 游标卡尺 1 把，0~10mm 百分表 1 块，百分表架 1 套，500V 试电笔 1 支，红外线测温仪 1 把，50mm 毛刷 1 把，150 目砂纸 2 张，专用顶丝 2 条，1mm、0.5mm、0.3mm、0.2mm、0.1mm 铜皮垫片若干，平衡盘工艺套 1 个，弹性胶圈若干，清洗盆 2 个，清洗油（剂）若干，润滑脂若干，青稞纸 1 张，绝缘手套 1 副，擦布 1 块，记录纸 1 张，记录笔 1 支，放空桶 1 个，石笔 1 根。

（2）劳动防护用品准备齐全，穿戴整齐。

四、操作步骤

1. 离心泵经常性保养

（1）检查确认离心泵机组各部位齐全完好，外观整洁。

（2）检查调整前后密封填料松紧度，达到不发热、漏失不超量（密封填料漏失量为 10~30 滴/min，机械密封无渗漏）、压盖与轴套不偏磨。

（3）检查加注润滑脂和润滑油，确保轴承不缺油，润滑脂不超过油室容积 80%；润滑油液位应在 1/2~2/3 处，油质应合格，无乳化变质现象。

（4）检查确认电动机与泵运转声音无异常，机泵振幅不大于 0.06mm。

（5）检查滚动轴承温度，不得超过 80℃，滑动轴承温度不得超过 70℃。

（6）经常检查各部位的连接螺栓，确认紧固螺栓无松动、管路无渗漏。

（7）检查确认联轴器的外观完好，连接螺栓受力均匀，机泵同心度在规定范围内。

（8）检查确认压力表灵活准确，无松动漏失。

（9）清洗过滤器，保证过滤网清洁、畅通。

（10）对停运泵定时进行盘泵，确认无摩擦、卡阻，转动灵活。

2. 离心泵一级保养

离心泵运转 1000h±8h 进行一级保养，除完成经常性保养外，还要进行以下工作内容：

（1）检查更换前后密封填料，密封填料规格要合适，切口为 30°~45°，与轴套接触面要涂上黄油，密封填料切口要错开 90°~120°，压盖压入不小于 5mm，压盖与轴套不偏磨。

（2）检查端盖螺栓、泵壳紧固螺栓、底座及轴承支架螺栓，确认无松动滑扣。

（3）检查联轴器，连接螺栓受力均匀，松紧一致。

（4）检查压力表指示灵敏准确。

（5）清洗过滤器，保证过滤网清洁、畅通。

3. 离心泵二级保养内容

离心泵运转 4000h±24h 进行二级保养，除完成一级保养工作外，还要进行以下工作内容：

(1) 检查联轴器的外观及机泵同心度，调整同心度径向误差应小于0.10mm，联轴器间隙应为3~8mm。

(2) 检查清洗轴承（轴承间隙应为0.16~0.24mm，若超标应进行更换），清洗前后轴承盒并加注合格润滑油或润滑脂。

(3) 检查轴套密封圈磨损情况（断裂、老化等），必要时进行更换。

(4) 检查平衡盘、平衡板磨损情况，窜量测定值为2~6mm，损坏超标的应进行配研、研磨或更换。

4. 离心泵三级保养内容

离心泵运转10000h±48h进行三级保养，除完成二级保养内容外，还应完成以下工作内容：

(1) 检查清洗叶轮、导翼、密封环及泵壳。

(2) 测量叶轮与密封环间隙、密封环和导翼配合情况。

(3) 检查泵轴弯曲度，轴颈处弯曲度不大于0.02mm，中部弯曲度不大于0.05mm，检查联轴器和泵轴的配合应为过渡配合。

(4) 对叶轮、平衡盘进行静平衡试验。

(5) 测量电动机和泵的振动，振幅应不大于0.06mm。

五、技术要求

(1) 检查运转部位时严禁戴手套操作。

(2) 拆下的泵件要用清洗剂洗干净，按先后顺序规范摆放，清洗过程中注意加强通风。

(3) 拆卸轴套端盖和泵体时，严禁用撬杠、扁铲等铁器撬剔，要用铜棒轻轻敲击或用顶丝顶出。

(4) 用拉力器或专用工具取出轴套、轴承、平衡盘等，严禁用锤子敲击、破坏性取出。

(5) 安装轴承时要用套筒保护击打轴承内圆，严禁击打轴承外圆。

(6) 拆装轴承体、尾盖、转子部件时，要轻拿轻放，以免砸伤人。

(7) 组装百分表时，磁力座要吸附在泵尾盖端面上或泵基础上，安装百分表时一定要安装到位，不要使锁紧螺母卡紧在百分表测量表杆上，使表失去作用，还要防止百分表落地损坏。

(8) 使用撬杠时先选好撬动位置，每次位移要小。

(9) 更换垫片时，先清理机座接触面，每组垫片数量不超过3片。

(10) 紧固地脚螺栓要选用梅花扳手，拆装时不可用力过猛，防止机座内螺纹滑扣。

项目七　清洗流量计过滤器操作

流量计过滤器是安装在流量计前端,防止介质中的杂物进入流量计造成其损坏的过滤装置,清洗流量计过滤器前必须确认放空处无介质流出、进出口压力落零后方可拆卸过滤器端盖,防止余压伤人。

一、风险提示及防范措施

本项目风险提示及防范措施见表2-1-7。

表 2-1-7　风险提示及防范措施

风险提示		防范措施
人身伤害	划伤	正确使用剪刀、画规、刮刀等工具
	机械伤害	严格按设备操作规程操作,操作员工开关阀门时侧身
设备损坏		严格执行操作规程,平稳操作,严禁违章敲击设备
环境污染		正确切换流程,以免憋压造成泄漏

二、操作流程

(1) 准备工作。
(2) 切换流程。
(3) 放空泄压。
(4) 拆卸端盖、取出并清洗滤网。
(5) 制作密封垫片。
(6) 安装滤网、端盖。
(7) 回收工具用具。

三、准备工作

(1) 工具、用具、材料准备:200mm、250mm 活动扳手各1把,8~32mm 梅花扳手1套,F形防爆阀门扳手1把,500mm 撬杠1把,300mm 刮刀1把、弯剪刀1把,250mm 画规1把,300mm 钢板尺1把,钢丝刷1把,石棉垫子1块(500mm×500mm),清洗剂适量,擦布、润滑脂若干。
(2) 劳动防护用品准备齐全,穿戴整齐。

四、操作步骤

1. 倒流程

(1) 应先启运备用流量计或打开旁通,关闭过滤器进出口阀门,记录流量计底数。

（2）打开过滤器排污阀进行排污，观察压力表，归零后打开过滤器上的放空阀，放净过滤器内介质。

2. 拆卸端盖取出过滤网

（1）在端盖上做好记号后，用梅花扳手拆卸过滤器端盖螺栓，用撬杠对称撬动端盖缝隙，均匀用力，端盖活动后，缓慢向上抬起，密封面向上，放在平整的地方。

（2）取出过滤网，对过滤器内的杂物进行清理，冲洗过滤网，摘去网孔上的悬挂物。如果滤网损坏，更换相同目数的滤网。

3. 制作密封垫

（1）用刮刀清理密封端面的垫片，并清理出密封水纹线。

（2）用直尺量出密封垫片的内外孔径，用画规、直尺、弯剪子制作过滤器密封垫片，并在垫片两侧涂上润滑脂。

4. 安装

（1）将符合要求的过滤网放入原位，摆正石棉垫片，按照记号位置，对正放好端盖，均匀对称紧固螺栓。

（2）关闭排污阀，打开放空阀，打开出口阀门少许，排除过滤缸内空气，见液后关闭放空阀。

（3）检查有无渗漏情况，无备用流量计的工艺应全开出口阀门，再缓慢打开进口阀门，关闭旁通阀门，投入正常生产。已投运备用流量计的工艺试压合格后留做备用。

5. 收尾工作

清洁和回收工具、用具、清理现场。

五、技术要求

（1）开关阀门时要侧身，放空时缓慢操作，防止液体喷出。

（2）拆端盖时防止掉落砸伤手脚。

（3）端盖旧垫子要清理干净，显露出法兰端面水纹线。

（4）制作垫片应符合要求，不能有裂纹，要涂上润滑脂，便于固定和密封。

（5）清洗过滤网时要用热水冲洗或用清洗剂，严禁用火烧滤网。

（6）过滤器内的杂物要清理干净，如果杂物过多则要分析原因，采取预防措施。

（7）装插板式过滤网时应注意，有滤网一侧在前边。

（8）紧固螺栓时要均匀对称，防止端盖压偏。

项目八　单级离心泵更换润滑油操作

离心泵润滑油在长期使用后，会氧化、乳化变质，从而降低或丧失使用性能，离心泵在运行一段时间后，需要对其润滑油进行更换。

一、风险提示及防范措施

本项目风险提示及防范措施见表 2-1-8。

表 2-1-8　风险提示及防范措施

风险提示		防范措施
人身伤害	触电	操作前，用试电笔检测设备，确认无电后操作
	机械伤害	正确选择使用工具、用具，防止扳手打滑
环境污染		更换的旧润滑油用容器密封储存，交由专业部门进行回收处理

二、操作流程

（1）准备工作。
（2）停运离心泵。
（3）检查各密封部位渗漏情况。
（4）放净旧润滑油。
（5）清洗油室。
（6）安装丝堵。
（7）加注新润滑油。
（8）回收工具、用具并填写记录。

三、准备工作

（1）工具、用具、材料准备：200mm 活动扳手 1 把，生料带 1 卷，擦布若干，润滑油若干，记录纸若干，记录笔 1 支，机油壶 1 个，加油漏斗 1 个，污油盆 1 个。
（2）劳动防护用品准备齐全，穿戴整齐。

四、操作步骤

（1）按照操作规程停运离心泵，拉闸断电，挂停运牌。
（2）清洁注油孔周围和放油孔周围卫生。
（3）按使用说明或设备性能选用润滑油。
（4）检查油室液位，检查油质，检查密封有无渗漏。
（5）打开注油口，将污油盆置于放油口下方，拆卸放油丝堵。
（6）将旧润滑油放入容器内，待旧润滑油流净后用清洗剂清洗油室，再用少量润滑油冲洗。

(7) 将生料带按正确方向缠在丝堵上，安装好丝堵，缓慢加入新润滑油。

(8) 油位加入看窗的 1/2~2/3 处，盖上注油口盖。

(9) 清洁现场油渍，检查丝堵确保不渗漏。

(10) 将旧油用容器密封储存，待专业部门进行回收处理。

(11) 清洁和回收工具、用具，清理现场，填写记录。

五、技术要求

润滑油必须经过 3 次过滤、1 次沉淀方可使用。

项目九　离心泵更换密封填料操作

密封填料由较柔软的线状物纺织而成，其截面呈正方形，常用于机械设备转动部位的密封。离心泵密封填料的作用是防止泵内液体由轴封处泄漏；泵运转时，防止泵体外空气进入，产生汽蚀。

一、风险提示及防范措施

本项目风险提示及防范措施见表 2-1-9。

表 2-1-9　风险提示及防范措施

风险提示		防范措施
人身伤害	触电	定期检查接地线路完好，操作员工戴绝缘手套侧身分、合闸刀
	划伤	正确使用工具切割密封填料
	机械伤害	设备防护设施完好、齐全，严格按设备操作规程操作，操作员工开关阀门时侧身
设备损坏		严格执行操作规程，平稳操作，严禁违章敲击设备，加密封填料时松紧合适，减少轴套磨损
环境污染		正确切换流程，以免憋压造成泄漏

二、操作流程

(1) 准备工作。

(2) 停泵放空。

(3) 拆卸密封填料压盖。

(4) 取出旧密封填料。

(5) 量取新密封填料并添加。

(6) 启泵。

(7) 回收工具并填写记录。

三、准备工作

(1) 工具、用具、材料准备：17~19mm 开口扳手 2 把，150mm 平口螺丝刀 1 把，F 形防爆阀门扳手 1 把，手锤 1 把，裁纸刀 1 把，取密封填料专用工具 1 套，密封填料若干，润滑脂、擦布若干。
(2) 劳动防护用品准备齐全，穿戴整齐。

四、操作步骤

(1) 按操作规程停泵断电，挂警示牌，关闭泵的进、出口阀。
(2) 打开泵的放空阀及排污阀，放尽泵内余压、余液。
(3) 卸下密封填料压盖紧固螺帽，将压盖与密封填料函分离。
(4) 用专用工具取出旧密封填料。
(5) 在泵轴（套）或同型号轴套上量出密封填料长度，在与轴套成 30° 或 45° 方向切下所需的密封填料，切密封填料时戴好防护手套，防止切伤。
(6) 密封填料加入填料函时，切口应垂直于轴向并在与轴套接触面上涂上润滑脂，密封填料接口应错开 90°~120°，最后一根接口朝下，对称、均匀地调整压盖螺帽，松紧适度，压入深度不少于 5mm。
(7) 密封填料加好后，盘泵 3~5 圈，应转动灵活、无卡阻。
(8) 关闭放空阀、排污阀。
(9) 按操作规程启泵，正常运转后，密封填料应不发热、不冒烟、不甩液。
(10) 清洗、回收工具、用具，填写记录。

五、技术要求

(1) 填料切口平行整齐，切口与轴线成 30° 或 45°。
(2) 装配密封填料时接口错开 90°~120°。
(3) 密封填料漏失量为 10~30 滴/min。

项目十　离心泵更换联轴器减振胶圈操作

联轴器减振胶圈用于设备与电动机连接部分，起到防振防损的作用，具有较高的阻尼减振特性，消振能力较强，且结构多样，具有良好的绝缘性能。

一、风险提示及防范措施

本项目风险提示及防范措施见表 2-1-10。

表 2-1-10 风险提示及防范措施

风险提示		防范措施
人身伤害	触电	断开电源开关和拆卸电动机地脚螺栓前要用试电笔对启动柜及机壳表面验电
	机械伤害	严格按设备操作规程操作，正确使用工具、用具
设备损坏		严格执行操作规程，平稳操作，严禁违章敲击设备

二、操作流程

（1）准备工作。
（2）移动电动机。
（3）更换胶圈。
（4）移动电动机至原位后找机泵同心度，试运。
（5）启泵。
（6）回收工具并填写记录。

三、准备工作

（1）工具、用具、材料准备：8~32mm 梅花扳手 1 套，500mm 撬杠 1 根，150mm 钢板尺 1 把，塞尺 1 把（4mm），200mm、250mm 平口螺丝刀各 1 把，150mm 游标卡尺 1 把，弹性胶圈若干，0.5mm、1mm 铁皮垫片各 10 片，0.2mm、0.3mm 铜皮垫片各 10 片。
（2）劳动防护用品准备齐全，穿戴整齐。

四、操作步骤

1. 移动电动机

（1）按操作规程停泵，拉闸断电，挂禁止合闸牌。
（2）卸下联轴器护罩，拆下电动机地脚螺栓，用撬杠撬动电动机地脚，取出垫片。
（3）沿轴向撬动电动机向后移动，使两个联轴器分开，再撬动电动机前部地脚部位，使电动机在底盘上错开至便于更换胶圈位置。

2. 更换胶圈

（1）取下联轴器已磨损的旧胶圈。
（2）检查联轴器损伤情况。
（3）安装合格的减振胶圈。

3. 移动电动机至原位置、找正、试运

（1）用撬杠平稳移动电动机，使机泵联轴器相连接。
（2）安装电动机地脚螺栓 3~5 扣。

(3) 用直尺法对机泵进行同心度找正，误差不大于 0.1mm。
(4) 合闸送电，按启泵操作规程启泵试运。

4. 收尾工作

清洁、回收工具、用具，清理现场。

五、注意事项

(1) 使用撬杠时先选好撬动位置，每次位移要小。
(2) 加垫片前要将机座加垫片处清理干净，每组垫片数量不超过 3 片。
(3) 机泵同心度不大于 0.1mm。
(4) 更换对轮胶圈操作前要断开电源，挂上停运牌。

项目十一　离心泵叶轮静平衡检测操作

通过对多级离心泵叶轮进行静平衡的检测和校正，可以减小转子在工作时的惯性力，从而减小离心泵的振动，提高离心泵工作的稳定性和可靠性。

一、风险提示及防范措施

本项目风险提示及防范措施见表 2-1-11。

表 2-1-11　风险提示及防范措施

风险提示		防范措施
人身伤害	触电	启动电气设备时要戴好绝缘手套，使用钻床前，用试电笔验电，确认无电后方可进行操作
	机械伤害	使用钻床时，严禁戴手套操作
设备损坏		严格执行操作规程，平稳操作，严禁违章敲击设备

二、操作流程

(1) 准备工作。
(2) 调平衡支架、调天平。
(3) 清洁叶轮与配合轴。
(4) 安装叶轮轴并放在支架上。
(5) 检测静平衡。
(6) 车削去偏重量。
(7) 回收工具并填写记录。

三、准备工作

(1) 工具、用具、材料准备：200mm×200mm 框式水平仪 1 个，天平、砝码、配合短轴、叶轮、平键、平衡架各 1 个，擦布若干，清洗剂若干，胶泥若干，钻床1台，水平工作台1个，护目镜1副。

（2）劳动防护用品准备齐全，穿戴整齐。

四、操作步骤

1. 调平衡支架、调天平

（1）用框式水平仪调整支架的水平度。

（2）用螺栓固定好支架。

（3）将天平与砝码擦洗干净。

（4）调整好天平。

2. 检查、擦洗叶轮与配合轴

（1）将叶轮与配合轴擦洗干净。

（2）检查叶轮与轴的配合情况，不松不旷、连接紧密。

3. 安装叶轮轴并放在支架上

（1）把叶轮装在配合轴上。

（2）把叶轮轴放在支架的正确位置上。

4. 检测静平衡

（1）转动叶轮，自然停止后在叶轮最上面位置粘胶泥。

（2）在叶轮最上面位置增减胶泥，直至叶轮转到任意位置都可停止。

5. 车削去偏重量

（1）在胶泥相对180°的叶轮处做记号，取下胶泥放在天平上称重。

（2）将叶轮放在钻床上进行车削。

（3）车削厚度不大于叶轮壁厚的1/3，范围不大于90°。

（4）用毛刷收集车削下来的铁屑，然后放在天平上称重。

（5）车削完毕后将叶轮放在平衡支架上进行复测。

（6）叶轮在平衡支架上转到任意位置都可停止为合格。

6. 收尾操作

回收工具、用具，清洁场地。

五、技术要求

（1）支架调整完毕后一定要进行紧固。

（2）拆装短轴、叶轮时要拿好装稳，轻放在静平衡支架上。

（3）检测平衡时要轻轻转动叶轮，以免装有叶轮的配合轴从静平衡支架上滚落。

（4）收集车削下来的铁屑，准确称重。

（5）车削时注意车削厚度，金属厚度不得大于叶轮壁厚的1/3，范围不大于90°。

（6）操作台钻时，应严格按照安全规范进行操作。

项目十二　离心泵泵轴弯曲度检测和压力校直

离心泵在正常运转或长期停运过程中，由于受机械外力或安装检修质量不佳等原因，易造成离心泵泵轴弯曲，导致转子转动时不平衡，振动过大及动静密封部位的磨损。

一、风险提示及防范措施

本项目风险提示及防范措施见表2-1-12。

表2-1-12　风险提示及防范措施

风险提示		防范措施
人身伤害	机械伤害	平稳操作，放置泵轴时应轻拿轻放，防止滑脱砸脚
设备损坏		严格执行操作规程，平稳操作，严禁违章敲击泵轴

二、操作流程

（1）准备工作。
（2）清洗泵轴。
（3）检测弯曲度。
（4）校正泵轴。
（5）卸轴复测。
（6）填写记录、回收工具。

三、准备工作

（1）工具、用具、材料准备：200mm 活动扳手 1 把，0~10mm 百分表 1 块，1000mm 钢板尺 1 把，百分表架、磁力表座 1 套，与待测轴直径相同的半圆形校直块 1 套，V 形垫铁 2 块，润滑脂若干，石笔 1 根，弯曲泵轴 1 根，手摇螺旋压力机 1 台，平台 1 个，0.2mm 铜皮若干。

（2）劳动防护用品准备齐全，穿戴整齐。

四、操作步骤

1. 清洗泵轴

用细砂纸除去泵轴上的铁锈，用擦布清洁泵轴，检查确认泵轴外表面光滑、无损坏处。

2. 检测泵轴弯曲度

（1）将铜皮放在手摇螺旋压力机 V 形垫铁上，再将泵轴水平放在铜皮上，在轴与铜皮接合面上加少许润滑脂。

（2）用百分表测量泵轴径向跳动，要求测点为 5~7 处，每处测点为 4 点，在轴上做好标记。

（3）检查百分表，保证百分表动作灵活，无卡滞现象。架好百分表，使测头与轴垂直接触并下压2mm，转动表圈使百分表的指针指到"0"位置。

（4）缓慢转动泵轴，观察表针的跳动，并把每处百分表的跳动量填入表中。每次测量时，盘动泵轴保持同一旋向。

（5）泵轴测量点中，在弯曲度超过0.06mm且最大处做特殊标记，以便下一步校直。

3. 校正泵轴

（1）待校直的泵轴应放在两块V形垫铁中间，最大弯曲凸面向上安装。

（2）半圆形校直块放在最大弯曲凸面上，半圆形校直块的半径应与轴一致，并与螺旋杆的下端压块接触良好。

（3）操作手摇螺旋压力机，加压后停留20~25min后方可卸载。

（4）反复加压测量直至轴校直。

4. 卸轴进行复测

（1）卸下手摇螺旋压力机的载荷，复测泵轴的弯曲度，直至达到校正规定值为止。

（2）校正完毕后，重新清洗泵轴，在轴表面涂上润滑油，竖立放好。

五、技术要求

（1）操作手摇螺旋压力机时，要缓慢施压，不要用力过大。

（2）校直时，校正量略大于弯曲量。

（3）螺旋杆的下端压块与半圆形校直块垂直接触，以免在施压过程中，泵轴弹出去击伤人。

项目十三　拆装多级离心泵滚动轴承操作

滚动轴承主要作用为支撑泵轴，减少摩擦力，按型号分为球面滚子轴承、圆锥滚子轴承、推力滚子轴承和圆柱滚子轴承。

一、风险提示及防范措施

本项目风险提示及防范措施见表2-1-13。

表2-1-13　风险提示及防范措施

风险提示		防范措施
人身伤害	机械伤害	正确使用工具、用具，严格按设备操作规程操作
设备损坏		严格执行操作规程，平稳操作，严禁违章敲击设备，尽量使用专用工具进行操作
环境污染		对使用过的油擦布、手套等污染物进行定点放置，待专业部门进行统一处理

二、操作流程

（1）准备工作。
（2）停泵、拆卸轴承。
（3）安装轴承。
（4）启泵试运。
（5）回收工具并填写记录。

三、准备工作

（1）工具、用具、材料准备：8~32mm 梅花扳手 1 套，8~32mm 开口扳手 1 套，250mm 活动扳手 1 把，200mm 拉力器 1 把，500mm 撬杠 1 根，$\phi 35mm \times 300mm$ 铜棒 1 根，50mm 钩形扳手 1 把，油盆 2 个，250mm 平口螺丝刀 1 把，50mm 毛刷 1 把，润滑脂若干，清洗油（剂）若干，150 目砂纸 2 张，擦布 1 块。
（2）劳动防护用品准备齐全，穿戴整齐。

四、操作步骤

1. 停泵、拆卸轴承

（1）按停泵操作规程停泵，断开电源，挂上标识牌。
（2）拆卸轴承端盖内外连接螺栓，取下外端盖；拆卸轴承支架螺栓，用铜棒对称轻敲，取下轴承支架。
（3）用钩形扳手卸下轴承背帽；将拉力器三爪扣在轴承内圆上，将轴承拉下。
（4）将拆下的部件、泵轴清洗干净。

2. 安装轴承

（1）检查新轴承型号是否符合要求，用手转动轴承倾听转动声音是否正常、有无卡滞现象，检查轴承内外圆、保持架、滚动体有无损伤，检查轴颈与轴承安装部位有无磨损。
（2）将轴承内端盖套在轴上，再装上轴承，然后用与轴承内圆匹配的轴套（或短管）顶住轴承内圆，用铜棒对称击打轴套（或短管）外沿，将轴承安装到位。
（3）安装完成后用清洗剂清洗轴承，检查轴承转动是否灵活、有无杂音。
（4）在轴承间隙及轴承内外盖里装填清洁的润滑脂，油脂占整个空腔容积的 80%。
（5）装上轴承支架，对称紧固螺栓，再安装轴承外端盖，用螺栓将内外端盖连接紧固。

3. 启泵试运

按启泵操作规程启泵，检查轴承温度，倾听轴承运转声音是否正常。

4.收尾工作

清理现场，回收工具、用具。

五、技术要求

（1）拆卸轴承端盖时，严禁用扁铲、撬杠等铁器剔、撬，要用铜棒轻轻敲击。

（2）拆装过程中注意不要损坏轴颈。

（3）紧固各部螺栓、螺母时对称紧固，用力要均匀，以防滑扣或断螺杆。

（4）清洗轴承及配件时注意要加强通风。

（5）用加温法安装轴承时要戴好隔热手套，用套管击打轴承内圈时一定要选择与轴承内径相同的铁管。

（6）给轴承加油不要过多或过少，一般为轴承室容积的80%。

项目十四　百分表测量机泵同心度操作

电动机与泵一般是由联轴器连接，由于制造、安装误差以及机泵在运转一定时间后，由于输送介质的性质、承载后的变形、温度变化的影响，会造成泵机组不同心，振幅增大，影响设备正常运转。

一、风险提示及防范措施

本项目风险提示及防范措施见表2-1-14。

表2-1-14　风险提示及防范措施

风险提示		防范措施
人身伤害	触电	定期检查接地线路完好，操作员工戴绝缘手套操作电气设备
	机械伤害	正确使用工具、用具，严格按设备操作规程操作
设备损坏		严格执行操作规程，平稳操作，严禁违章敲击设备，尽量使用专用工具进行操作

二、操作流程

（1）准备工作。

（2）停泵、拆卸联轴器护罩、螺栓。

（3）架设百分表。

（4）根据数据进行调整。

（5）安装并紧固联轴器螺栓。

（6）启泵试运。

（7）回收工具并填写记录。

三、准备工作

（1）工具、用具、材料准备：梅花扳手 1 套，500mm 转动联轴器专用扳手 1 把，1000mm 加力杠 1 把，500mm 撬杠 2 把，ϕ40mm×300mm 铜棒 1 根，200mm 平口螺丝刀 1 把，4mm 塞尺 1 套，0~10mm 百分表及表架 2 套（精度 0.01mm），150mm 钢板尺 1 把，笔 1 支，计算器 1 个，记录表若干，擦布若干，清洗油若干，120mm×60mm 铜皮垫片（0.10mm、0.20mm）各 4 片，100mm×100mm 铁皮垫片（0.5mm、1.0mm）各 4 片。

（2）劳动防护用品准备齐全，穿戴整齐。

四、操作步骤

（1）按操作规程停泵，拉闸断电，挂禁止合闸牌。

（2）拆卸联轴器护罩、联轴器螺栓，留两根对称螺栓进行盘车。如果联轴器径向偏差值过大，进行初步调整。

（3）测量联轴器径向、轴向偏差值。

① 将联轴器擦干净后，把联轴器的外圆按 0°、90°、180°、270° 分成四等分，同时在与 0° 相对应方位的电动机端盖上找一个参照点，并用石笔做好标记。

② 将磁力表架固定在泵联轴器的脖颈处，将表杆按径向和轴向调好，擦拭百分表，检查表针是否归零，检查表盘转动是否灵活，轻拉表杆检查是否灵活。

③ 将两块百分表分别装在径向和轴向表杆上，径向百分表触头与联轴器 0° 标记处垂直，小针下压量为 2mm，大针调到 "0" 位，轴向百分表触头与联轴器端面垂直，小针下压量为 2mm，大针调到 "0" 位，按泵的旋转方向转动一周，观察表针是否归零，不归零重新调整。百分表安装方法如图 2-1-1 所示。

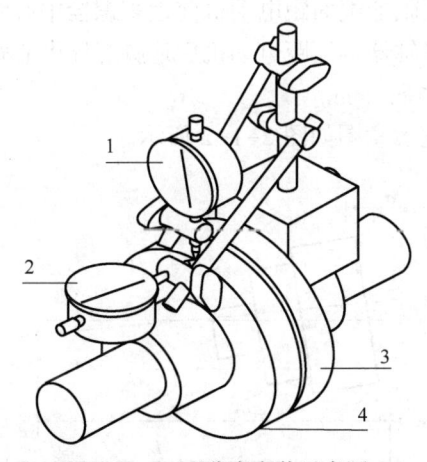

图 2-1-1 百分表安装示意图
1—径向百分表；2—轴向百分表；3—泵端联轴器；4—电动机端联轴器

④ 按泵的旋转方向缓慢转动联轴器，分别记下0°、90°、180°、270°四个方位径向、轴向在百分表上显示出的数值（根据小针变化情况，确定"+""-"号）。

(4) 径向、轴向偏差值的确定

① 径向偏差值的确定。0°、180°所得的值为两联轴器上下径向偏差值。180°值为正值，说明电动机比泵低，180°值为负值，说明电动机比泵高。90°、270°所得值为两联轴器左右径向偏差值，将90°值和270°值进行比较，电动机向大值方向偏。

② 轴向偏差的确定。0°、180°所得的值为两联轴器上下轴向偏差值。180°值为正值，说明下开口大；180°值为负值，说明上开口大。90°、270°所得值为两联轴器左右轴向偏差值，将90°值和270°值进行比较，数值大的开口大。

(5) 径向、轴向偏差的调整

① 径向偏差的调整。径向上、下偏差的调整，在电动机的4个地脚同时加（或减）垫子，其垫子厚度为径向偏差值的一半，如果180°值为正值，则在电动机4个地脚同时加垫子，Δh 为正值；如果180°值为负值，则在电动机4个地脚同时减垫子，Δh 为负值。用紫铜棒敲击电动机侧面，对径向左、右偏差进行调整。

② 轴向偏差的调整。轴向上、下偏差的调整利用经验公式：

$$X_1 = (a-b)/D \times L_1 \tag{2-1-1}$$

$$X_2 = (a-b)/D \times L_2 \tag{2-1-2}$$

式中 X_1——电动机前地脚垫子厚度，mm；

X_2——电动机后地脚垫子厚度，mm；

a——两联轴器上开口尺寸，mm；

b——两联轴器下开口尺寸，mm；

L_1——电动机联轴器端面距电动机前地脚螺栓中心距离，mm；

L_2——电动机联轴器端面距电动机后地脚螺栓中心距离，mm；

D——联轴器外径，mm。

联轴器调整同心度示意图如图2-1-2所示。

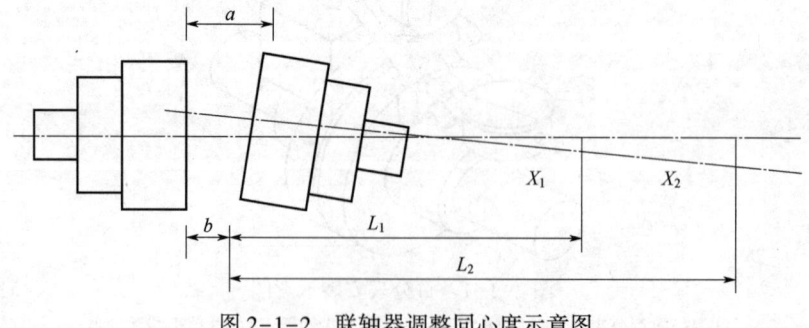

图2-1-2 联轴器调整同心度示意图

如果上开口大，X_1 和 X_2 为正值，在电动机前、后地脚分别加 X_1 和 X_2 厚度的垫子；如果下开口大，X_1 和 X_2 为负值，在电动机前、后地脚分别减 X_1 和 X_2 厚度的垫子。轴向左、右偏差的调整，用紫铜棒敲击电动机的左后脚或右前脚进行调整。

③ 综合评定。

径向： $$\Delta h = (0°值+180°值)/2 \tag{2-1-3}$$
轴向： $$X_1 = (a-b)/D \times L_1 \tag{2-1-4}$$
$$X_2 = (a-b)/D \times L_2 \tag{2-1-5}$$

电动机前脚垫子总厚度为 $\Delta h + X_1$，电动机后脚垫子总厚度为 $\Delta h + X_2$。

（6）紧固螺栓，用扳手将电动机地脚螺栓紧固好，调整完毕后复测一遍，要求径向、轴向偏差不大于 0.08mm。

（7）安装并紧固联轴器及联轴器护罩螺栓。

（8）清洗收回工具、用具，清理现场。

五、技术要求

（1）初调和精调机泵联轴器同心度时，都是以泵作为校正的基准，电动机作为调整的对象。

（2）百分表使用前，进行擦拭，检查表针是否归零，检查表盘转动是否灵活，轻拉表杆检查是否灵活。

项目十五　百分表测量转子径向跳动量操作

离心泵转子径向跳动量是指各部件与基准轴线间的最大变动量，径向跳动量是一项综合误差。保证转子径向跳动量在允许范围内，可延长各部件使用寿命，保证设备正常运转。

一、风险提示及防范措施

本项目风险提示及防范措施见表 2-1-15。

表 2-1-15　风险提示及防范措施

风险提示		防范措施
人身伤害	机械伤害	正确使用工具、用具，严格按操作规程操作
设备损坏		严格执行操作规程，平稳操作，严禁违章敲击设备

二、操作流程

（1）准备工作。

（2）检测前检查准备。

(3) 安装百分表。
(4) 测量转子跳动量。
(5) 计算跳动值。
(6) 回收工具并填写记录。

三、准备工作

(1) 工具、用具、材料准备：250mm 活动扳手 1 把，0~10mm 百分表 1 块，磁力表架 1 套，V 形铁 2 个，150 目细砂纸 2 张，油盆 2 个，水平工作台 1 个，记录笔 1 支，记录纸若干，擦布、清洗剂、润滑脂若干，0.2mm 铜皮若干。
(2) 劳动防护用品准备齐全，穿戴整齐。

四、操作步骤

1. 检测前检查准备

(1) 检查百分表，确认工作灵活、无卡滞现象。
(2) 将铜皮放在 V 形垫铁上，再将转子水平放在铜皮上，在转子与铜皮接合面上涂抹少许润滑脂。
(3) 将要测量的部位擦洗打磨干净。

2. 安装百分表

(1) 将磁力表架放置在平台上。
(2) 将百分表固定在支架上。
(3) 百分表测杆垂直于圆表面。
(4) 百分表测头与轴表面接触并下压 2mm，将表调到"0"位。

3. 测量转子跳动量

(1) 检测联轴器、前轴承、各级叶轮密封环、平衡盘、后轴套的跳动量。
(2) 每处检测点测 4 个点，将泵轴圆周分为四等分，在轴的端面做好记号（画十字）。
(3) 测量前抽动百分表测杆 2~3 次，每次均能恢复到原始位置。
(4) 缓慢盘动转子，记录各点的读数，转子回到起点位置时的读数必须与最初读数一致；否则应查明原因，重新测量。
(5) 每一点测两次，做好测量记录。

4. 计算跳动值

(1) 根据测定数据，计算各点跳动值，跳动值=最大值−最小值。
(2) 两侧轴承、联轴器部位极限值不超过 0.02mm，叶轮密封部位不大于 0.05mm，平衡盘部位不大于 0.03mm。

5. 收尾工作

清洁、回收工具、用具，清理场地，做好记录。

五、技术要求

（1）测点在 7 处以上，每处测 4 点。
（2）百分表指针从"0"位逆时针旋转时读数为负值。
（3）拆装转子部件时要轻拿轻放，防止砸伤人员。
（4）转子部件放置平稳，轻拿轻放，清洗部件时注意通风。

项目十六　百分表法测量转子总窜量操作

离心泵的总窜量是未装平衡盘时转子在泵壳内的窜动量，装有平衡盘测得的窜量称为工作窜量，也称为平衡盘窜量，为保证设备正常运转，需定期检测离心泵平衡盘窜量及总窜量，保证其在合适范围内高效运行。

一、风险提示及防范措施

本项目风险提示及防范措施见表 2-1-16。

表 2-1-16　风险提示及防范措施

风险提示		防范措施
人身伤害	触电	定期检查接地线路完好，员工戴绝缘手套操作电气设备
	机械伤害	正确使用工具、用具，严格按设备操作规程操作
设备损坏		严格执行操作规程，平稳操作，严禁违章敲击设备

二、操作流程

（1）准备工作。
（2）停泵放空。
（3）拆卸平衡装置。
（4）测量转子总窜量。
（5）测量平衡盘窜量。
（6）根据所测数据进行调整。
（7）回收工具并填写记录。

三、准备工作

（1）工具、用具、材料准备：0~10mm 百分表 1 块，磁力表座 1 套，250mm、300mm 活动扳手各 1 把，8~32mm 梅花扳手 1 套，8~32mm 开口扳手 1 套，ϕ35mm×300mm 铜棒 1 根，500mm 撬杠 1 把，300mm 平口螺丝刀 1 把，专用顶丝 2 条，200mm 三爪拉力器 1 套，钩形扳手 1 个，平衡盘工艺轴套 1 个，擦布 1 块，记录纸若干，记录笔 1 支，青稞纸 1 张，油盆 1 个，拆卸平衡盘专用工具 1 套，润滑脂若干，150 目细砂纸 2 张。

(2) 劳动防护用品准备齐全，穿戴整齐。

四、操作步骤

1. 停泵

按操作规程停泵，关闭泵进出口阀门，将泵内液体放净，断开电源闸刀，并挂上禁止合闸牌。

2. 拆卸平衡装置

（1）拆卸联轴器的连接螺栓，按顺序拆卸离心泵的后轴承端盖、轴承支架，使用钩形扳手按逆时针方向拆卸背帽，用拉力器拉下轴承、取下轴承挡套。

（2）拆卸密封填料压盖，取出填料，用专用顶丝拆卸尾盖，取下轴套。

（3）用平衡盘专用工具取下平衡盘。

（4）将拆卸的泵配件清洗检查并按顺序摆放整齐。

3. 测量转子总窜量

（1）在轴上涂抹适量润滑油，以利于装配。

（2）依次装上平衡盘工艺轴套、密封填料轴套、轴承挡套、轴承并用锁紧螺母锁紧。

（3）用撬杠把泵联轴器撬动到前止点。

（4）架设百分表。检查百分表，保证百分表动作灵活、无卡滞现象。擦拭泵轴端面，把百分表架设到轴端面，使百分表测量头与测量端面垂直接触并将小表针下压 2mm，转动表盘使百分表的大针指到"0"位。

（5）用撬杠把泵联轴器轻轻撬动到后止点。

（6）读出百分表所显示的数值并记录，减去下压量的 2mm 即为离心泵转子总窜量。

（7）把泵轴按泵旋转方向转动 180°，按上述步骤再次测量离心泵转子总窜量。

（8）将两次测量结果进行对比，数值小的为离心泵转子总窜量，泵的总窜量一般为 4~8mm。

4. 用百分表测量离心泵平衡盘窜量（工作窜量）

（1）拆卸测量总窜量时装上的平衡盘工艺轴套、密封填料轴套、轴承挡套、轴承和锁紧螺母，并按顺序摆放整齐。

（2）依次安装平衡盘、平衡盘工艺轴套、密封填料轴套、轴承并用锁紧螺母锁紧。

（3）用撬杠把泵联轴器撬动到前止点。

（4）在平衡盘的端面上架设百分表。检查百分表，保证百分表动作灵活、无卡滞现象。擦拭平衡盘端面，把百分表架设到平衡盘端面上，使测量头与测量面垂直接触并下压 2mm，转动表盘使百分表的大针指到"0"位。

（5）用撬杠把泵联轴器轻轻撬动到后止点。

（6）记录百分表所显示的数值，减去下压量的 2mm 即为平衡盘窜量（工作窜量）。

（7）把泵轴按泵旋转方向转动 180°，按上述步骤再次测量平衡盘窜量，泵的平衡盘窜量应为总窜量的 1/2 再加 0.1~0.25mm。

5. 组装

按照拆卸相反的顺序安装好所有的部件。

6. 收尾工作

清理现场，回收工具、用具。

五、技术要求

（1）用铜棒敲打轴端面时，不要敲击轴端面倒角部位，以免产生硬伤不能顺利拆装转子部件。

（2）拆装轴承体、尾盖、转子部件时，要轻拿轻放，以免砸伤人。

（3）使用扳手拆卸或紧固螺栓时，要拉动扳手而不要推动扳手，防止扳手滑脱伤人。

（4）组装百分表时，磁力座要吸附在泵尾盖端面上或泵基础上，百分表安装时一定要安装到位，避免锁紧螺母卡紧在百分表测量表杆上，使表失去作用，还要防止百分表落地损坏表。

项目十七　更换离心泵机械密封操作

机械密封是替代填料密封的一种轴封装置，与填料密封相比，它具有更好的密封性能，同时对安装和维护的技术要求相对更高。机械密封的作用和密封填料的作用相同，用于防止泵内液体泄漏或泵外空气进入。机械密封结构如图 2-1-3 所示。

一、风险提示及防范措施

本项目风险提示及防范措施见表 2-1-17。

表 2-1-17　风险提示及防范措施

风险提示		防范措施
人身伤害	触电	操作前检查设备必须断电、挂牌，确认无电后操作
	机械伤害	严格按设备操作规程操作，操作员工开关阀门时侧身；正确使用工具、用具

续表

风险提示	防范措施
设备损坏	严格执行操作规程，平稳操作，严禁敲击设备及配件，使用测量工具和安装机械密封时，要轻拿轻放，严禁损伤机封密封面
环境污染	正确切换流程，提前放净泵内介质，以免造成泄漏

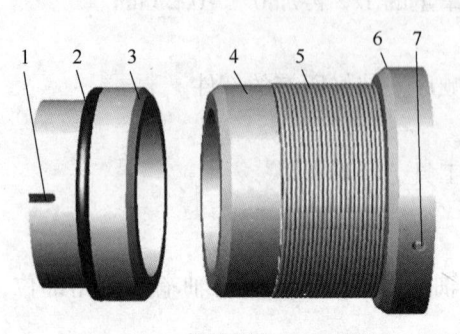

图 2-1-3 机械密封结构示意图

1—防转槽；2—O形密封圈；3—静环；4—动环；5—弹簧；6—弹簧座；7—固定螺钉

二、操作流程

（1）准备工作。

（2）停泵放空。

（3）拆卸后轴承轴套。

（4）测量平衡盘窜量。

（5）检查机械密封。

（6）测量安装尺寸。

（7）装配试运。

（8）回收工具并填写记录。

三、准备工作

（1）工具、用具、材料准备：8~32mm 开口扳手 1 套，8~32mm 梅花扳手 1 套，200mm 拉力器 1 套，钩形扳手 1 把，$\phi 35mm \times 300mm$ 铜棒 1 根，500mm 撬杠 1 根，150mm 游标卡尺 1 把，深度尺 1 把，塞尺 1 把，75mm、150mm 平口螺丝刀各 1 把，内六角扳手 1 套，0~10mm 百分表 1 块，百分表架 1 套，同型号机械密封 1 套，清洗剂若干，150 目细砂纸若干，润滑油若干，记录纸若干，记录笔 1 支。

（2）劳动防护用品准备齐全，穿戴整齐。

四、操作步骤

（1）按操作规程停泵断电，挂警示牌，关闭泵的进出口阀门，打开泵的放空阀及排污阀，放尽泵内余压、余液。

（2）卸下后轴承端盖连接螺栓，取下后轴承外端盖，用专用工具卸下轴承锁紧螺母，用铜棒取下轴承支架，用拉力器拉下轴承及内端盖，取下轴承挡套和挡水环。

（3）卸下机械密封静环座及静环，取下轴套及动环。

（4）清洗转子各配件，并按工作位置进行组装后，使用百分表测量平衡盘窜量，做好记录。

（5）检查机械密封。检查需要安装的机械密封型号、规格是否正确，零件是否完好，密封圈的尺寸是否合适，动、静环表面是否光滑平整，有无气孔和裂纹；检查弹簧的旋向是否与轴的旋向一致。

（6）测量安装尺寸。

① 测量填料函尺寸 L_1。

把转子撬动到前死点，用深度尺测量填料函的深度尺寸 L_1（平衡盘后轮毂端面至填料函封口环之间的距离），做好记录。

② 安装静环。

将静环 O 形圈与静环装配好，并在胶圈上涂抹润滑脂，然后调整好静环位置，使尾部防转槽与静环压盖内防转销的位置对正，用手小心将静环均匀对称压入压盖内，防转槽端与防转销顶部应保持 1~2mm 的轴向间隙，以免缓冲失效。

③ 测量静环压入填料函深度 L_2。

用深度尺测量静环工作面到静环压盖密封面的高度，即为静环压入深度 L_2，做好记录。

④ 计算动环在轴套上的定位尺寸 L。

$$L = L_1 - L_2 + S \tag{2-1-6}$$

式中 L——动环在动环配合轴套上的定位尺寸，mm；

L_1——平衡盘后轮毂端面至填料函密封口环之间的距离，mm；

L_2——静环工作面到静环压盖密封面的高度，mm；

S——机械密封动环弹簧压缩量，mm。

由于多级离心泵工作窜量的产生，为保证泵运行，动环弹簧压缩量应大于平衡盘窜量，在 3~5mm 之间。

⑤ 安装动环。

按照计算的动环定位尺寸用卡尺确定好位置，然后将组装好的动环安装到轴套上，使动环工作面与定位点重合，然后拧紧动环弹簧座内六角固定螺钉。

⑥ 安装轴套及压盖。

下压动环，确保弹簧伸缩正常无卡阻，清洗静环及压盖、动环及轴套，确保工作面清洁无杂质；把带有动环的轴套装在泵轴上；将静环压盖安装好密封胶圈或密封垫片，压入填料函，对称拧紧压盖螺栓。

(7) 装配试运。按照装配顺序安装轴套密封圈、轴承挡套、后端盖、轴承、锁紧螺母，安装轴承支架，加油后安装轴承外端盖，紧固轴承前后压盖连接螺栓。按操作规程启泵试运行，检查机械密封的工作情况。

(8) 回收工具、用具，填写记录。

五、技术要求

(1) 安装过程中应保持清洁，特别是动、静环的密封端面及辅助密封圈表面应无杂质、灰尘。为防止启动瞬间产生干摩擦，可在动环和静环密封端面涂抹润滑油。

(2) 安装过程中不允许使用工具敲打密封元件，防止密封件损坏。

(3) 安装静环端盖要均匀压紧，不得装偏。用塞尺检查端盖和填料函端面的间隙，其误差不大于0.05mm。检查端盖和静环对轴的径向间隙，沿圆周各点的误差不大于0.01mm。

(4) 弹簧压缩量要按规定进行，不允许有过大或过小现象，要求误差小于2mm。

项目十八　拆装单级离心泵操作

单级离心泵结构简单、适用范围广，最高保养级别为二级。拆装单级离心泵作为单级离心泵的最高保养级别，要求每名岗位员工都能够熟练掌握。单级离心泵结构如图2-1-4所示。

一、风险提示及防范措施

本项目风险提示及防范措施见表2-1-18。

表2-1-18　风险提示及防范措施

风险提示		防范措施
人身伤害	触电	侧身操作，严格执行上锁挂牌规定
	机械伤害	严格按设备操作规程操作，正确使用工具、用具
	设备损坏	平稳操作，按操作规程操作，正确使用专用工具
	环境污染	正确切换流程，停泵后放空泄压，放净流程和泵内介质，防止泄漏

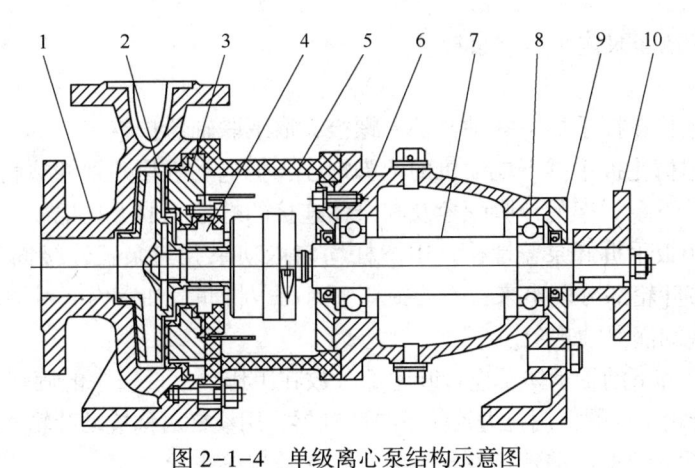

图 2-1-4　单级离心泵结构示意图
1—泵壳；2—叶轮；3—泵盖；4—机械密封；5—支架；6—悬架体；7—轴；
8—轴承；9—轴承侧盖；10—联轴器

二、操作流程

（1）准备工作。

（2）停泵放空。

（3）拆卸。

（4）清洗。

（5）检查。

（6）组装。

（7）试运。

（8）回收工具并填写记录。

三、准备工作

（1）工具、用具、材料准备：500mm 撬杠 1 根，ϕ35mm×300mm 铜棒 1 根，200mm 活动扳手 1 把，8~32mm 开口扳手 1 套，8~32mm 梅花扳手 1 套，200mm 拉力器 1 个，300mm 平口螺丝刀 1 把，0.88kg 手锤 1 把，0~150mm 游标卡尺 1 把，200mm 平锉 1 把，剪刀 1 把，200mm 直尺 1 把，画规 1 个，刮刀 1 把，清洗剂若干，50mm 毛刷 1 把，石笔 1 根，150 目砂纸 3 张，青稞纸 1 张，密封填料若干，润滑脂若干，油盆 1 个，放空桶 1 个。

（2）劳动防护用品准备齐全，穿戴整齐。

四、操作步骤

1. 停泵放空

按操作规程停泵、断电、挂标识牌，关闭泵的进、出口阀，打开泵的放空阀及排污阀，放净泵内余压、余液。

2. 拆卸

（1）用梅花扳手拆下联轴器护罩螺栓，取下联轴器护罩。

（2）用梅花扳手拆下电动机的地脚螺栓，把电动机移开到能顺利拆泵为止。

（3）拆下泵托架的地脚螺栓及与泵体连接的螺栓，取下托架。

（4）用扳手拆卸泵盖螺栓。用撬杠均匀撬动泵壳与泵盖连接间隙，把泵的轴承体连带叶轮部分取出来，不要损坏密封面。将润滑油室内润滑油放净，避免拆卸时出现漏润滑油现象。

（5）把卸下的轴承体及连带叶轮部分放在工作台上。按泵的旋转方向卸下叶轮背帽、叶轮止退圈，用拉力器拉下泵联轴器，用撬杠对称撬动叶轮并取下叶轮。

（6）拆下轴承压盖螺栓及轴承体与泵端盖连接螺栓。

（7）拆下密封填料压盖螺栓，使密封填料压盖与填料函分开。

（8）拆下轴承压盖及泵端盖，用铜棒及专用工具把泵轴（带轴承）与轴承体分开。

（9）取下泵轴上的轴套，用拉力器将泵轴上的前后轴承拆下。

3. 清洗

将拆卸下的各配件按顺序摆放整齐，对所有配件进行清洗，并清除锈蚀和油垢。

4. 检查

（1）检查各紧固螺栓，检查螺纹是否完好，螺母是否变形。

（2）检查联轴器外圆是否有变形破损，联轴器爪是否有破损痕迹。

（3）检查轴承压盖垫片是否完好，压盖内孔是否磨损，压盖轴封槽密封毡是否完好，压盖回油槽是否畅通。

（4）检查叶轮背帽是否松动，弹簧垫圈是否起作用。

（5）检查叶轮流道是否畅通，入口与口环接触处是否有磨损，叶轮与轴通过定位键配合是否松动，叶轮键口处有无裂痕，叶轮的平衡孔是否畅通，入口口环处是否有汽蚀现象。检查叶轮与密封环间隙为 0.40~0.45mm。

（6）检查轴套有无严重磨损，定位键是否方正合适，在键的销口处是否有裂痕，键槽内有无杂物。

（7）检查轴承体内是否有铁屑，轴承是否跑外圆，保持架是否松旷，轴承球粒是否有破损，是否有过热变色现象。轴承与轴及轴承座过盈为 0.01~0.03mm。

（8）检查轴承压盖是否对称、有无磨损，压盖调整螺栓是否松动、长短是否合适。

（9）检查泵轴是否弯曲变形，与轴承接触处是否有过热现象和磨内圆痕迹，背帽处的螺纹是否脱扣。

（10）用卡尺、直尺和圆规及青稞纸按规范制作轴承端盖密封垫片和泵壳密封垫片，并在垫片两侧涂润滑脂待用。

5. 组装

（1）用铜棒和与轴承内圈直径相同的短套配合将两端轴承安装在泵轴上。

（2）清洗润滑油室及看窗。

（3）把带轴承的泵轴安装在轴承体上。

（4）用刮刀刮净轴承端盖密封面的杂物，放好密封垫片，按方向要求上好轴承端盖和对称紧固螺栓。

（5）在泵轴叶轮的一端安上填料压盖，上好轴套密封，装上轴套，把轴承体与泵盖连接好，对称均匀紧固螺栓。

（6）用键把叶轮固定在泵轴上，并用键与轴套连接好，安上弹簧垫片，用背帽把叶轮固定好。用铜棒和键把联轴器固定在泵轴上。

（7）按更换填料的技术要求，向填料函内添加填料，安装好填料压盖。

（8）装好密封垫后，将泵壳与检修后的泵体用固定螺栓均匀对称紧固。

（9）安装泵体托架，紧固托架地脚螺栓及与泵体的连接螺栓。在泵联轴器上安装好减振胶圈，移动电动机并调整泵与电动机同心度后，紧固电动机地脚螺栓。

（10）向润滑油室内加入 1/2~2/3 的润滑油。

6. 试运

（1）做好启泵前的检查工作。

（2）按启泵操作规程启运检修泵。

（3）按泵的运行检查要求，检查泵运行情况。

7. 收尾工作

回收工具、用具，填写记录。

五、技术要求

（1）拆卸锁紧螺母时，应注意拆卸方向。

（2）检查拆卸下来的零部件，检查是否有裂纹、擦伤、损坏现象，不合格零件要进行更换，并按顺序摆放。

（3）工具、用具使用要正确，防止损伤泵配件。

（4）放出的旧润滑油要及时回收，集中处理，禁止随意排放，造成环境污染。

项目十九　拆装多级离心泵操作

多级离心泵结构复杂，装配技术条件要求高。拆装多级离心泵即对整个泵体进行拆装，装配质量的好坏直接影响泵的使用寿命。随着岗位工人技术素质的提高和降本增效的需要，多级离心泵的整体拆装也要求能够熟悉和掌握。多级离心泵结构如图 2-1-5 所示。

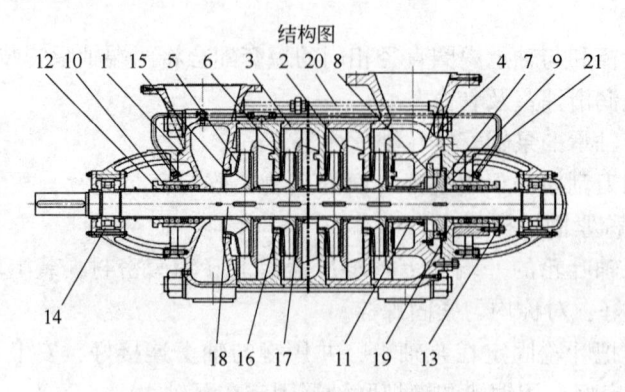

图 2-1-5 多级离心泵结构示意图

1—进水段；2—导叶；3—中段；4—出水段；5—首级叶轮；6—叶轮；7—平衡盘；8—平衡环；9—尾盖；10—填料；11—平衡套；12—填料压盖；13—O 形圈；14—轴承；15—首级密封环；16—密封环；17—导叶套；18—轴；19—轴套；20—平衡管；21—水封管

一、风险提示及防范措施

本项目风险提示及防范措施见表 2-1-19。

表 2-1-19 风险提示及防范措施

风险提示		防范措施
人身伤害	触电	侧身操作，严格执行上锁挂牌规定
	机械伤害	设备防护设施完好、齐全，严格按设备操作规程操作，正确使用工具、用具
设备损坏		平稳操作，按操作规程操作，正确使用专用工具
环境污染		正确切换流程，停泵后放空泄压，放净流程和泵内介质，防止泄漏

二、操作流程

(1) 准备工作。

(2) 拆卸。

(3) 清洗。

(4) 检查。

(5) 装配。

(6) 试运。

(7) 回收工具并填写记录。

三、准备工作

（1）工具、用具、材料准备：500mm 撬杠 1 根，$\phi 35mm \times 300mm$ 铜棒 1 根，200mm 活动扳手 1 把，8~32mm 开口扳手 1 套，8~32mm 梅花扳手 1 套，200mm 拉力器 1 个，300mm 平口螺丝刀 1 把，0.88kg 手锤 1 把，150mm 游标卡尺 1 把，10mm 百分表及磁力表座 2 套，200mm 平锉 1 把，剪子 1 把，200mm 直尺 1 把，画规 1 个，刮刀 1 个，清洗剂若干，50mm 毛刷 1 把，石笔 1 根，150 目砂纸 3 张，青稞纸 1 张，密封填料若干，润滑脂若干，油盆 1 个，放空桶 1 个。

（2）劳动防护用品准备齐全，穿戴整齐。

四、操作步骤

1. 拆卸

（1）关闭泵进出口阀门，在过滤缸和泵出口处放净泵内液体，若泵体内输送的介质是油，则需事先用热水置换干净。

（2）拆掉联轴器销钉和弹性胶圈，断开联轴器，挪开电动机。

（3）拆下泵的地脚螺栓，断开进出口连接管线法兰，把泵转移到检修平台上，在泵壳上做好标记。

（4）拆卸轴承体。拆掉轴承内外压盖螺栓，卸下轴承支架连接螺栓，用铜棒轻敲取下轴承支架，卸下轴承锁紧螺母，用拉力器取下轴承。

（5）拆卸密封压盖。拆下压盖与泵体的连接螺栓，并沿轴向抽出压盖，然后取出填料。

（6）拆平衡管。拆下平衡管两端法兰固定螺栓，取下平衡管。

（7）拆卸尾盖。拆下尾盖和尾段之间的连接螺栓，卸下尾盖，然后把轴套、平衡盘及平衡板取出。

（8）拆卸穿杠。拆下穿杠两端的螺母，抽出泵各端的连接穿杠。

（9）拆卸尾段。用铜棒轻敲后端的凸缘使之松脱后即可卸下。

（10）拆卸叶轮。用撬杠对称撬动卸下叶轮，并按顺序摆放好。

（11）拆卸中段。用撬杠沿中段两边撬动或用铜棒轻敲，即可取下，再从中段上取下密封环，拆下挡套和导翼、叶轮，并按顺序摆放好，做好标记。

（12）拆卸进液段及泵轴。用拉力器取下联轴器，取下平键，卸下前轴承外端盖，然后拆卸前轴承支架连接螺栓，卸下前轴承支架，卸下轴承锁母，用拉力器拆前轴承，取下前轴承内盖，拆下填料压盖连接螺栓，取下压盖，然后取出填料，抽出泵轴。

（13）拆下的各部件用清洗油清洗干净，按拆卸顺序摆放，以便进行检查测量。

2. 清洗泵件

（1）用细砂纸清除叶轮上的铁锈，清除叶轮流道内的杂物。

（2）清除导叶流道中的杂物及污垢，用砂纸去除铁锈，再用清洗剂清洗导翼并按原顺序摆放好。

（3）用砂纸清除尾段、中段、前段及轴承支架上的杂物和铁锈，用清洗剂清洗导翼，按原顺序摆放好。

（4）用细砂纸、清洗剂清洗干净泵轴上的锈蚀和杂物，再按顺序摆放好。

3. 检查泵件

（1）检查联轴器弹性胶圈，要求弹性良好，不硬化，内孔不变形，胶圈没有裂痕。

（2）检查联轴器，要求外圆平整无变形，边缘不缺损，端面平整，胶圈孔无裂痕。

（3）检查联轴器销钉，要求销钉螺纹无损坏，与螺母配合良好，弹簧垫正常。

（4）检查轴承，要求不跑内、外圆，沙架不松旷，轴承径向间隙合格。

（5）检查压盖，要求压入均匀，无裂痕，螺栓孔对称。

（6）检查轴套，要求磨损不严重，表面无深沟、划痕，与键、轴配合良好。

（7）检查平衡盘，要求均匀磨损不超标，与键、轴配合良好。

（8）检查平衡板，要求磨损较轻，固定螺钉完好。

（9）检查平衡管，要求畅通，不堵塞。

（10）检查叶轮，要求静平衡，出入口无磨损，流道通畅，键销口处无裂纹。

（11）检查泵轴，要求弯曲度合格，无磨损和裂纹。

4. 装配

（1）首先对多级泵转子部分（包括叶轮、叶轮挡套或者叶轮轮毂及平衡盘等），应预先进行组装，也称为转子部件的组装或试装，以检查转子的跳动量。

（2）装配离心泵时，按泵的装配顺序要求进行装配，按先拆后装或后拆先装的步骤进行操作。

（3）先将泵轴装入进液段内，再装入首级叶轮，安装前部填料轴套和填料压盖，装前轴承内盖，安装前轴承及锁母，安装支架，在轴承中加入润滑脂，安装轴承外端盖，确定好叶轮中心，并在中段接合面放入青稞纸，最后装上第一级叶轮。

（4）装上第一级叶轮挡套，并使叶轮紧靠前轴套。

（5）依照上述操作方法把第二级叶轮、中段装上，直到装上出液段。装上泵体穿杠螺栓，将穿杠螺母对称拧紧。穿杠基本拧紧后用水平尺找泵前后段的平行度，防止安装出现偏斜。

（6）安装平衡板，测量转子的总窜量和工作窜量，调整泵的平衡盘窜量等于总窜量的 1/2 加 0.1~0.25mm 的量，垂直度偏差小于 0.03mm。

（7）安装泵的填料函，加入密封填料，装上填料压盖，安装平衡管。

（8）依次安装轴承挡套、内端盖、轴承、轴承锁母，装上轴承支架，轴承中加入润滑脂，安装轴承后压盖。

（9）盘泵转动应灵活、无卡阻。

（10）安装联轴器，将泵复位后，调整泵与电动机的同心度，拧紧机座地脚螺栓。

5. 试运

（1）做好启泵前的检查工作。

（2）按启泵操作规程启运检修泵。

（3）按泵的运行检查要求，检查泵运行情况。

6. 收尾工作

回收工具、用具，填写记录。

五、技术要求

（1）拆卸时应严格保护零件的制造精度不受损伤，拆卸穿杠的同时应将各中段用枕木垫起，以免各中段止口松动下沉将轴压弯。

（2）固定部分各零件组合后的同心度靠零件制造精度和装配质量来保证，应保护零件的加工精度和表面粗糙度，不允许磕碰、划伤。

（3）紧固用的螺钉、螺栓应受力均匀。

（4）叶轮出口流道与导叶进口流道的对中性是依靠各零件的轴向尺寸来保证的。流道对中性的好坏直接影响泵的性能，因此泵的尺寸不能随意调整。

（5）泵装配完毕后，未装填料前，用手盘泵，检查转子在壳体内旋转是否灵活、有无摩擦声响，轴向窜动量是否达到规定要求。

项目二十　功率法测试离心泵效率

泵的有效功率与轴功率之比称为泵的效率。用功率法，也称为流量法，来测试离心泵的效率，对离心泵工作状态进行分析，判断离心泵以及装置的运行情况，是集输岗位的重要技能之一。

一、风险提示及防范措施

本项目风险提示及防范措施见表 2-1-20。

表 2-1-20　风险提示及防范措施

风险提示		防范措施
人身伤害	触电	侧身操作，严格执行操作规程
	机械伤害	设备防护设施完好、齐全，严格按设备操作规程操作，正确使用工具、用具
设备损坏		正确使用测量仪表，以免仪表损坏

二、操作流程

（1）准备工作。

（2）选择仪表。

（3）调整泵运行状态。

（4）检测参数。

（5）计算数据。

（6）回收工具。

三、准备工作

（1）工具、用具、材料准备：标准压力表 1 块，标准真空压力表 1 块，钳形电流表 1 块，万用表 1 块，秒表 1 只，250mm 活动扳手 1 把，14~17mm 开口扳手 1 把，密封胶带 1 卷，擦布 1 块，记录纸若干，记录笔 1 支，计算器 1 个。

（2）劳动防护用品准备齐全，穿戴整齐。

四、操作步骤

1. 选择测量仪器

（1）根据测量要求选择合适量程的万用表、钳形电流表、标准压力表和标准真空表。检查其是否在检定周期内，运行是否灵敏可靠。

（2）将泵的进出口压力表更换成相应量程的标准压力表，以准确地读取压力数据。

2. 调整泵运行状态

用泵的出口阀门调整好泵的运行状态，使泵的工况达到泵的铭牌规定的额定扬程状态，录取数据资料。

3. 检测泵的性能参数

在机泵运行平稳，电流、电压、压力、流量等参数稳定的情况下，同时录取泵的进出口压力、流量、电流、电压等参数。

4. 计算泵效率

根据测量数据和查表数据，用公式计算泵的效率。

$$N_{有} = \frac{\rho QH}{102} \tag{2-1-7}$$

$$N_{轴} = \frac{\sqrt{3} IU\cos\varphi\eta_{机}}{1000} \tag{2-1-8}$$

$$\eta_{效} = \frac{N_{有}}{N_{轴}} \times 100\% \tag{2-1-9}$$

式中　$\eta_{效}$——泵效率，%；

　　　$N_{有}$——泵的有效功率，kW；

　　　$N_{轴}$——泵的轴功率，kW；

　　　ρ——泵输送液体的密度，kg/m³；

　　　Q——泵的流量（用流量计测量），m³/d 或 m³/s；

　　　H——泵的扬程，m；

　　　g——重力加速度，g 取 9.8m/s²；

　　　I——电流（用标准电流表测量），A；

　　　U——电压（用标准电压表测量），V；

　　　$\cos\varphi$——功率因数，取 0.85（也可用功率因数表测量）；

　　　$\eta_{机}$——电动机效率，一般查出厂说明书，通常取 0.94。

五、技术要求

（1）测试压力时，要求标准压力表和真空压力表的精度不低于 0.5 级。

（2）钳形电流表测量电流前，应先将指针调零，估测被测电流数值，选择合适的挡位，本着由高挡位向低挡位逐次调挡位的方法。

（3）用万用表测量电压时，测量过程中不可以转动开关，以免转换开关产生电弧，而损坏开关和表头；手指不要触及表笔的金属部分和被测导线。

（4）使用万用表和钳形电流表时，应戴绝缘手套并站在绝缘垫上，读数时要注意安全，切勿触及其他带电部分。

（5）开关泵进出口阀门时，要侧身，避免丝杠飞出伤人。

项目二十一　测定绘制离心泵特性曲线

离心泵的特性曲线是用来表示离心泵的主要参数之间关系的曲线，是根据实验获得的数据绘制而成的。了解和运用这些曲线，就能正确地选用离心泵，确定电动机的功率，使泵在最有利的工况下工作，并能解决操作中所遇到的许多实际问题。

一、风险提示及防范措施

本项目风险提示及防范措施见表 2-1-21。

表 2-1-21 风险提示及防范措施

风险提示		防范措施
人身伤害	触电	侧身操作,严格执行操作规程
	机械伤害	设备防护设施完好、齐全,严格按设备操作规程操作,正确使用工具、用具
设备损坏		正确使用测量仪表,以免仪表损坏

二、操作流程

(1) 准备工作。
(2) 校对仪表。
(3) 测定参数。
(4) 计算参数。
(5) 绘制曲线。
(6) 分析曲线。
(7) 回收工具。

三、准备工作

(1) 工具、用具、材料准备:标准压力表 1 块,标准真空压力表 1 块,钳形电流表 1 块,万用表 1 块,秒表 1 只,250mm 活动扳手 1 把,14~17mm 开口扳手 1 把,密封胶带 1 卷,擦布 1 块,记录纸若干,记录笔 1 支,计算器 1 个,16 开曲线纸 1 张,三角板 1 套,HB、2B 铅笔各 1 只,橡皮 1 块,曲线板 1 个。
(2) 劳动防护用品准备齐全,穿戴整齐。

四、操作步骤

1. 校对仪表

(1) 选用经过标定的外输油流量计(一般为 0.2 级)。
(2) 选用标准的精密压力表,安装在泵的出口管线上,真空表安装在泵进口管线上。
(3) 选用电压表、电流表(或万用表)及功率因数表。

2. 测定参数

(1) 按离心泵正常操作步骤启动待测离心泵。
(2) 根据测定参数的方法录取离心泵电压、电流,同时录取最高压力值。
(3) 待压力稳定后,缓慢打开泵出口阀门,再继续录取压力、电压、电流、瞬时流量。

（4）依此类推，每稳定一个压力，录取相应的压力、电压、电流、瞬时流量。

（5）录取参数的方法：用电压表、钳形电流表录取电压、电流；根据标准压力表指针读取扬程，为泵出口压力与进口压力值之差；用时间表计数，观察流量计读数，得出泵的瞬时流量；用功率因数表在工作时测量功率因数（没有功率因数表，可查电机功率因数值）；查看电动机铭牌获得电动机工作效率（也可查电动机出厂说明书）。

3. 计算性能参数

（1）计算有效功率，公式如下：

$$N_{有} = \Delta p Q / 1000 \qquad (2-1-10)$$

式中 $N_{有}$——泵的有效功率，kW；

Δp——泵进出口压差，MPa；

Q——泵的流量，m³/s。

（2）计算轴功率，公式如下：

$$N_{轴} = \frac{\sqrt{3} I U \cos\varphi \eta_{机}}{1000} \qquad (2-1-11)$$

式中 $N_{轴}$——泵的轴功率，kW；

I——电流，A；

U——电压，V；

$\cos\varphi$——功率因数，一般取 0.9~0.95；

$\eta_{机}$——电动机工作效率。

（3）计算效率，公式如下：

$$\eta = N_{有}/N_{轴} \times 100\% \qquad (2-1-12)$$

（4）经查可知：$\cos\varphi = 0.95$，$\eta_{机} = 0.95$，将测量参数和计算参数记录入表格，见表2-1-22。

表2-1-22 离心泵特性曲线参数表

流量 (m³/h)	进口压力 (MPa)	出口压力 (MPa)	电流 (A)	电压 (V)	扬程 (m)	有效功率 (kW)	轴功率 (kW)	效率 (%)
0	0.05	1.60	5	380	155	0	3	0
30	0.05	1.45	40	380	140	11.67	23.76	49.1
60	0.05	1.25	65	380	120	20	38.61	51.8
90	0.05	1.05	90	380	100	25	53.46	46.8
120	0.05	0.80	115	380	75	25	68.31	36.6

4. 根据表格数据，绘制特性曲线

（1）根据数据资料按比例绘制横坐标 Q，纵坐标 H、N、η，并在坐标上填好数值，写好单位。

(2) 根据数据资料在坐标内取点，再用光滑曲线将各点连接，依次绘制 $Q-H$、$Q-N$、$Q-\eta$ 特性曲线（图 2-1-6）。

(3) 在曲线图上标注特性曲线名称和工况点 A。

(4) 找出并标注对应的额定功率、额定扬程点。

(5) 完善图头，审图、清洁图面。

5. 曲线分析

(1) 从 $Q-H$ 曲线看出，离心泵扬程随流量的增大而减小，流量等于零时，压力最大。

(2) 从 $Q-N$ 曲线看出，离心泵功率随流量的增大而增大，流量等于零，功率最小而不为零。

(3) 从 $Q-\eta$ 曲线看出，效率随流量的增大而增大，达到最高点后，效率随着流量增大开始减小，这个最高点为泵的额定工作点，也是最优工作点（A 点）。相应这点的流量、扬程、功率分别为额定流量、额定扬程、额定功率。

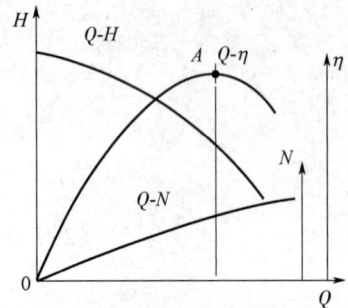

图 2-1-6　离心泵特性曲线示意图

6. 收尾工作

回收工具、用具，清理现场。

五、技术要求

(1) 每测一点，待 10~15min 后排量稳定，参数运行平稳后，再录取相关参数。

(2) 每次测量最少要取 5 个测量点，然后绘成曲线。

项目二十二　离心泵装配前的质量检验

离心泵各配件在装配前的质量检查，是离心泵装配前的一项很重要的工作，离心泵各配件经检查无误，确认符合各项技术要求后，才能进行装配以保证设备质量。

一、风险提示及防范措施

本项目风险提示及防范措施见表 2-1-23。

表 2-1-23　风险提示及防范措施

风险提示	防范措施
机械伤害	遵守操作规程，正确使用工具、用具
设备损坏	平稳操作，按操作规程操作，正确使用工具、用具

二、操作流程

（1）准备工作。
（2）检测泵壳。
（3）检测泵轴。
（4）检测叶轮。
（5）检测转子跳动量。
（6）检测密封装置。
（7）检测平衡装置。
（8）检测轴承。
（9）检测联轴器。
（10）填写记录。

三、准备工作

（1）工具、用具、材料准备：2000mm×1000mm 平台 1 个，离心泵配件 1 套，8~32mm 梅花扳手 1 套，ϕ40mm×300mm 铜棒 1 根，150mm 游标卡尺 1 把，8~24mm 开口扳手 1 套，10mm 百分表 1 块，磁力表座 1 套，200mm 拉力器 1 套，4mm 塞尺 1 把，0.88kg 手锤 1 把，配合轴 1 根，配合键 1 个，叶轮静平衡架 1 个，V 形铁 2 块，0.2mm 铜皮若干，擦布若干。
（2）穿戴好劳保用品。

四、操作步骤

1. 检测泵壳

（1）检查泵体铸造有无砂眼、气孔、结瘤。
（2）检查流道光滑度。
（3）检查接合面的加工精度和粗糙度。
（4）检查导翼铸造光滑度。

2. 检测泵轴

（1）检查轴表面是否有裂纹、磨损、擦伤和锈蚀等缺陷。
（2）检查轴各部位弯曲度，前部和后部不大于 0.02mm，中部不大于 0.05mm。
（3）检查轴径圆度应不大于 0.02mm。
（4）检查键槽中心线与轴中心线的不同轴度，应不大于 0.03/100。

3. 检测叶轮

（1）检查叶轮铸造是否有砂眼、气孔、裂纹、残存铸造砂。
（2）检查流道光滑程度，外形是否对称。
（3）检查叶轮静平衡是否合格。

(4) 检查叶轮轮毂对轴线垂直度小于0.01mm。

4. 检测转子跳动量

(1) 检查叶轮密封环部位的径向跳动量，应不大于0.05mm。
(2) 检查平衡盘外圆的径向跳动量，应不大于0.03mm。
(3) 检查平衡盘端面跳动量，应不大于0.03mm。
(4) 检查挡套的径向跳动量，应不大于0.05mm。
(5) 检查轴套径向跳动量，应不大于0.05mm。
(6) 检查联轴器颈部的径向跳动量，应不大于0.02mm。
(7) 检查轴套、叶轮与轴不同心度，应不大于0.06mm。
(8) 检查轴套、叶轮对轴垂直度，应小于0.5mm。

5. 检测密封装置

填料密封装置的检测：

(1) 检查填料压盖与轴套外径间隙，应为0.75~1.0mm。
(2) 检查填料压盖外径与填料函内径间隙，应为0.10~0.15mm。
(3) 检查填料环内径与轴套外径间隙，应为1.0~1.5mm。
(4) 检查填料环外径与填料函内径间隙，应为0.15~0.2mm。
(5) 检查填料压盖端面与轴中心线垂直度，应为填料压盖外径的1%。

机械密封装置的检测：

(1) 检查机械密封静环、动环的密封端面，确认完好无损坏。
(2) 检查机械密封的压紧弹簧弹力是否足够。
(3) 检查静环防转销是否牢固。
(4) 检查密封圈是否完好。
(5) 检查弹簧座及紧固螺钉是否完好。

6. 检测平衡装置

(1) 检查平衡盘与键、轴配合是否良好。
(2) 检查平衡盘与轴同心度。
(3) 检查平衡盘与套头间隙，应为0.08~0.1mm或0.1~0.12mm。
(4) 检查平衡管有无堵塞。

7. 检测轴承

滑动轴承的检测：

(1) 检查滑动轴承轴瓦表面有无裂纹、脱层，巴氏合金内有无夹砂和金属屑。
(2) 测量滑动轴承轴瓦间隙顶间隙，应为轴径的1/500，侧间隙为顶间隙的1/2。
(3) 检查滑动轴承油环是否转动灵活、有无毛刺。

滚动轴承的检测：

（1）检查滚动轴承内、外圆是否光滑，有无锈蚀。

（2）检查滚动轴承滚动体有无麻点。

（3）检查滚动轴承保持架是否完好，有无变形。

（4）检查滚动轴承间隙应为 0.16~0.24mm。

8. 检测联轴器

（1）检查联轴器与轴表面粗糙度。

（2）检查联轴器外缘是否完好，有无变形。

（3）检查销钉孔是否完好，有无变形。

9. 收尾工作

记录检测数据，清理回收工具、用具。

五、技术要求

严格按照各项检验标准检验各部位零件。

项目二十三 离心泵泵体振动的原因及处理

离心泵运行时，如果泵体振动量过大，会造成泵机组不能正常运行，轴承等配件的损坏，各连接部件、固定螺栓的松动、损坏，机泵噪声增大，机泵运行电流上升，能耗增加。发现离心泵振动过大后，应立即停泵，启运备用设备，防止发生机械事故。

一、风险提示及防范措施

本项目风险提示及防范措施见表 2-1-24。

表 2-1-24 风险提示及防范措施

风险提示		防范措施
人身伤害	触电	侧身操作，严格执行操作规程
	机械伤害	设备、设施定期保养、检修，人站侧面开关阀门，防止在压力作用下零部件脱出伤人
设备损坏		严格执行操作规程，平稳操作，严禁违章敲击设备
环境污染		按时巡回检查设备工艺管网，确认设备、设施、工艺完好无渗漏，正确切换流程，以免憋压造成泄漏

二、操作流程

（1）准备工作。

（2）原因分析。

（3）处理故障。
（4）回收工具并填写记录。

三、准备工作

（1）工具、用具、材料准备：F形扳手1把，500mm撬杠1根，铜棒1根，200mm活动扳手1把，8~32mm梅花扳手1套，8~32mm开口扳手1套，200mm拉力器1套，300mm平口螺丝刀1把，200mm平锉1把，300mm钢板尺1把，青稞纸1张，120目细砂纸若干，手锤1把，150mm游标卡尺1把，10mm百分表及磁力表座2套，剪刀1把，石棉垫子若干，画规1把，清洗剂若干，毛刷1把，擦布若干。

（2）劳动保护用品准备齐全，穿戴整齐。

四、操作步骤：

1. 原因分析

（1）联轴器胶垫或胶圈损坏。
（2）电动机与泵轴不同心。
（3）泵汽蚀严重或抽空。
（4）基础不牢，地脚螺栓松动。
（5）泵轴弯曲。
（6）轴承间隙大或保持架坏。
（7）泵转动部分静平衡不好。
（8）泵体内各部配合间隙过大。

2. 处理措施

（1）检查更换联轴器胶垫或胶圈，紧固销钉。
（2）对电动机和泵联轴器进行找正。
（3）放净泵内气体，控制提高储罐液位。
（4）加固基础，紧固地脚螺栓。
（5）校正泵轴。
（6）更换符合要求的轴承。
（7）拆泵，重新校正转动部分（叶轮、联轴器）的静平衡。
（8）调整泵内各部件的间隙，使之符合技术要求。
（9）清洁并回收工具、用具，清理现场，做好记录。

五、技术要求

（1）发现离心泵振动过大，及时停运，启运备用设备。
（2）检查和调整机泵，严格执行相关技术指标。

（3）处理过程中和设备维修操作时要严格遵守相关安全规定和操作规程，严禁违章操作。

项目二十四　离心泵压力达不到规定值的原因及处理

离心泵运行时，如果泵压达不到规定值，伴有间歇性抽空，会严重影响油水正常输送。应及时分析泵压低的原因，采取相应处理措施，保证正常生产。

一、风险提示及防范措施

本项目风险提示及防范措施见表2-1-25。

表 2-1-25　风险提示及防范措施

风险提示		防范措施
人身伤害	触电	侧身操作，严格执行操作规程
	机械伤害	设备、设施定期保养、检修，人站侧面开关阀门，防止在压力作用下零部件脱出伤人
设备损坏		严格执行操作规程，平稳操作，严禁违章敲击设备
环境污染		按时巡回检查设备工艺管网，确认设备、设施、工艺完好无渗漏，正确切换流程，以免憋压造成泄漏

二、操作流程

（1）准备工作。
（2）原因分析。
（3）处理故障。
（4）回收工具并填写记录。

三、准备工作

（1）工具、用具、材料准备：F形扳手1把，500mm撬杠1根，铜棒1根，200mm活动扳手1把，8~32mm梅花扳手1套，8~32mm开口扳手1套，200mm拉力器1套，300mm平口平口螺丝刀1把，200mm平锉1把，300mm钢板尺1把，青稞纸1张，120目细砂纸若干，手锤1把，150mm游标卡尺1把，10mm百分表及磁力表座2套，剪刀1把，石棉垫子若干，画规1把，清洗剂若干，毛刷1把，擦布若干。

（2）劳动保护用品准备齐全，穿戴整齐。

四、操作步骤

1. 原因分析

（1）电动机转速不够。

(2) 进液量不足，过滤缸堵塞。
(3) 泵体内各间隙过大，容积损失过大。
(4) 压力表指示不准确。
(5) 平衡机构磨损严重。
(6) 液体温度过高产生汽化。
(7) 叶轮流道堵塞。
(8) 泵内或吸入管路进气。
(9) 泵反转。

2. 处理措施

(1) 检查电动机是否缺相运行。
(2) 提高储罐的液面高度，清理过滤缸。
(3) 检查调节泵各部位配合间隙，更换密封件。
(4) 重新更换并校正压力表。
(5) 调节平衡盘的间隙，更换磨损严重的配件。
(6) 降低来液温度。
(7) 检查清理叶轮流道入口或更换叶轮。
(8) 检查吸入管路、密封填料，排净管路和泵内气体。
(9) 改变泵的转向。
(10) 清洁并回收工具、用具，清理现场，做好记录。

五、技术要求

(1) 在处理故障之前，应先启动应急措施，保证生产稳定。
(2) 因设备原因造成泵压不足，可及时启运备用设备，再进行维修处理。
(3) 处理过程中和设备维修操作时要严格遵守相关安全规定和操作规程，严禁违章操作。

项目二十五　离心泵启泵后不出液的原因及处理

离心泵启运后不出液，造成介质不能输送出去，应立即停泵或启运备用设备，及时分析出液原因，立即进行处理，组织人员进行抢修。如影响到正常生产，及时协调上下游单位，做好生产应急工作。

一、风险提示及防范措施

本项目风险提示及防范措施见表2-1-26。

表 2-1-26　风险提示及防范措施

风险提示		防范措施
人身伤害	触电	严格执行操作规程，佩戴绝缘护具，正确操作电气设备
	机械伤害	切换流程、检修设备，人站侧面开关阀门；正确使用工具、用具，防止伤人
设备损坏		严格执行操作规程，平稳操作，严禁违章敲击设备
环境污染		处理过程中，做好防护措施，避免油水泄漏到现场

二、操作流程

（1）准备工作。

（2）原因分析。

（3）处理故障。

（4）回收工具并填写记录。

三、准备工作

（1）工具、用具、材料准备：F形扳手1把，450mm管钳1把，250mm活动扳手1把，8~32mm梅花扳手1套，8~32mm开口扳手1套，石棉垫片若干，剪刀1把，画规1把。

（2）劳动保护用品准备齐全，穿戴整齐。

四、操作步骤

1. 原因分析

（1）进口或出口侧管路上的阀门未打开或阀门闸板脱落。

（2）进口管路进气或出口管路堵塞。

（3）出口管路的单流阀卡死。

（4）泵叶轮脱落或叶轮流道堵死。

（5）泵的吸入高度过高或吸入管径小。

（6）干线压力高于泵的出口压力。

2. 处理措施

（1）检查流程，开启阀门，更换闸板脱落的阀门。

（2）排净进口管路气体，清除出口管路堵塞管段。

（3）检修更换出口单流阀。

（4）检查叶轮，清除堵塞物。

（5）降低泵安装高度，加大吸入管径。

（6）降低管压或更换高扬程机泵。

（7）清洁并回收工具、用具，清理现场，做好记录。

五、技术要求

（1）根据进出口压力的指示数值，正确判断进出口阀门和管线堵塞。
（2）定期检查清理进口过滤缸滤网，及时更换损坏的滤网。
（3）启泵前检查进出口流程，保证流程畅通；冬季停泵后做好扫线工作。

项目二十六　离心泵运行中温度过高的原因及处理

离心泵运行中温度过高，如果不及时处理，会导致严重的机械事故，正确分析离心泵运行中温度过高的原因，并及时处理，保证设备运行平稳高效。

一、风险提示及防范措施

本项目风险提示及防范措施见表2-1-27。

表2-1-27　风险提示及防范措施

风险提示		防范措施
人身伤害	触电	严格执行操作规程，停泵后断电挂牌
	机械伤害	设备检修，人站侧面开关阀门，防止在压力作用下零部件脱出伤人
设备损坏		严格执行操作规程，平稳操作，严禁违章敲击设备
环境污染		按时巡回检查设备工艺管网，确认设备、设施、工艺完好无渗漏，正确切换流程，以免憋压造成泄漏

二、操作流程

（1）准备工作。
（2）原因分析。
（3）处理故障。
（4）回收工具并填写记录。

三、准备工作

（1）工具、用具、材料准备：F形扳手1把，450mm管钳1把，250mm活动扳手1把，8~32mm梅花扳手1套，8~32mm开口扳手1套，10mm百分表及磁力表座2套，石棉垫片若干，剪刀1把，画规1把，润滑脂若干。
（2）劳动保护用品准备齐全，穿戴整齐。

四、操作步骤

1. 原因分析

（1）进口阀门未打开，泵内无液体。

（2）泵出口排量控制过小。
（3）几台泵并联运行，来液量不足或储罐液位过低。
（4）干线压力高于泵的出口压力，泵不排液。
（5）泵轴与原动机轴线不一致，轴弯曲。
（6）轴承或密封环损坏，造成转子偏心。
（7）转子不平衡引起振动，造成内部摩擦。
（8）平衡机构磨损，造成叶轮前盖板和泵段摩擦。
（9）输送介质温度过高。

2.处理措施

（1）盘泵确认泵转动灵活，打开进口阀门灌泵。
（2）加大排量或安装旁通管线。
（3）调整开泵台数或增大来水管线直径。
（4）调整管路系统压力。
（5）校正泵机组同轴度或更换泵轴。
（6）更换轴承。
（7）检修转子，消除摩擦。
（8）检修平衡机构。
（9）降低来液温度。
（10）清洁并回收工具、用具，清理现场，做好记录。

五、技术要求

（1）在处理故障之前，应先启动应急措施，保证生产稳定。
（2）因设备原因造成泵运行中温度过高，可及时启运备用设备，再进行维修处理。
（3）处理过程中和设备维修操作时要严格遵守相关安全规定和操作规程，严禁违章操作。

项目二十七　离心泵汽蚀故障的原因及处理

离心泵产生汽蚀后，泵的性能急剧下降，不能保证正常生产，如果处理不及时还会对离心泵产生损伤，降低配件使用寿命。正确分析离心泵汽蚀原因，并及时处理，避免设备损伤，保证正常生产。

一、风险提示及防范措施

本项目风险提示及防范措施见表2-1-28。

表 2-1-28 风险提示及防范措施

风险提示		防范措施
人身伤害	触电	严格执行操作规程，停泵后断电挂牌
	机械伤害	设备检修，人站侧面开关阀门，防止在压力作用下零部件脱出伤人
设备损坏		严格执行操作规程，平稳操作，严禁违章敲击设备
环境污染		按时巡回检查设备工艺管网，确认设备、设施、工艺完好无渗漏，正确切换流程，以免憋压造成泄漏

二、操作流程

（1）准备工作。
（2）原因分析。
（3）处理故障。
（4）回收工具并填写记录。

三、准备工作

（1）工具、用具、材料准备：F形扳手1把，450mm管钳1把，250mm活动扳手1把，8~32mm梅花扳手1套，8~32mm开口扳手1套，石棉垫片若干，剪刀1把，画规1把，润滑脂若干。
（2）劳动保护用品准备齐全，穿戴整齐。

四、操作步骤

1. 原因分析

（1）罐内液位过低。
（2）吸入高度过高。
（3）泵进口密封填料漏失，阀门法兰连接处不严，泵在工作中吸入气体。
（4）油品加热温度过高，液体饱和蒸气压增大，发生汽化。
（5）泵叶轮、入口过滤器有堵塞物。
（6）输送液体黏度增大，吸入阻力大产生汽蚀。
（7）用泵出口控制排量时，排量控制过小，使泵内液体温度过高，而发生汽化。

2. 处理措施

汽蚀严重时紧急停泵，并停运加热炉；发现泵汽蚀不严重时，应及时放掉泵内气体。
（1）提高补充大罐液位，提高吸入压力。
（2）降低泵吸入高度，减小吸入阻力。
（3）调节阀门填料和泵进口填料漏失量。

(4) 降低油品加热温度,防止发生汽化。

(5) 应检查流程,清理过滤网、叶轮进口,检查阀门阀板,增大阀门的开启度,减小吸入管阻力。

(6) 应增加油温,降低油品黏度。

(7) 调节泵出口阀门,合理控制排量。

(8) 清洁并回收工具、用具,清理现场,做好记录。

五、技术要求

(1) 汽蚀严重时应紧急停泵,并停运加热炉,防止加热炉因高温出现事故。

(2) 发现泵产生汽蚀不严重时,应及时放掉泵内气体。

项目二十八 离心泵抽空的原因及处理

离心泵运行过程中出现抽空后,泵的各项性能参数会急剧下降,给生产和设备带来严重影响,应及时处理保证设备和生产的安全运行。

一、风险提示及防范措施

本项目风险提示及防范措施见表 2-1-29。

表 2-1-29 风险提示及防范措施

风险提示		防范措施
人身伤害	触电	严格执行操作规程,停泵后断电挂牌
	机械伤害	设备检修,人站侧面开关阀门,防止在压力作用下零部件脱出伤人
设备损坏		严格执行操作规程,平稳操作,严禁违章敲击设备
环境污染		按时巡回检查设备工艺管网,确认设备、设施、工艺完好无渗漏,正确切换流程,以免憋压造成泄漏

二、操作流程

(1) 准备工作。

(2) 原因分析。

(3) 处理故障。

(4) 回收工具并填写记录。

三、准备工作

(1) 工具、用具、材料准备:F 形扳手 1 把,450mm 管钳 1 把,250mm 活动扳手 1 把,8~32mm 梅花扳手 1 套,8~32mm 开口扳手 1 套,石棉垫片若干,剪刀 1 把,画规 1 把,润滑脂若干。

(2) 劳动保护用品准备齐全,穿戴整齐。

四、操作步骤

1. 原因分析

（1）泵进口管线堵塞，流程未倒通，泵入口阀门没开。

（2）泵叶轮堵塞。

（3）泵进口密封填料漏气严重。

（4）油温过低，吸阻过大。

（5）泵入口过滤缸堵塞。

（6）泵内有气未放净。

2. 处理措施

（1）清理或用高压泵车顶通泵进口管线。

（2）启泵前全面检查流程。

（3）清除泵叶轮入口处堵塞物。

（4）调整密封填料压盖，使密封填料漏失量在规定范围内。

（5）提高来油温度。

（6）检查清理泵入口过滤缸。

（7）在泵出口处放净泵内气体，在过滤缸处放净泵入口处的气体。

（8）清洁并回收工具、用具，清理现场，做好记录。

五、技术要求

（1）定期清理过滤缸滤网，更换损坏的滤网，避免堵塞叶轮。

（2）检查流程畅通，进口流程所有阀门要处于全开状态。

项目二十九　离心泵密封填料发热的原因及处理

离心泵运行过程中，密封填料过热，会造成填料函高温，填料损坏，介质泄漏；严重会造成轴套损伤，填料冒烟。因此，需要正确分析填料发热原因，及时采取相应处理措施，避免出现机械和安全事故，保证安全生产。

一、风险提示及防范措施

本项目风险提示及防范措施见表2-1-30。

表2-1-30　风险提示及防范措施

风险提示		防范措施
人身伤害	触电	严格执行操作规程，停泵后断电挂牌
	机械伤害	设备检修，人站侧面开关阀门，防止在压力作用下零部件脱出伤人

续表

风险提示	防范措施
设备损坏	严格执行操作规程，平稳操作，严禁违章敲击设备
环境污染	按时巡回检查设备工艺管网，确认设备、设施、工艺完好无渗漏，正确切换流程，以免憋压造成泄漏

二、操作流程

（1）准备工作。

（2）原因分析。

（3）处理故障。

（4）回收工具并填写记录。

三、准备工作

（1）工具、用具、材料准备：F形扳手1把，450mm管钳1把，250mm活动扳手1把，8~32mm梅花扳手1套，8~32mm开口扳手1套，润滑脂若干，密封填料钩1把，剪刀或裁纸刀1把，填料若干。

（2）劳动保护用品准备齐全，穿戴整齐。

四、操作步骤

1. 原因分析

（1）密封填料碳化失效，密封填料质量有问题。

（2）密封填料加得过多，压得过紧或填装方法不当。

（3）水封环安装位置不当，冷却水不通。

（4）轴套表面不光滑，密封填料老化。

（5）密封填料压盖偏磨轴套。

（6）多级泵平衡管堵塞，造成平衡室内液体压力温度升高。

2. 处理措施

（1）选用合格密封填料，填料安装前涂抹润滑脂。

（2）取出多余密封填料，左右对称上紧密封填料压盖，调整好松紧度。

（3）重新安装，调整水封环位置，保证冷却水畅通。

（4）检查更换轴套，更换填料。

（5）调整压盖，保证压入量左右对称。

（6）检查平衡管，保证平衡管畅通。

（7）清洁并回收工具、用具，清理现场，做好记录。

五、技术要求

（1）重装密封填料时，每圈填料的接口应错开90°~120°。

(2) 调整填料压盖时,注意保持压盖平面与轴线垂直,压盖压入的深度不能少于 5mm。

(3) 新运行泵或新更换填料后运行的泵,应在启运后及时检查调整填料压盖松紧度,15min 后,确认正常后方可离开。

项目三十　离心泵密封填料漏失严重的原因及处理

离心泵运行时,如果密封填料漏失严重,会造成介质的泄漏,污染环境,降低离心泵的容积效率,影响泵效,应及时分析原因,采取相应处理措施。

一、风险提示及防范措施

本项目风险提示及防范措施见表 2-1-31。

表 2-1-31　风险提示及防范措施

风险提示		防范措施
人身伤害	触电	严格执行操作规程,停泵后断电挂牌
	机械伤害	设备检修,人站侧面开关阀门,防止在压力作用下零部件脱出伤人
设备损坏		严格执行操作规程,平稳操作,严禁违章敲击设备
环境污染		按时巡回检查设备工艺管网,确认设备、设施、工艺完好无渗漏,正确切换流程,以免憋压造成泄漏

二、操作流程

(1) 准备工作。
(2) 原因分析。
(3) 处理故障。
(4) 回收工具并填写记录。

三、准备工作

(1) 工具、用具、材料准备:F 形扳手 1 把,450mm 管钳 1 把,250mm 活动扳手 1 把,8~32mm 梅花扳手 1 套,8~32mm 开口扳手 1 套,润滑脂若干,密封填料钩 1 把,剪刀或裁纸刀 1 把,填料若干。

(2) 劳动保护用品准备齐全,穿戴整齐。

四、操作步骤

1. 原因分析

(1) 密封填料压盖松动。
(2) 密封填料不合格或磨损严重。
(3) 密封填料切口在同一方向。

（4）轴套胶圈与轴密封不严或轴套磨损严重。

2. 处理措施

（1）适当对称调紧密封填料压盖。

（2）更换合格的密封填料。

（3）密封填料切口要错开 90°~180°。

（4）更换轴套的 O 形密封胶圈或更换轴套。

（5）清洁并回收工具、用具，清理现场，做好记录。

五、技术要求

（1）调整填料压盖时，注意保持压盖平面与轴线垂直，压盖压入的深度不能少于 5mm。

（2）离心泵重新更换密封填料，在运行一段时间后，应及时调整填料压盖松紧度。

项目三十一　离心泵叶轮和泵壳寿命过短的原因及处理

离心泵叶轮和泵壳寿命过短，机泵维修频繁，配件的损耗量增加，同时也给生产带来隐患，严重影响正常生产。因此，正确分析叶轮与泵壳寿命过短的原因并及时处理，才能保证正常生产，降低消耗。

一、风险提示及防范措施

本项目风险提示及防范措施见表 2-1-32。

表 2-1-32　风险提示及防范措施

风险提示		防范措施
人身伤害	触电	严格执行操作规程，启停设备正确佩戴防护用具，侧身操作，检修设备先挂牌后操作
	机械伤害	设备、设施定期保养、检修，人站侧面开关阀门，防止在压力作用下零部件脱出伤人
设备损坏		严格执行操作规程，平稳操作，严禁违章敲击设备

二、操作流程

（1）准备工作。

（2）原因分析。

（3）处理故障。

（4）回收工具并填写记录。

三、准备工作

(1) 工具、用具、材料准备：500mm 撬杠 1 把，ϕ35mm×300mm 铜棒 1 根，200mm 活动扳手 1 把，8~32mm 开口扳手 1 套，8~32mm 梅花扳手 1 套，200mm 拉力器 1 个，300mm 平口螺丝刀 1 把，0.88kg 手锤 1 把，150mm 游标卡尺 1 把，10mm 百分表及磁力表座 2 套，200mm 平锉 1 把，剪子 1 把，200mm 直尺 1 把，画规 1 个，刮刀 1 个，清洗剂若干，50mm 毛刷 1 把，石笔 1 根，150 目砂纸 3 张，青稞纸 1 张，密封填料若干，润滑脂若干，油盆 1 个，放空桶 1 个。

(2) 劳动保护用品准备齐全，穿戴整齐。

四、操作步骤

1. 原因分析

(1) 输送的液体与过流零件材料发生化学反应造成腐蚀。
(2) 过流零件所采用的材料不同，产生电化学势差，引起电化学腐蚀。
(3) 输送液体中含有固体杂质引起腐蚀。
(4) 因泵偏离设计工况点运转而引起腐蚀。
(5) 热冲击、振动引起过流零件的疲劳。
(6) 汽蚀引起过流零件冲蚀。
(7) 泵的运转温度过高。
(8) 管路载荷对泵壳造成的应力过大。

2. 处理措施

(1) 分析化学反应的特点，采取相应防腐措施。
(2) 对过流零件采用镀膜防腐处理新技术进行处理。
(3) 合理调控介质处理工艺参数，减少介质中固体杂质的含量。
(4) 合理调控离心泵的工况点。
(5) 控制输送介质温度在规定范围内，减少泵机组的振动。
(6) 加强工艺设备的维护管理，防止汽蚀现象的发生。
(7) 加强机泵日常管理与维修，降低输送介质温度。
(8) 加强机泵安装与维修的质量监督和验收，消除管路载荷对泵壳的应力影响。
(9) 清洁并回收工具、用具，清理现场，做好记录。

五、技术要求

根据现场实际情况合理选择和优化机泵，加强设备安装监督管理，提高日常管理与维护水平，提高设备和配件的使用寿命。

第二节 电动机

项目一 电动机拆装操作

电动机是一种将电能转换为机械能的动力设备，能带动机械工作，也是集输系统使用最为广泛的动力设备。它是利用通电线圈（也就是定子绕组）产生旋转磁场并作用于转子（如鼠笼式闭合铝框）形成磁电动力旋转扭矩。电动机结构如图 2-2-1 所示：

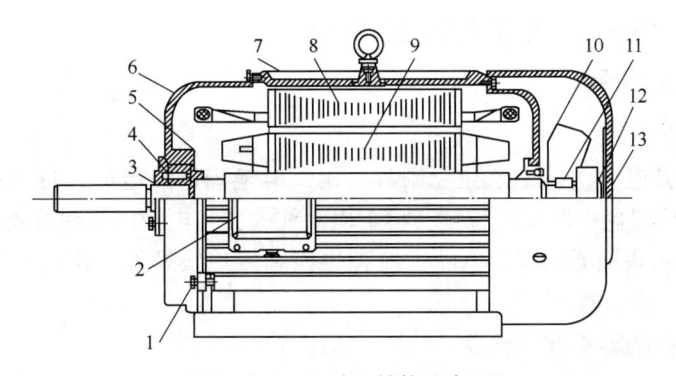

图 2-2-1　电动机结构示意图

1—紧固件；2—接线盒；3—轴承外盖；4—轴承；5—轴承内盖；6—端盖；7—机座；8—定子；9—转子；10—风扇；11—键；12—轴承挡圈；13—外风扇罩

一、风险提示及防范措施

本项目风险提示及防范措施见表 2-2-1。

表 2-2-1　风险提示及防范措施

	风险提示	防范措施
人身伤害	触电	定期检查接地线路完好，操作员工戴绝缘手套侧身分、合闸刀
	机械伤害	正确使用工具、用具，防止砸伤
设备损坏		严格执行操作规程，平稳操作，严禁违章敲击设备，平稳拆卸转子防止定子绕组损坏

二、操作流程

（1）准备工作。

(2) 拆卸电动机。
(3) 装配电动机。
(4) 回收工具并填写记录。

三、准备工作

(1) 工具、用具、材料准备：8~32mm 梅花扳手 1 套，300mm 活动扳手 1 把，200mm 三爪拉力器 1 套，100mm 两爪拉力器 1 套，ϕ35mm×300mm 紫铜棒 1 根，500mm 撬杠 2 根，150mm、300mm 平口螺丝刀各 1 把，试电笔 1 支，灰刀 1 把，卡簧钳 1 把，与轴匹配的卡簧若干，与电动机匹配的短轴套 1 根，单头螺栓（与轴承端盖螺栓匹配）1 根，清洗剂若干，50mm 毛刷 1 把，擦布 1 块，石笔 1 根，润滑脂若干，油盆 1 个，青稞纸 1 张。

(2) 劳动防护用品准备齐全，穿戴整齐。

四、操作步骤

1. 拆卸电动机

(1) 断开电源，挂上禁止合闸牌。用试电笔确认无电后，打开接线盒，标记电源线在接线盒中的接线位置，拆下电源线，并将电源线头包好绝缘。

(2) 拆卸联轴器护罩、电动机地脚螺栓和接地线螺栓，用撬杠把电动机在底座上错开一定位置。

(3) 用拉力器拆卸联轴器。

(4) 拆卸电动机风扇罩，用卡簧钳拆卸卡簧，然后拆卸风扇。

(5) 在轴承外端盖上用石笔标记接合方位，拆卸前后轴承外端盖。

(6) 在前后端盖上用石笔标记接合方位，拆卸前后端盖的紧固螺栓，然后用铜棒敲击将端盖取下，端盖的接合面应朝上放置。

(7) 抽转子前可在转子下垫上青稞纸，抽时要小心缓慢，不可倾斜，沿转子轴中心向风扇端外移动，不能擦伤铁芯和绕组绝缘。转子抽出后，应放在专用的弧形枕木上。

(8) 用拉力器拆卸前、后轴承，取下前、后轴承内盖。拆卸轴承时应使用拉力器，拉力器的拉环（拉爪）应紧扣轴承的内圈拉出。

(9) 清洗检查后的各部件按拆卸电动机的先后顺序，整齐摆放好。

2. 装配电动机

装配电动机时，一定要按先拆后装、后拆先装的步骤进行。

(1) 安装清洗后的前后轴承。轴承一般采用冷装法，即把轴承套在转轴上，然后用一根短轴套顶住轴承内圈，将轴承敲打到位。最后用灰刀在轴承滚珠间隙及轴承盖里装填洁净的润滑脂，润滑脂一般要占整个轴承室容积的 80%。

(2) 安装转子。把转子对准定子孔中心，沿定子圆周的中心线缓缓穿入定子。为避免转子表面与定子内孔碰伤，穿入转子时，可在定子下半部用青稞纸垫好。

（3）安装端盖和轴承外盖。对准机壳上的螺孔把端盖装上，用铜棒对称敲打端盖的加强筋部位，使端盖止口全面贴合，对称均匀紧固螺栓，装上轴承外盖。

（4）安装风扇及风扇罩。将风扇、键、卡簧等装配到转子上，最后装上风扇罩，用手盘动转子，转子应转动灵活、无卡阻。

（5）安装联轴器。用铜棒把联轴器安装在转轴上。

（6）安装电源线。按照电源线在接线盒中的标记位置，安装电源线和连接片，安装接线盒盖。

（7）试运。

（8）回收工具并填写记录。

五、技术要求

（1）拆卸联轴器应使用拉力器，禁止用锤子敲打或使用撬杠撬拨，避免击碎联轴器或造成电动机轴弯曲和端盖损坏。

（2）在拆卸轴承盖和端盖时，应先做好记号。

（3）拆卸轴承时应使用拉力器，拉力器的拉爪应紧扣轴承的内圈拉出。

（4）装配时要使轴承内轨受力均匀，并慢慢推进，严禁使轴承外轨受力。

（5）为了保持防爆性好，装配的紧固件应按尺寸配制，不得改变。拆卸电动机的防爆接合面时，严禁用防爆面作为撬杠支点，不允许敲打或撞击防爆面。

项目二　三相异步电动机找头接线操作

当各种原因造成电动机绕组 6 个引出线头分不清首尾端时，必须先分清三相绕组的首尾端，才能进行电动机的 Y 形和 △ 形连接，否则电动机无法正确接线使用，更不可盲目接线，以免引起电动机内部故障，因此必须分清 6 个线头的首尾端后才能接线。三相异步电动机查找首尾端的具体方法有两种：直流法和剩磁法。

一、风险提示及防范措施

本项目风险提示及防范措施见表 2-2-2。

表 2-2-2　风险提示及防范措施

风险提示		防范措施
人身伤害	触电	定期检查接地线路完好，操作员工戴绝缘手套侧身分、合闸刀
	划伤	正确使用工具、用具

续表

风险提示	防范措施
设备损坏	严格执行操作规程，平稳操作，防止电动机烧毁
机械伤害	正确使用工具、用具，防止砸伤

二、操作流程

（1）准备工作。

（2）用直流法查找首尾端。

（3）用剩磁法查找首尾端。

（4）回收工具并填写记录。

三、准备工作

（1）工具、用具、材料准备：连接软导线若干，200mm 十字平口螺丝刀 1 把，200mm 活动扳手 1 把，8~32mm 开口扳手 1 套，500V 试电笔 1 支，500 型指针式万用表 1 块，电池组 1 个，绝缘手套 1 副，鳄鱼夹 6 个，绝缘胶布 1 卷。

（2）劳动保护用品准备齐全，穿戴整齐。

四、操作步骤

1. 用直流法查找三线绕组首尾端

（1）拉闸断电，挂上禁止合闸牌。

（2）拆卸电动机接线盒盖前应检查外壳是否带电，拆卸接线盒盖紧固螺栓，取下接线盒盖，拆卸连接片前，应对接线柱再次进行验电，确认其无电后方可操作，拆卸接线柱上固定螺母及连接片。

（3）万用表在使用前，应该对其外观进行检查，检查表盘玻璃、刻度盘、转换开关等是否完好无损，检查连接线是否完好，然后需对其进行机械调零和电阻调零。

（4）机械调零时，万用表应水平放置，检查指针，如未指零，则调整机械零位调节旋钮，将指针调到零位。电阻调零时，将红表笔插入正极，黑表笔插入负极，再将左侧的转换开关旋到"Ω"挡，右侧转换旋钮调整至欧姆挡 1k 位置，将两表笔短接，用电阻调零旋钮调零。

（5）用万用表确定绕组时，先将万用表的红表笔接到 6 个线头的任意一个上，再把黑表笔分别与其余 5 个线头相接，阻值小的为同一绕组，将同一绕组的两根相线夹好，做好标记。按同样方法找出其他两个绕组。

（6）三相绕组确定后，需找出绕组的首尾端，将万用表转换旋钮调整至直流电流挡 100mA 处。

（7）将任一绕组两个线头分别与万用表的表笔相接，假设与红笔连接的是首端，与黑笔连接的是尾端。

（8）将另一绕组的两个线头分别与电池组的正负极瞬间相接，观察万用表指针摆动，指针反转，与正极相接的为首端，指针正转，与负极相接的为首端。按同样方法找出另一绕组的首尾端。

（9）按Y形和△形接法连接在电动机接线柱上，装好接线盒盖。

（10）盘车检查，应转动灵活、无杂音，戴好绝缘手套，侧身站在绝缘胶皮上，取下禁止合闸牌，合闸通电，按启动按钮启动，观察电动机运转是否正常，如果电动机的旋转方向与负荷规定的旋转方向相反时，停运电动机，拉闸断电后，打开电动机接线盒盖，对调三个电源引线中的任意两个即可。

（11）试运合格后，悬挂备用牌。

2. 用剩磁法查找三线绕组首尾端

剩磁法就是利用电动机内部所剩的磁进行首尾端查找的方法。只有使用过的电动机方可利用剩磁法判断首尾端。操作步骤如下：

（1）拉闸断电，挂上禁止合闸牌。

（2）拆卸电动机接线盒盖前应检查外壳是否带电，拆卸接线盒盖紧固螺栓，取下接线盒盖，拆卸连接片前，应对接线柱再次进行验电，确认其无电后方可操作，拆卸接线柱上固定螺母及连接片。

（3）万用表在使用前，应该对其外观进行检查，检查表盘玻璃、刻度盘、转换开关等是否完好无损，检查连接线是否完好，然后需对其进行机械调零和电阻调零。

（4）机械调零时，万用表应水平放置，检查指针，如未指零，则调整机械零位调节旋钮，将指针调到零位。电阻调零时，将红表笔插入正极，黑表笔插入负极，再将左侧的转换开关旋到"Ω"挡，右侧转换旋钮调整至欧姆挡1k位置，将两表笔短接，用电阻调零旋钮调零。

（5）用万用表确定绕组时，先将万用表的红表笔接到6个线头的任意一个上，再把黑表笔分别与其余5个线头相接，阻值小的为同一绕组，将同一绕组的两根相线夹好，做好标记。按同样方法找出其他两个绕组。

（6）将万用表转换旋钮调整至直流电流挡100mA处。

（7）假设三相绕组的首尾端，分别把三相的首端和尾端与两支表笔连接在一起。

（8）匀速转动电动机转子，观察指针若有摆动，对调任一相首尾端，直至指针不动。

（9）按Y形和△形接法连接在电动机接线柱上，装好接线盒盖。

（10）盘车检查，应转动灵活、无杂音，戴好绝缘手套，侧身站在绝缘胶皮上，取下禁止合闸牌，合闸通电，按启动按钮启动，观察电动机运转是否正常，如果电动机的旋转方向与负荷规定的旋转方向相反时，停运电动机，拉闸断电后，打开电动机接线盒盖，对调三个电源引线中的任意两个即可。

（11）试运合格后，悬挂备用牌。

3.收尾工作

回收工具、用具并填写记录。

五、技术要求

（1）使用试电笔时，注意握笔位置，防止触电伤害。

（2）使用剩磁法时，若万用表指针不动，还得证明电动机存在剩磁，具体方法是改变接线，确定线号接反，转动转子后若指针仍不动，则说明没有剩磁，若指针摆动则表明有剩磁。

项目三　电动机轴承加注润滑脂操作

润滑油可以减少接触面的粗糙程度，从而减少摩擦力和摩擦损耗。电动机长期运转后，润滑油老化变质或缺油，起不到润滑作用，需定期更换或添加润滑油，使轴承内滚珠的摩擦力降到最小，延长轴承的寿命。

一、风险提示及防范措施

本项目风险提示及防范措施见表2-2-3。

表2-2-3　风险提示及防范措施

风险提示		防范措施
人身伤害	触电	定期检查接地线路完好，操作员工戴绝缘手套侧身分、合闸刀
	机械伤害	设备防护设施完好、齐全，严格按设备操作规程操作，操作员工开关阀门侧身
设备损坏		严格执行操作规程，平稳操作，拆卸风扇用拉力器，不可硬敲硬打损坏扇叶
环境污染		正确切换流程，以免憋压造成泄漏；清理废旧润滑脂，注意回收

二、操作流程

（1）准备工作。

（2）停泵断电。

（3）验电。

（4）拆外端盖并清理。

（5）加注润滑脂。

（6）上外端盖、风扇、护罩。

(7) 试运。
(8) 回收工具、用具并填写记录。

三、准备工作

(1) 工具、用具、材料准备：8~32mm 梅花扳手 1 套，300mm 活动扳手 1 把，200mm 三爪拉力器 1 套，100mm 两爪拉力器 1 套，$\phi35mm\times300mm$ 紫铜棒 1 根，500mm 撬杠 2 根，150mm、300mm 平口螺丝刀各 1 把，试电笔 1 支，灰刀 1 把，卡簧钳 1 把，与轴匹配的卡簧若干，单头螺栓（与轴承端盖螺栓匹配）1 根，清洗剂若干，50mm 毛刷 1 把，擦布 1 块，石笔 1 根，润滑脂若干，油盆 1 个，青稞纸 1 张。

(2) 劳动防护用品准备齐全，穿戴整齐。

四、操作步骤

(1) 拉闸断电，挂上禁止合闸牌。
(2) 验电，无电后，拆电动机风扇护罩，用卡簧钳拆掉风扇卡簧，用两爪拉力器取下风扇。
(3) 拆卸外端盖，做好记号以便安装，先拆掉 1 根螺栓，安装单头螺栓，保证轴承内盖不发生位移。
(4) 检查清洗轴承和轴承内旧润滑脂，向轴承内、轴承外端盖加注润滑脂，不超过轴承盒容积的 80%，加入前检查润滑脂型号是否合适，应无杂质、脱脂现象。
(5) 清理并安装轴承外端盖。
(6) 安装风扇、护罩，安装完毕盘车检查是否灵活无卡阻，确认无误后合闸送电。
(7) 按操作规程启泵，检查电动机运转声音是否正常。
(8) 清洁并回收工具、用具，清理现场，做好记录。

五、技术要求

(1) 卸电动机风扇时注意不可硬打硬敲，以防损坏风扇影响平衡。
(2) 卸轴承端盖时，应用力均匀。
(3) 卸下端盖一条紧固螺栓时，用单头螺栓从螺孔内穿入将轴承内盖固定，以防内盖位移后不易装端盖。
(4) 要按轴承要求选用符合规格的润滑脂，加注时要注意清洁。
(5) 紧固端盖螺栓时用力要均匀，以防滑扣或螺栓断。

项目四　电动机更换后轴承并测量轴承间隙操作

轴承发生故障的原因有多种，其中轴承间隙不合格是产生故障的原因之一，会造成电动机振动、噪声、温度升高等，为保证电动机的正常运行，需要更换电动机轴承。

一、风险提示及防范措施

本项目风险提示及防范措施见表2-2-4。

表2-2-4　风险提示及防范措施

风险提示		防范措施
人身伤害	触电	定期检查接地线路完好，操作员工戴绝缘手套侧身分、合闸刀
	机械伤害	正确使用工具、用具，防止砸伤
设备损坏		严格执行操作规程，平稳操作，严禁违章敲击设备，安装轴承时要击打轴承内圈，防止轴承损坏
环境污染		正确切换流程，以免憋压造成泄漏；清理废旧润滑脂注意回收

二、操作流程

（1）准备工作。
（2）拆卸电动机后轴承并测量轴承间隙。
（3）安装电动机后轴承。
（4）回收工具并填写记录。

三、准备工作

（1）工具、用具、材料准备：8~32mm梅花扳手1套，300mm活动扳手1把，200mm三爪拉力器1套，100mm两爪拉力器1套，ϕ35mm×300mm紫铜棒1根，500mm撬杠2根，150mm、300mm平口螺丝刀各1把，试电笔1支，灰刀1把，卡簧钳1把，5A铅丝1卷，0~25mm外径千分尺1把，与轴匹配的卡簧若干，单头螺栓（与轴承端盖螺栓匹配）1根，50mm毛刷1把，擦布1块，石笔1根，润滑脂若干，油盆1个，清洗剂若干，记录笔1支，记录纸若干，短轴套（与电动机匹配）1个。

（2）劳动防护用品准备齐全，穿戴整齐。

四、操作步骤

1. 拆卸电动机后轴承

（1）拉闸断电，挂上禁止合闸牌。
（2）在电动机风扇罩上做好标记，拆卸电动机风扇罩，用卡簧钳拆卸卡簧，用拉力器拉下风扇。

（3）在轴承外盖上用石笔做好标记，拆卸轴承外盖螺栓，取下轴承外盖。

（4）检查校正外径千分尺，将铅丝放入轴承滚珠与轴承外圈间隙内，转动电动机转轴压铅丝，最后用外径千分尺测量铅丝的厚度，做好记录。

（5）在电动机后端盖上用石笔标记接合方位，拆卸电动机后端盖螺栓，用铜棒取下电动机后端盖，接合面要朝上放置。

（6）用拉力器拆卸电动机后轴承，取下轴承内盖，轴承内盖朝上放置。然后清除定子上的脏物。

（7）按拆卸先后顺序，整齐地摆放好清洗检查后的各部件。

2. 安装电动机后轴承

（1）将轴承内盖套在轴上，再把同型号并检查合格的轴承装在轴上，然后用与电动机轴承匹配的短轴套顶住轴承内圈，将轴承敲打到位。

（2）将轴承滚珠间隙及轴承内外盖里装填清洁的润滑脂，油脂占整个轴承盒容积的80%。

（3）将单头螺栓旋入轴承内盖任意螺孔内。

（4）安装电动机后盖。对准机壳上的螺孔把后端盖装上，用铜棒对称敲打后端盖的加强筋部位，使后端盖止口全面贴合，对称均匀拧紧螺栓。

（5）拉住单头螺栓套入轴承外盖任意螺孔内，旋入轴承外盖其余螺栓，再用螺栓替换单头螺栓，最后均匀拧紧各螺栓。

（6）安装风扇、卡簧、风扇罩。

（7）用手盘动转子，转子应转动灵活。

3. 收尾工作

清理现场，回收工具、用具。

五、技术要求

（1）拆卸轴承端盖不得损坏端盖的接触面。

（2）装轴承时施力部位要正确，用短轴套对准轴承内圈击打到位。

（3）风扇卡簧要装到位。

项目五　使用兆欧表测量电动机绝缘操作

良好的绝缘是保证电气设备与线路的安全运行，防止人身触电事故发生的最基本和最可靠手段。

一、风险提示及防范措施

本项目风险提示及防范措施见表2-2-5。

表 2-2-5　风险提示及防范措施

风险提示		防范措施
人身伤害	触电	定期检查接地线路完好，操作员工戴绝缘手套侧身分、合闸刀
	机械伤害	正确使用工具、用具，防止碰伤
设备损坏		严格执行操作规程，平稳操作，兆欧表短接试验切勿长时间摇表

二、操作流程

(1) 准备工作。

(2) 检查兆欧表。

(3) 检查电动机的相间绝缘电阻。

(4) 检查电动机的接地绝缘电阻。

(5) 测量完毕，安装接线盒盖。

(6) 回收工具并填写记录。

三、准备工作

(1) 工具、用具、材料准备：200mm 活动扳手 1 把，500V 兆欧表 1 块，500 型万用表 1 块，绝缘手套 1 副，试电笔 1 支，记录纸若干，记录笔 1 支，擦布 1 块。

(2) 劳动防护用品准备齐全，穿戴整齐。

四、操作步骤

1. 选择兆欧表

根据电动机的电压等级选择量程合适的兆欧表。

2. 检查兆欧表

(1) 将兆欧表水平放置，检查兆欧表外观，将红表线接在"L"接线柱上，黑表线接在"E"接线柱上。

(2) 将红表线和黑表线分开，用手摇动手柄，达到120r/min，当表的指针指向"∞"处，说明开路试验合格。

(3) 红表线和黑表线接在一起，缓慢地摇动兆欧表手柄一下，指针应指向"0"处，此时说明短路试验合格。

3. 检查电动机的相间绝缘电阻

(1) 按操作规程停运电动机，切断电源，挂上检修牌。用试电笔测试电动机外壳无电，拆下电动机的接线盒盖，用试电笔测试接线柱无电。

(2) 将所有接线柱上螺母、垫片、弹簧垫片、连线板依次拆下，用擦布将连线板、接线柱擦干净。

(3) 将兆欧表接线端子分别置于任意两相接线柱上（图 2-2-2），以 120r/min

速度摇动兆欧表手柄，观察指针。大于 0.5MΩ，说明两相间绝缘性能良好，戴上绝缘手套对绕组放电。

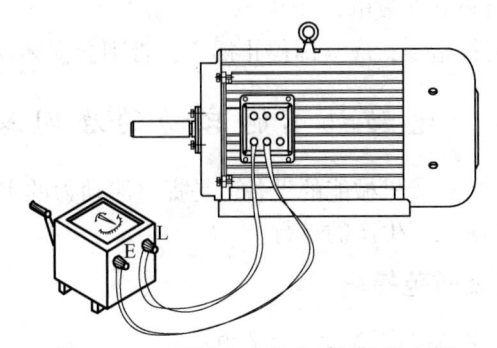

图 2-2-2　测量电动机的相间绝缘电阻

(4) 按上述方法测量其他两个绕组，并做好记录。

4. 检查电动机的接地绝缘电阻

(1) 将兆欧表红表线接于任意一个接线柱上。

(2) 将黑表线接在电动机外壳上，如图 2-2-3 所示。

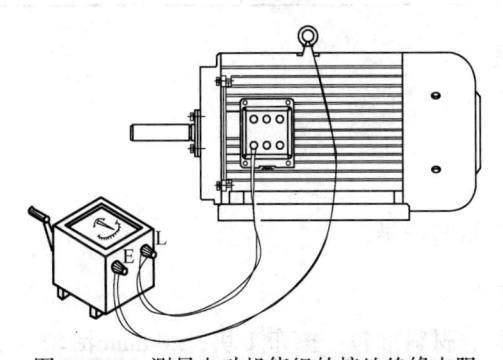

图 2-2-3　测量电动机绕组的接地绝缘电阻

(3) 接好线后，以 120r/min 的速度摇动兆欧表手柄，观察指针。若不小于 0.5MΩ，说明两相间绝缘性能良好，戴上绝缘手套对绕组放电。

(4) 按上述方法测量其他两个绕组的对地绝缘性能。

5. 收尾工作

(1) 测量完成后将所有接线柱上的螺母、垫片、弹簧垫片、连线板依次安装紧固，上紧电源线，安装接线盒盖。

(2) 清理现场，回收工具、用具。

五、技术要求

(1) 测量过程中，需要读取测量数值时，不能停止摇动兆欧表手柄，读取数值后方可停止摇动兆欧表手柄。

(2) 使用前必须切断电源，对于容量较大的电动机，应先放电后测量。

(3) 测量完成后要立即放电。

(4) 测量中若表针指零，应立即停止摇表，否则会损坏仪表。

项目六　电动机不能启动的原因及处理

电动机是把电能转换成机械能的设备，是提供原动力的主要设备之一，电动机不能启动，直接影响正产生产的运行。

一、风险提示及防范措施

本项目风险提示及防范措施见表2-2-6。

表2-2-6　风险提示及防范措施

风险提示		防范措施
人身伤害	触电	定期检查接地线路完好，操作员工戴绝缘手套侧身分、合闸刀
	机械伤害	正确使用工具、用具，防止碰伤
设备损坏		严格执行操作规程，平稳操作，切勿强行送电启动

二、操作流程

(1) 准备工作。

(2) 原因分析。

(3) 处理故障。

(4) 回收工具并填写记录。

三、准备工作

(1) 工具、用具、材料准备：擦布1块，200mm活动扳手1把，500V兆欧表1块，500型万用表1块，绝缘手套1副，试电笔1支，记录纸若干，记录笔1支。

(2) 劳动防护用品准备齐全，穿戴整齐。

四、操作步骤

1. 原因分析

(1) 电压过低。

(2) 控制设备接线错误。

(3) 电动机绕组相间短路。

(4) 定子绕组的首尾端找错。

(5) 熔断器熔断丝烧断。

(6) 电动机过载保护动作。
(7) 机械卡死、负载过大。

2. 处理措施

(1) 核对电动机额定电压。
(2) 检查控制回路,处理错误接线。
(3) 重新缠绕组。
(4) 重新查找首尾端。
(5) 按电动机规格配熔断器。
(6) 查找处理后,重新合闸启动。
(7) 检查机械部分,处理机械部分的相应问题。
(8) 清洁并回收工具、用具,清理现场,做好记录。

五、技术要求

(1) 先检测后作业,严禁带电作业。
(2) 拆装轴承外端盖和电动机端盖时要事先做好标记。
(3) 安装对轮和风扇时,键与槽的配合松紧要合适,太紧时会伤槽、伤销,太松时会滚键打滑,引起撞击。

项目七 电动机运转声音不正常的原因及处理

电动机正常运行时,发出的声音是平稳、轻快、均匀的,如果出现尖叫、沉闷、摩擦、振动等刺耳的杂音,说明电动机出现故障,应查找原因并进行处理。

一、风险提示及防范措施

本项目风险提示及防范措施见表2-2-7。

表2-2-7 风险提示及防范措施

	风险提示	防范措施
人身伤害	触电	定期检查接地线路完好,操作员工戴绝缘手套侧身分、合闸刀
	机械伤害	正确使用工具、用具,防止碰伤
设备损坏		严格执行操作规程,平稳操作,切勿强行送电启动

二、操作流程

(1) 准备工作。
(2) 原因分析。
(3) 处理故障。
(4) 回收工具并填写记录。

三、准备工作

（1）工具、用具、材料准备：擦布 1 块，200mm 活动扳手 1 把，500V 兆欧表 1 块，500 型万用表 1 块，绝缘手套 1 副，试电笔 1 支，记录纸若干，记录笔 1 支。

（2）劳动防护用品准备齐全，穿戴整齐。

四、操作步骤

1. 原因分析

（1）轴承磨损。
（2）轴承缺少润滑脂。
（3）风扇碰风罩，风罩螺栓松动。
（4）缺相运行。
（5）三相电压不平衡。
（6）重绕时每相匝数不相等。
（7）转子摩擦槽楔。

2. 处理措施

（1）更换新轴承。
（2）轴承加注润滑脂。
（3）修理风扇和风罩，紧固风罩螺栓。
（4）查找缺相原因，及时处理。
（5）测量电源电压，检查电压不平衡的原因并进行处理。
（6）重新绕线，改正匝数。
（7）查找摩擦原因，加固槽楔。
（8）清洁并回收工具、用具，清理现场，做好记录。

五、技术要求

（1）先检测后作业，严禁带电作业。
（2）拆装轴承外端盖和电动机端盖时要事先做好标记。
（3）安装对轮和风扇时，键与槽的配合松紧要合适，太紧时会伤槽、伤销，太松时会滚键打滑，引起撞击。

项目八　电动机振动过大的原因及处理

电动机产生振动，会使绕组绝缘和轴承寿命缩短，振动力促使密封面扩大，使外界粉尘和水分入侵其中，造成绝缘电阻降低和泄漏电流增大，甚至形成绝缘击穿等事故。

一、风险提示及防范措施

本项目风险提示及防范措施见表 2-2-8。

表 2-2-8　风险提示及防范措施

风险提示		防范措施
人身伤害	触电	定期检查接地线路完好，操作员工戴绝缘手套侧身分、合闸刀
	机械伤害	正确使用工具、用具，防止碰伤
设备损坏		严格执行操作规程，平稳操作，切勿强行送电启动

二、操作流程

（1）准备工作。

（2）原因分析。

（3）处理故障。

（4）回收工具并填写记录。

三、准备工作

（1）工具、用具、材料准备：擦布 1 块，200mm 活动扳手 1 把，500V 兆欧表 1 块，500 型万用表 1 块，绝缘手套 1 副，试电笔 1 支，记录纸若干，记录笔 1 支。

（2）劳动防护用品准备齐全，穿戴整齐。

四、操作步骤

1. 原因分析

（1）轴承磨损，间隙不合格。

（2）转子不平衡。

（3）机壳强度不够。

（4）基础强度不够或安装不平。

（5）风扇不平衡。

（6）绕线转子开焊、断路。

（7）笼型转子开焊、断路。

（8）定子绕组短路、断路、接地、连接错误等。

（9）转轴弯曲。

（10）铁芯变形或松动。

（11）联轴器或皮带轮安装不符合要求。

（12）电动机地脚螺栓松动。

2. 处理措施

(1) 检查轴承间隙，应符合要求。
(2) 检查原因，经过清扫、紧固各部螺栓后，校动平衡。
(3) 找出薄弱点，进行加固，增加机械强度。
(4) 将基础加固，并将电动机地脚找平、垫平，最后紧固。
(5) 检修风扇，校正几何形状和校平衡。
(6) 进行补焊或更换转子。
(7) 进行补焊或更换笼条。
(8) 重新缠绕定子绕组及接线。
(9) 校直转轴。
(10) 校正铁芯，然后重新叠装铁芯。
(11) 重新找正，必要时检修联轴器或皮带轮，重新安装。
(12) 紧固或更换不合格的电动机地脚螺栓。
(13) 清洁并回收工具、用具，清理现场，做好记录。

五、技术要求

(1) 先检测后作业，严禁带电作业。
(2) 拆装轴承外端盖和电动机端盖时要事先做好标记。
(3) 安装对轮和风扇时，键与槽的配合松紧要合适，太紧时会伤槽、伤销，太松时会滚键打滑，引起撞击。

项目九　电动机温度过高的原因及处理

造成电动机温度过高的原因很复杂，电源、机械负载和电动机本身三方面的异常情况都会使电动机产生过热故障。若电动机长期处于过热状况下运行，将会使其绝缘加快老化而缩短其使用寿命。

一、风险提示及防范措施

本项目风险提示及防范措施见表 2-2-9。

表 2-2-9　风险提示及防范措施

风险提示		防范措施
人身伤害	触电	定期检查接地线路完好，操作员工戴绝缘手套侧身分、合闸刀
	机械伤害	正确使用工具、用具，防止碰伤
	设备损坏	严格执行操作规程，平稳操作，切勿强行送电启动

二、操作流程

(1) 准备工作。

（2）原因分析。

（3）处理故障。

（4）回收工具并填写记录。

三、准备工作

（1）工具、用具、材料准备：擦布1块，200mm活动扳手1把，500V兆欧表1块，500型万用表1块，绝缘手套1副，试电笔1支，记录纸若干，记录笔1支。

（2）劳动防护用品准备齐全，穿戴整齐。

四、操作步骤

1. 原因分析

（1）电源电压过低，使电动机在额定负载下造成温度过高。

（2）电动机过载、轴承润滑不良或轴承损坏，阻力过大而使电动机发热。

（3）电源电压过高，电动机在额定负载下，因定子铁芯磁密过高而使电动机的温度过高。

（4）电动机启动频繁或正、反转次数过多。

（5）定子绕组有小范围短路或有局部接地，运行时引起电动机局部发热或冒烟。

（6）鼠笼转子断条或绕线转子绕组接线松脱，电动机在额定负载下，转子发热而使电动机温度过高。

（7）电动机通风不良或环境温度过高，致使电动机温度过高。

（8）电动机定子、转子铁芯相擦而使温度过高。

（9）电动机缺相运转。

（10）电动机接线错误。

2. 处理措施

（1）若因电源线电压降过大而引起温度过高，可更换较粗的电源线；如果是电源电压太低，可向供电部门联系，提高电源电压。

（2）如果故障原因为电动机过载，则应减轻负载，或换用较大容量的电动机，以及排除轴承故障或添加润滑脂以减小阻力等。

（3）若电源电压超出规定标准，则应调整供电变压器的分级接头，以适当降低电源电压。

（4）适当减少电动机的启动及正、反转次数，或者更换能适应于频繁启动和正、反转工作性质的电动机。

（5）若是定子绕组短路或接地故障，可用万用表、短路侦察器及兆欧表找出故障确切位置后，视故障情况分别采取局部修复或进行整体更换。

（6）鼠笼转子断条故障可用短路侦察器结合铁片、铁粉检查，找出断条位置后作局部修补或更换新转子。绕线转子绕组断线故障可用万用表检测，找出故障位置后重新焊接。

（7）仔细检查电动机的风扇是否损坏，并检查其固定状况，认真清理电动机的通风道并且隔离附近的高温热源，以及不使其受日光的强烈曝晒。

（8）用锉刀锉去定子、转子铁芯上硅钢片的突出部分，以消除相互摩擦。如轴承严重损坏或松动，则需更换轴承，若转轴弯曲，则需拆出转子进行转轴的调直校正。

（9）检查电动机缺相原因并排除故障。

（10）按电动机铭牌要求重新接线。

（11）清洁并回收工具、用具，清理现场，做好记录。

五、技术要求

（1）先检测后作业，严禁带电作业。

（2）拆装轴承外端盖和电动机端盖时要事先做好标记。

（3）安装对轮和风扇时，键与槽的配合松紧要合适，太紧时会伤槽、伤销，太松时会滚键打滑，引起撞击。

第三节 齿轮泵

项目一 拆装齿轮泵操作

由两个齿轮相互啮合在一起形成的泵称为齿轮泵。齿轮泵属于容积式转子泵。它一般用来输送具有较高黏度的液体，如燃料油、污油等。在集输系统中常用于加热炉燃料输送泵，它的特点是扬程高、排量低。

一、风险提示及防范措施

本项目风险提示及防范措施见表 2-3-1。

表 2-3-1 风险提示及防范措施

风险提示		防范措施
人身伤害	触电	操作电气设备佩戴防护用品，操作前需进行验电
	机械伤害	设备防护设施完好、齐全，严格按设备操作规程操作，操作员工开关阀门时侧身
设备损坏		拆卸各零部件时，严格按照操作规程操作，防止造成设备设施损坏
环境污染		正确切换流程，以免憋压造成泄漏

二、操作流程

（1）按操作规程停泵。

（2）倒流程放空。

（3）拆装齿轮泵。

（4）倒通流程后启泵试运。

（5）回收工具并填写记录。

三、准备工作

（1）工具、用具、材料准备：200mm 活动扳手 1 把，200mm 拉力器 1 个，手锤 1 把，12~24mm 开口扳手 1 套，6~12mm 内六角扳手 1 套，$\phi 35mm \times 250mm$ 铜棒 1 根，150mm 游标卡尺 1 把，4mm 塞尺 1 把，200mm 平口螺丝刀 1 把，油盆 1 个，50mm 毛刷 1 把，5A 铅丝若干，清洗剂若干，青稞纸若干，擦布若干。

（2）劳动防护用品准备齐全，穿戴整齐。

四、操作步骤

（1）按正确的操作规程停泵，关闭泵的进出口流程，放空。

（2）正确拆卸、拆开齿轮泵（图 2-3-1），拆卸顺序为：联轴器、后端盖、安全阀、后轴承和垫片、泵壳、连接螺栓、从动轮、主动轮、前轴承。

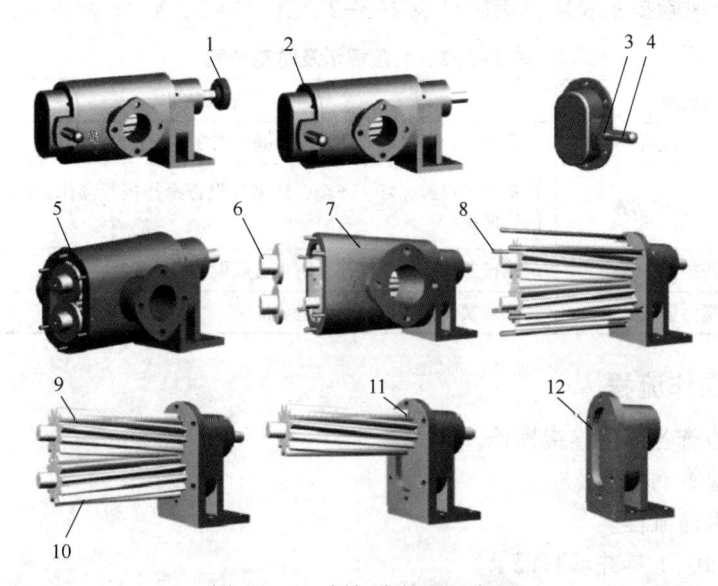

图 2-3-1 拆卸齿轮泵示意图

1—联轴器；2—后端盖；3—安全阀弹簧；4—安全阀阀芯；5—密封垫片；6—后轴承；7—泵壳；8—前后端盖连接螺栓；9—主动轮；10—从动轮；11—前轴承；12—前端盖

（3）对泵件进行清洗，并按次序摆放。

（4）清理齿轮泵端盖及泵壳的端部润滑油道及轴承的润滑油槽等通道。

（5）检查泵体及齿轮是否有裂纹、损伤、腐蚀等缺陷，对不合格的部件进行调整更换。

（6）按拆泵的相反顺序组装齿轮泵，调整各部位间隙，校对联轴器的同心度。

（7）打开进出口阀门进行试泵。

（8）清洁并回收工具、用具，清理现场，做好记录。

五、技术要求

（1）拆卸前后端盖时要保护好密封圈及油封。

（2）泵盖与齿轮端面轴向间隙为 0.1~0.15mm。

（3）外壳与齿轮间的径向间隙为 0.15~0.25mm。

项目二　齿轮泵启泵前的准备工作

齿轮泵在启运前，应做好相关准备工作，保证齿轮泵的正常启动。

一、风险提示及防范措施

本项目风险提示及防范措施见表2-3-2。

表2-3-2　风险提示及防范措施

风险提示		防范措施
人身伤害	触电	操作电气设备佩戴防护用品，操作前需进行验电
人身伤害	机械伤害	设备防护设施完好、齐全，严格按设备操作规程操作，操作员工开关阀门侧身
设备损坏		严格按照操作规程操作，防止造成设备设施损坏
环境污染		正确切换流程，以免憋压造成泄漏

二、操作流程

（1）检查各部位连接螺栓。

（2）检查润滑油。

（3）倒通流程。

（4）回收工具并填写记录。

三、准备工作

（1）工具、用具、材料准备：200mm活动扳手1把，8~32mm梅花扳手1套，内六角扳手1套，250mm平口螺丝刀1把，塞尺1把，润滑油若干，擦布若干。

（2）劳动防护用品准备齐全，穿戴整齐。

四、操作步骤

（1）检查确认机泵各紧固螺栓无松动。

（2）检查确认泵体及进出口管线连接完好。

（3）检查确认轴承室润滑油合格。

（4）按泵的旋转方向盘车3~5圈，检查有无卡阻现象。

（5）检查确认供电设备和接地线完好。

（6）检查确认压力表完好，打开压力表引压阀门。

（7）打开泵的进出口阀门和回流阀门。

（8）清洗、回收工具、用具。

五、技术要求

在齿轮泵的启泵、运行和停泵过程中，都应禁止关闭出口阀门，否则会憋坏泵或烧坏电动机。

项目三 齿轮泵的启停操作

齿轮泵在启停过程中，应严格遵守各项操作规程，实现正常启停。停运设备应切断进液，做好放空泄压，便于进行设备维修保养。

一、风险提示及防范措施

本项目风险提示及防范措施见表2-3-3。

表2-3-3 风险提示及防范措施

风险提示		防范措施
人身伤害	触电	操作电气设备佩戴防护用品，操作前需进行验电
	机械伤害	设备防护设施完好、齐全，严格按设备操作规程操作，操作员工开关阀门时侧身
设备损坏		严格按照操作规程操作，防止造成设备设施损坏
环境污染		正确切换流程，以免憋压造成泄漏

二、操作流程

（1）启泵。

（2）调节泵的参数。

（3）停泵。

（4）回收工具并填写记录。

三、准备工作

（1）工具、用具、材料准备：200mm 活动扳手 1 把，8~32mm 梅花扳手 1 套，内六角扳手 1 套，250mm 平口螺丝刀 1 把，绝缘手套 1 副，试电笔 1 支，润滑油若干，擦布若干。

（2）劳动防护用品准备齐全，穿戴整齐。

四、操作步骤

1. 启泵操作

（1）通知相关岗位准备启泵。
（2）按启动按钮启泵，泵启动运行。
（3）调节回流阀门的开度，调到所需压力。
（4）检查泵及电动机的运行状况，检查进出口管线有无渗漏。

2. 停泵操作

（1）通知相关岗位准备停泵。
（2）按停止按钮，停泵。
（3）关闭泵的进出口阀门及回流阀门（长期停运时应放净泵内介质）。
（4）做好记录。

3. 收尾工作

回收工具、用具，清理现场。

五、技术要求

（1）在齿轮泵的启泵、运行和停泵过程中，都应禁止关闭出口阀门，否则会憋坏泵或烧坏电动机。

（2）齿轮泵通过回流阀调节泵的工作参数。

（3）启动较长时间停用的齿轮泵时，应在无压下运转 10min 后才能进入工作状态。

项目四 齿轮泵运行中的检查操作

为了保证齿轮泵的安全经济运行，值班人员必须按规定时间、内容对设备进行及时检查，以便随时掌握设备运行情况，防止事故的发生。

一、风险提示及防范措施

本项目风险提示及防范措施见表 2-3-4。

表 2-3-4　风险提示及防范措施

风险提示		防范措施
人身伤害	触电	操作电气设备佩戴防护用品，操作前需进行验电
	机械伤害	设备防护设施完好、齐全，严格按设备操作规程操作，操作员工开关阀门时侧身
设备损坏		严格按照操作规程操作，防止造成设备设施损坏
环境污染		正确切换流程，以免憋压造成泄漏

二、操作流程

（1）检查压力。

（2）检查各部件螺栓。

（3）检查轴封。

（4）回收工具并填写记录。

三、准备工作

（1）工具、用具、材料准备：200mm 活动扳手 1 把，8~32mm 梅花扳手 1 套，内六角扳手 1 套，250mm 平口螺丝刀 1 把，红外线测温仪 1 把，清洗剂若干，清洗盆 1 个，润滑油若干，擦布若干。

（2）劳动防护用品准备齐全，穿戴整齐。

四、操作步骤

（1）按时检查泵的出口压力，不允许超压运行。

（2）按时检查泵的紧固螺栓有无松动。

（3）按时检查填料、轴承、壳体温度。

（4）按时检查轴封泄漏情况。

（5）按时检查电流是否超过额定电流。

（6）按时检查机组运转有无杂音。

（7）清洗、回收工具、用具。

五、技术要求

（1）在齿轮泵的启泵、运行和停泵过程中，都应禁止关闭出口阀门，否则会憋坏泵或烧坏电动机。

（2）齿轮泵通过回流阀调节泵的工作参数。

（3）启动较长时间停用的齿轮泵时，应在无压下运转 10min 后才能进入工作状态。

项目五　齿轮泵流量不足的原因及处理方法

齿轮泵属于容积式转子泵，它一般用来输送具有较高黏度的液体，运行过程中如果流量不足，达不到规定值，会严重影响油水正常输送。应及时分析泵压低的原因，采取相应处理措施，保证正常生产。

一、风险提示及防范措施

本项目风险提示及防范措施见表 2-3-5。

表 2-3-5　风险提示及防范措施

风险提示		防范措施
人身伤害	触电	操作电气设备佩戴防护用品，操作前需进行验电
	机械伤害	设备防护设施完好、齐全，严格按设备操作规程操作，操作员工开关阀门时侧身
设备损坏		严格按照操作规程操作，防止造成设备设施损坏
环境污染		正确切换流程，以免憋压造成泄漏

二、操作流程

(1) 准备工作。
(2) 原因分析。
(3) 处理故障。
(4) 回收工具并填写记录。

三、准备工作

(1) 工具、用具、材料准备：200mm 活动扳手 1 把，8~32mm 梅花扳手 1 套，内六角扳手 1 套，250mm 平口螺丝刀 1 把，450mm 管钳 1 把，塞尺 1 把，润滑油若干，擦布若干。
(2) 劳动防护用品准备齐全，穿戴整齐。

四、操作步骤

1. 原因分析

(1) 吸入管线、过滤器堵塞。
(2) 泵体或吸入管线漏气。
(3) 齿轮轴向间隙过大。
(4) 齿轮径向间隙或齿侧间隙过大。
(5) 回流阀未关严。
(6) 电动机转速低。

(7) 安全阀弹簧太松或阀瓣与阀座接触不严,接触面有杂质。

2. 处理措施

(1) 清理吸入管线或过滤器。
(2) 更换垫片,紧固螺栓,焊接或更换管路。
(3) 调整齿轮轴向间隙。
(4) 更换泵壳或齿轮。
(5) 检修回流阀。
(6) 查找原因并排除故障。
(7) 调整弹簧压缩量,研磨阀瓣与阀座或清理杂质。
(8) 清洁并回收工具、用具,清理现场,做好记录。

五、技术要求

(1) 齿轮端面与端盖的轴向总间隙一般为 0.1~0.15mm。
(2) 齿顶与壳体的径向间隙为 0.15~0.25mm,但必须大于轴颈在轴瓦的径向间隙。

项目六 齿轮泵运转过程中有异常响声的原因及处理方法

齿轮泵运行过程中如果出现异常响声,会严重影响齿轮泵正常运转。应及时分析异常响声的原因,采取相应处理措施,保证正常生产。

一、风险提示及防范措施

本项目风险提示及防范措施见表 2-3-6。

表 2-3-6 风险提示及防范措施

风险提示		防范措施
人身伤害	触电	操作电气设备佩戴防护用品,操作前需进行验电
	机械伤害	设备防护设施完好、齐全,严格按设备操作规程操作,操作员工开关阀门时侧身
设备损坏		严格按照操作规程操作,防止造成设备设施损坏
环境污染		正确切换流程,以免憋压造成泄漏

二、操作流程

(1) 准备工作。
(2) 原因分析。
(3) 处理故障。
(4) 回收工具并填写记录。

三、准备工作

（1）工具、用具、材料准备：200mm 活动扳手 1 把，8~32mm 梅花扳手 1 套，内六角扳手 1 套，250mm 平口螺丝刀 1 把，450mm 管钳 1 把，塞尺 1 把，润滑油若干，擦布若干。

（2）劳动防护用品准备齐全，穿戴整齐。

四、操作步骤

1. 原因分析

（1）输送介质中有气体。
（2）泵转速过高。
（3）泵内间隙过小。
（4）轴承磨损、间隙过大。
（5）机泵同心度不符合要求。

2. 处理措施

（1）排出气体。
（2）调整电动机转速。
（3）检查调整泵内间隙。
（4）更换轴承。
（5）校正机泵同心度。
（6）清洁并回收工具、用具，清理现场，做好记录。

五、技术要求

（1）齿轮端面与端盖的轴向总间隙一般为 0.1~0.15mm。
（2）齿顶与壳体的径向间隙为 0.15~0.25mm，但必须大于轴颈在轴瓦的径向间隙。

项目七　齿轮泵泵体过热的原因及处理方法

齿轮泵运行中泵体过热，可能带病运转，如果不及时处理，会导致严重的机械事故。应正确分析齿轮泵运行中泵体过热的原因，并及时处理，保证设备运行平稳高效。

一、风险提示及防范措施

本项目风险提示及防范措施见表 2-3-7。

表 2-3-7　风险提示及防范措施

风险提示		防范措施
人身伤害	触电	操作电气设备佩戴防护用品，操作前需进行验电
	机械伤害	设备防护设施完好、齐全，严格按设备操作规程操作，操作员工开关阀门时侧身
设备损坏		严格按照操作规程操作，防止造成设备设施损坏
环境污染		正确切换流程，以免憋压造成泄漏

二、操作流程

（1）准备工作。

（2）原因分析。

（3）处理故障。

（4）回收工具并填写记录。

三、准备工作

（1）工具、用具、材料准备：200mm 活动扳手 1 把，8~32mm 梅花扳手 1 套，内六角扳手 1 套，250mm 平口螺丝刀 1 把，450mm 管钳 1 把，塞尺 1 把，润滑油若干，擦布若干。

（2）劳动防护用品准备齐全，穿戴整齐。

四、操作步骤

1. 原因分析

（1）输送介质温度过高。

（2）轴承间隙过大或过小。

（3）齿轮径向、轴向、齿侧间隙过小。

（4）出口阀门开度小，造成压力过高。

（5）轴承润滑不良。

2. 处理措施

（1）降低介质温度。

（2）调整间隙或更换轴承。

（3）调整间隙或更换齿轮。

（4）开大出口阀门，降低压力。

（5）更换润滑脂。

（6）清洁并回收工具、用具，清理现场，做好记录。

五、技术要求

（1）在齿轮泵的启泵、运行和停泵过程中，都应禁止关闭出口阀门，否则会憋坏泵或烧坏电动机。

（2）齿轮端面与端盖的轴向总间隙一般为 0.1~0.15mm。

（3）齿顶与壳体的径向间隙为 0.15~0.25mm，但必须大于轴颈在轴瓦的径向间隙。

项目八　齿轮泵不排液的原因及处理方法

齿轮泵运行中不排液，可能带病运转，如果不及时处理，会导致严重的机械事故。应正确分析齿轮泵运行中不排液的原因，并及时处理，保证设备运行平稳高效。

一、风险提示及防范措施

本项目风险提示及防范措施见表 2-3-8。

表 2-3-8　风险提示及防范措施

风险提示		防范措施
人身伤害	触电	操作电气设备佩戴防护用品，操作前需进行验电
	机械伤害	设备防护设施完好、齐全，严格按设备操作规程操作，操作员工开关阀门时侧身
设备损坏		严格按照操作规程操作，防止造成设备设施损坏
环境污染		正确切换流程，以免憋压造成泄漏

二、操作流程

（1）准备工作。

（2）原因分析。

（3）处理故障。

（4）回收工具并填写记录。

三、准备工作

（1）工具、用具、材料准备：200mm 活动扳手 1 把，8~32mm 梅花扳手 1 套，内六角扳手 1 套，250mm 平口螺丝刀 1 把，450mm 管钳 1 把，塞尺 1 把，润滑油若干，擦布若干。

（2）劳动防护用品准备齐全，穿戴整齐。

四、操作步骤

1. 原因分析

（1）吸入管堵塞或漏气，密封装置漏气。

（2）泵反转。

(3) 安全阀打开后卡死。

(4) 间隙过大。

(5) 介质温度过低。

(6) 启动前未灌泵。

2. 处理措施

(1) 清除吸入管内杂物，检修漏气部位。

(2) 调换电动机的电源接头。

(3) 检修安全阀。

(4) 调整间隙。

(5) 提高介质温度。

(6) 启泵前灌泵。

(7) 清洁并回收工具、用具，清理现场，做好记录。

五、技术要求

(1) 在齿轮泵的启泵、运行和停泵过程中，都应禁止关闭出口阀门，否则会憋坏泵或烧坏电动机。

(2) 齿轮端面与端盖的轴向总间隙一般为 0.1~0.15mm。

(3) 齿顶与壳体的径向间隙为 0.15~0.25mm，但必须大于轴颈在轴瓦的径向间隙。

项目九　齿轮泵密封机构渗漏的原因及处理方法

齿轮泵运行中密封机构渗漏，如果不及时处理，造成液体泄漏污染环境。应正确分析齿轮泵运行中密封机构渗漏的原因，并及时处理，保证设备运行平稳高效。

一、风险提示及防范措施

本项目风险提示及防范措施见表 2-3-9。

表 2-3-9　风险提示及防范措施

风险提示		防范措施
人身伤害	触电	操作电气设备佩戴防护用品，操作前需进行验电
	机械伤害	设备防护设施完好、齐全，严格按设备操作规程操作，操作员工开关阀门时侧身
设备损坏		严格按照操作规程操作，防止造成设备设施损坏
环境污染		正确切换流程，以免憋压造成泄漏

二、操作流程

(1) 准备工作。
(2) 原因分析。
(3) 处理故障。
(4) 回收工具并填写记录。

三、准备工作

(1) 工具、用具、材料准备：200mm 活动扳手 1 把，8~32mm 梅花扳手 1 套，内六角扳手 1 套，250mm 平口螺丝刀 1 把，密封填料若干，密封填料钩 1 把，剪刀 1 把，润滑油若干，擦布若干。
(2) 劳动防护用品准备齐全，穿戴整齐。

四、操作步骤

1. 原因分析

(1) 密封填料材质不合格。
(2) 填料压盖松动。
(3) 填料安装不符合要求。
(4) 填料或密封圈失效。
(5) 机械密封件损坏。
(6) 轴套或轴表面腐蚀、磨损。

2. 处理措施

(1) 重新选择密封填料。
(2) 调整压盖的松紧度。
(3) 重新安装填料。
(4) 更换填料和密封圈。
(5) 更换机械密封件。
(6) 更换轴套或轴。
(7) 清洁并回收工具、用具，清理现场，做好记录。

五、技术要求

(1) 调整填料压盖时，注意保持压盖平面与轴线垂直，压盖压入的深度不能少于5mm。
(2) 齿轮泵重新更换密封填料，在运行一段时间后，应及时补充填料。

项目十　齿轮泵压力表指针波动的原因及处理方法

齿轮泵运行中压力表指针波动，可能带病运转，如果不及时处理，会导致严重的机械事故。应正确分析齿轮泵运行中压力表指针波动的原因，并及时处理，保证设备运行平稳高效。

一、风险提示及防范措施

本项目风险提示及防范措施见表2-3-10。

表2-3-10　风险提示及防范措施

风险提示		防范措施
人身伤害	触电	操作电气设备佩戴防护用品，操作前需进行验电
	机械伤害	设备防护设施完好、齐全，严格按设备操作规程操作，操作员工开关阀门时侧身
设备损坏		严格按照操作规程操作，防止造成设备设施损坏
环境污染		正确切换流程，以免憋压造成泄漏

二、操作流程

（1）准备工作。
（2）原因分析。
（3）处理故障。
（4）回收工具并填写记录。

三、准备工作

（1）工具、用具、材料准备：200mm活动扳手1把，8~32mm梅花扳手1套，内六角扳手1套，250mm平口螺丝刀1把，润滑油若干，擦布若干。
（2）劳动防护用品准备齐全，穿戴整齐。

四、操作步骤

1. 原因分析
（1）吸入管路漏气或输送介质中含有气体。
（2）齿轮泵发生汽蚀或抽空。
（3）安全阀没有调整好或工作压力过大，使安全阀时开时闭。

2. 处理措施
（1）检查吸入管路、输送介质，排出气体。
（2）检查汽蚀、抽空原因并及时进行处理。
（3）调整安全阀，降低工作压力。
（4）清洁并回收工具、用具，清理现场，做好记录。

五、技术要求

齿轮泵通过回流阀调节泵的工作参数。

项目十一　齿轮泵轴功率过大的原因及处理方法

齿轮泵运行中轴功率过大，可能带病运转，如果不及时处理，会导致严重的机械事故。应正确分析齿轮泵运行中轴功率过大的原因，并及时处理，保证设备运行平稳高效。

一、风险提示及防范措施

本项目风险提示及防范措施见表 2-3-11。

表 2-3-11　风险提示及防范措施

风险提示		防范措施
人身伤害	触电	操作电气设备佩戴防护用品，操作前需进行验电
	机械伤害	设备防护设施完好、齐全，严格按设备操作规程操作，操作员工开关阀门时侧身
设备损坏		严格按照操作规程操作，防止造成设备设施损坏
环境污染		正确切换流程，以免憋压造成泄漏

二、操作流程

(1) 准备工作。
(2) 原因分析。
(3) 处理故障。
(4) 回收工具并填写记录。

三、准备工作

(1) 工具、用具、材料准备：200mm 活动扳手 1 把，8~32mm 梅花扳手 1 套，内六角扳手 1 套，250mm 平口螺丝刀 1 把，润滑油若干，擦布若干。
(2) 劳动防护用品准备齐全，穿戴整齐。

四、操作步骤

1. 原因分析

(1) 出口管路堵塞或出口阀未开启。
(2) 密封填料压得过紧。
(3) 机泵不同心。

(4) 输送介质黏度过大。
(5) 泵内间隙过小。

2. 处理措施

(1) 清理出口管路，全开出口阀门。
(2) 调整填料的松紧度。
(3) 校正机泵同心度。
(4) 提高输送介质的温度。
(5) 调整间隙。
(6) 清洁并回收工具、用具，清理现场，做好记录。

五、技术要求

(1) 在齿轮泵的启泵、运行和停泵过程中，都应禁止关闭出口阀门，否则会憋坏泵或烧坏电动机。

(2) 齿轮泵运行正常后，泵及电动机轴承振动不超标，密封填料漏失量为10~30滴/min，电流不得超过额定电流。

第四节 往复泵

项目一 柱塞泵启泵操作

往复泵是容积泵的一种，由于它是依靠活塞的往复运动改变工作缸容积来输送液体的，故称为往复泵。往复泵按活塞形状分活塞泵和柱塞泵两种，往复式柱塞泵是注水增压设备，通过柱塞的往复运行将低压液体增压后注入地层。

一、风险提示及防范措施

本项目风险提示及防范措施见表2-4-1。

表2-4-1 风险提示及防范措施

风险提示		防范措施
人身伤害	触电	定期检查接地线路完好，操作员工戴绝缘手套侧身分、合闸刀
	机械伤害	设备防护设施完好、齐全，严格按设备操作规程操作，操作员工开关阀门时侧身
设备损坏		严格执行操作规程，平稳操作，严禁憋压损坏设备
环境污染		正确切换流程，以免憋压造成泄漏

二、操作流程

(1) 准备工作。

（2）检查设备。

（3）倒通流程。

（4）合闸启泵。

（5）检查机泵情况。

（6）回收工具并填写记录。

三、准备工作

（1）工具、用具、材料准备：8~32mm梅花扳手1套，重型套筒1套，F形扳手1把，手锤1把，200mm、375mm活动扳手各1把，绝缘手套1副，试电笔1支，润滑油适量，记录笔1支，记录纸若干，擦布若干。

（2）劳动防护用品准备齐全，穿戴整齐。

四、操作步骤

（1）检查润滑油液位、油质合格，检查连接螺栓紧固，皮带完好、松紧合适。

（2）打开泵的进口阀门、出口阀门，关闭回流阀门，打开吸入稳定器放气螺钉放气，放气后关闭放气螺钉。打开进出口放空阀门，盘泵3~5圈，无卡阻，关闭进、出口放空阀门。

（3）检查三相电压是否在360~420V，三相电压是否平衡。

（4）变频启泵。将变频柜及配电屏上的闸刀合上送电，变频柜上绿色指示灯亮，在控制面板上，用"∨"键或"∧"键设定所需压力值，将变频柜挡位设置为自动挡位置。按下启动按钮，变频系统自动软启动注水泵，启动后在一定时间内若达不到设置的压力，将自动切换到工频运转，则待启动的泵再自动软启动，直到达到设定压力。

（5）工频启泵。打开泵的进口阀门、出口阀门、回流阀门，按启动按钮启泵，待泵运转正常后，缓慢关闭回流阀门。

（6）检查压力、电流、泵转速是否正常，检查填料漏失量、油封漏失量，挂上运行牌，并及时上报。

（7）清洁并回收工具、用具，清理现场，做好记录。

五、技术要求

（1）操作电气设备必须戴绝缘手套，启泵前必须汇报调度联系相关岗位。

（2）皮带松紧合适，四点一线误差不超过2mm。

（3）曲轴箱内润滑油应每季度更换一次，保证清洁无杂质。

（4）变频运行时最低频率不能低于20Hz。

（5）曲轴箱的油位在看窗的1/2~2/3处，通风孔畅通。

项目二 柱塞泵停泵操作

柱塞泵停运操作是集输工必须掌握的一项操作技能，其操作正确与否将直接影响柱塞泵的使用寿命。

一、风险提示及防范措施

本项目风险提示及防范措施见表 2-4-2。

表 2-4-2 风险提示及防范措施

风险提示		防范措施
人身伤害	触电	定期检查接地线路完好，操作员工戴绝缘手套侧身分、合闸刀
	机械伤害	设备防护设施完好、齐全，严格按设备操作规程操作，操作员工开关阀门时侧身
设备损坏		严格执行操作规程，平稳操作，严禁憋压损坏设备
环境污染		正确切换流程，以免憋压造成泄漏

二、操作流程

（1）准备工作。
（2）按停止按钮、拉闸。
（3）倒流程泄压。
（4）停运供水泵。
（5）回收工具并填写记录。

三、准备工作

（1）工具、用具、材料准备：F 形扳手 1 把，绝缘手套 1 副，试电笔 1 支，润滑油适量，记录笔 1 支，记录纸若干，擦布若干。
（2）劳动防护用品准备齐全，穿戴整齐。

四、操作步骤

（1）停泵前检查泵密封填料漏失量是否合格，检查确认曲轴箱温度不超过 75℃、电动机温度不超过 80℃，检查确认机泵振动不超限，检查电流、压力、流量是否正常。

（2）变频停泵。若单台泵停运，按下停止按钮停泵，将运行方式开关拨到停机位置。若要停止所有变频运行的泵，则按下操作面板上的停止键，此时系统按启动时的顺序反方向逐台停泵，直至所有的泵停止运行。关闭出口阀门、进口阀门，打开放空阀门放净压力后关闭。

（3）工频停泵。打开泵的回流阀门，按停止按钮停泵，关闭进口、出口阀门，关闭回流阀门，打开放空阀门，放净压力后关闭。

(4) 戴绝缘手套将停运的泵断电，挂好标识牌。

(5) 填写停运记录，并上报有关单位。

(6) 清洁并回收工具、用具，清理现场，做好记录。

五、技术要求

(1) 曲轴箱的油位在看窗的 1/2～2/3 处，通风孔畅通。

(2) 机泵的振幅不超过 0.06mm。

项目三 柱塞泵运行中的巡回检查

柱塞泵是油田注水过程中将低压水增压至注水井注水压力的重要设备，在运行过程中，会出现各种故障，导致注水压力和水量下降，甚至会损坏设备，通过对机泵设备及时检查，可及时发现故障的苗头，及时进行处理，既是控制生产参数合理运行，也是防止出现设备事故的重要措施。

一、风险提示及防范措施

本项目风险提示及防范措施见表 2-4-3。

表 2-4-3 风险提示及防范措施

风险提示		防范措施
人身伤害	触电	定期检查接地线路完好，操作员工戴绝缘手套侧身分、合闸刀
	机械伤害	设备防护设施完好、齐全，严格按设备操作规程操作，操作员工开关阀门时侧身
设备损坏		严格执行操作规程，平稳操作，严禁倒错流程憋压损坏设备
环境污染		正确切换流程，以免憋压造成泄漏

二、操作流程

(1) 准备工作。

(2) 对柱塞泵运行情况进行检查。

(3) 回收工具并填写记录。

三、准备工作

(1) 工具、用具、材料准备：200mm、375mm 活动扳手各 1 把，8～32mm 梅花扳手 1 套，F 形扳手 1 把，绝缘手套 1 副，试电笔 1 支，红外线测温仪 1 把，振幅仪 1 把，润滑油若干，擦布若干。

(2) 劳动防护用品准备齐全，穿戴整齐。

四、操作步骤

（1）检查大罐液位是否在合理范围，来水压力、泵压是否正常，检查压力变送器数值显示是否正确，信号传输是否正常。

（2）检查配电柜、电压、电流、频率指示是否正常。

（3）检查电动机有无异常声响、异味，温度是否超过80℃。检查电动机接线有无破损、老化现象，电动机接线与设备棱角接触部位有无加装绝缘皮。

（4）检查呼吸阀是否清洁、有无堵塞，检查润滑油液位、油质，液位应在1/2~2/3处，润滑油颜色正常，油质良好。

（5）检查曲轴箱挡油头油封有无渗漏现象。

（6）检查液力端各连接部位有无渗漏现象，有无异常声响；检查机组振幅是否在规定范围内；检查填料漏失量是否在30滴/min以内；检查密封函箱体底部有无盐垢、杂物，排水孔是否畅通。

（7）检查皮带有无打滑现象，查看皮带有无断股、脱皮现象；检查曲轴油封有无渗漏；检查护罩固定是否牢靠，螺栓是否齐全、紧固。

（8）检查曲轴箱温度传感器、流量显示、进出口压力、信号传输是否正常，温控是否灵敏，温度是否超过75℃。

（9）清洁并回收工具、用具，清理现场，做好记录。

五、技术要求

（1）电动机外壳温度不超过80℃。

（2）曲轴箱温度不超过75℃。

（3）润滑油液位应在1/2~2/3处，油质合格。

（4）三相电流应平衡，不平衡度不能超过5%。

（5）填料漏失量合格，不超过30滴/min。

项目四　柱塞泵一级保养操作

柱塞泵一级保养是泵运行1000h后进行的强制性保养，包括紧固各部位螺栓、检查更换润滑油、更换柱塞填料、调整皮带松紧等，通过保养设备可延长机泵使用寿命和提高机泵工作效率。

一、风险提示及防范措施

本项目风险提示及防范措施见表2-4-4。

表 2-4-4　风险提示及防范措施

风险提示		防范措施
人身伤害	触电	定期检查接地线路完好，操作员工戴绝缘手套侧身分、合闸刀
	机械伤害	设备防护设施完好、齐全，严格按设备操作规程操作，操作员工开关阀门时侧身
设备损坏		严格执行操作规程，平稳操作，严禁倒错流程憋压损坏设备
环境污染		正确切换流程，以免憋压造成泄漏

二、操作流程

(1) 准备工作。
(2) 停泵。
(3) 按要求检查各项指标。
(4) 启泵试运。
(5) 回收工具并填写记录。

三、准备工作

(1) 工具、用具、材料准备：重型套筒 1 套，375mm 活动扳手 1 把，F 形扳手 1 把，梅花扳手 1 套，开口扳手 1 套，细线绳，1000mm 撬杠 1 根，500mm 撬杠 1 根，200mm 钢板尺 1 把，润滑油桶，清洗盆，润滑油若干，润滑脂若干，填料若干。

(2) 劳动防护用品准备齐全，穿戴整齐。

四、操作步骤

(1) 按操作规程停泵，完成例行保养内容。
(2) 检查并紧固所有连接螺栓。
(3) 检查曲轴箱润滑油油质是否合格，若润滑油变质，需要清洗曲轴箱更换润滑油，液位在看窗的 1/2~2/3 处。
(4) 调整皮带松紧度，下压量不超过 20mm；调整四点一线，误差不超过 2mm，紧固电动机固定螺栓。
(5) 检查或更换填料密封。
(6) 检查或更换挡油头油封。
(7) 清洗过滤缸滤网及滤清器。
(8) 检查电动机轴承润滑情况。
(9) 保养完后启泵试运，倒好流程后按操作规程启泵，填写保养记录。
(10) 清洁并回收工具、用具，清理现场，做好记录。

五、技术要求

(1) 按十字作业法进行保养。

(2) 填料切口错开 90°~120°，中间加入铅垫。

(3) 皮带松紧合适，下压量不超过 20mm，四点一线误差不超过 2mm。

(4) 启泵试运时按 5MPa 间隔缓慢升压。

项目五　柱塞泵更换联组皮带操作

柱塞泵的传动皮带是传递电动机动力的部件，使用 V 形联组皮带，由于长期运转皮带磨损、老化，甚至损坏，影响机泵正常运行。

一、风险提示及防范措施

本项目风险提示及防范措施见表 2-4-5。

表 2-4-5　风险提示及防范措施

风险提示		防范措施
人身伤害	触电	定期检查接地线路完好，操作员戴绝缘手套侧身分、合闸刀
	机械伤害	设备防护设施完好、齐全，严格按设备操作规程操作，操作员工开关阀门时侧身
设备损坏		严格执行操作规程，平稳操作，严禁皮带过紧，造成电动机轴承损坏
环境污染		正确切换流程，以免憋压造成泄漏

二、操作流程

(1) 准备工作。

(2) 停泵倒流程。

(3) 更换新皮带。

(4) 清理现场，启泵。

(5) 回收工具并填写记录。

三、准备工作

(1) 工具、用具、材料准备：375mm 活动扳手 2 把，套筒扳手 1 套，1000mm 加力杠 1 根，150mm 钢板尺 1 把，3000mm 靠尺 1 把，500mm 撬杠 1 根，1000mm 撬杠 1 根，150mm 卡尺 1 把，同型号皮带若干，润滑脂若干，擦布若干。

(2) 劳动防护用品准备齐全，穿戴整齐。

四、操作步骤

(1) 按操作规程停泵，打开放空阀门泄压，拉闸断电，挂标识牌。

(2) 卸电动机皮带轮护罩。拆下皮带护罩螺栓，将护罩取下。

(3) 卸松电动机固定螺栓、顶丝，用撬杠向前移动电动机使皮带松弛，取下旧皮带。

(4) 检查新皮带，型号应与旧皮带一致，无裂纹、无毛刺、无老化为合格。

(5) 裸手将新皮带挂上，然后用顶丝向后移动电动机，调整皮带松紧及四点一线。用力下压皮带的两轮中点位置，下压量不超过20mm，四点一线误差小于2mm为合格，固定螺栓和顶丝加润滑脂，紧固电动机前顶丝及固定螺栓。

(6) 将皮带护罩安装到位，上紧护罩螺栓。

(7) 清理现场，启泵正常后，再次查看皮带松紧度，合格后挂运行牌。

(8) 清洁并回收工具、用具，清理现场，做好记录。

五、技术要求

(1) 四点一线误差不能超过2mm，松紧适度。

(2) 皮带松紧合适，下压量不超过20mm。

(3) 对角紧固电动机地脚螺栓。

项目六　柱塞泵更换柱塞操作

柱塞是柱塞泵的主要配件之一，柱塞损坏后会造成柱塞泵刺漏，严重影响泵效，应及时更换柱塞。

一、风险提示及防范措施

本项目风险提示及防范措施见表2-4-6。

表2-4-6　风险提示及防范措施

风险提示		防范措施
人身伤害	触电	定期检查接地线路完好，操作员工戴绝缘手套侧身分、合闸刀
人身伤害	机械伤害	设备防护设施完好、齐全，严格按设备操作规程操作，操作员工开关阀门时侧身
设备损坏		严格执行操作规程，平稳操作，严禁倒错流程憋压损坏设备
环境污染		正确切换流程，以免憋压造成泄漏

二、操作流程

(1) 准备工作。

(2) 停泵倒流程。

(3) 更换柱塞。

（4）启泵试运。

（5）回收工具并填写记录。

三、准备工作

（1）工具、用具、材料准备：8～32mm 梅花扳手 1 套，F 形扳手 1 把，350mm 管钳 1 把，试电笔 1 支，重型套筒 1 套，手锤 1 把，松紧密封填料压帽专用杆 1 根，总成密封圈，合适填料，同型号柱塞杆 1 根，压盖衬套，导向环，铅垫，弹簧座，弹簧，润滑脂若干，擦布若干。

（2）劳动防护用品准备齐全，穿戴整齐。

四、操作步骤

（1）按操作规程停泵，打开放空阀门泄压，观察确认压力表落零，拉闸断电，挂标识牌。

（2）卸掉柱塞卡箍，盘车将柱塞与十字头挺杆脱开。

（3）松开填料总成压紧法兰的 4 个螺母，敲击填料总成，使其松动，转动填料总成 45°，取下填料总成。

（4）卸掉填料总成压盖，取出柱塞及配件，清理填料总成。

（5）检查总成缸筒、填料压盖、压盖衬套、弹簧座、弹簧、导向环是否合格。

（6）装入同型号柱塞、密封填料及其他配件。

（7）更换总成密封胶圈，安装填料总成。

（8）按操作规程倒好流程，启泵试运。

（9）清洁并回收工具、用具，清理现场，做好记录。

五、技术要求

（1）填料切口错开 90°～120°。

（2）法兰螺栓要对角紧固，保证柱塞与拉杆同心。

（3）紧固连杆卡子时要对称，间隙一致。

项目七　柱塞泵更换密封填料操作

柱塞泵密封填料损坏后，造成柱塞泵刺漏，影响泵效，严重时引起润滑油变质而损坏机泵，应及时更换。

一、风险提示及防范措施

本项目风险提示及防范措施见表 2-4-7。

表 2-4-7　风险提示及防范措施

风险提示		防范措施
人身伤害	触电	定期检查接地线路完好，操作员工戴绝缘手套侧身分、合闸刀
	机械伤害	设备防护设施完好、齐全，严格按设备操作规程操作，操作员工开关阀门时侧身
设备损坏		严格执行操作规程，平稳操作，严禁倒错流程憋压损坏设备
环境污染		正确切换流程，以免憋压造成泄漏

二、操作流程

（1）准备工作。
（2）停泵倒流程。
（3）更换填料。
（4）启泵试运。
（5）回收工具并填写记录。

三、准备工作

（1）工具、用具、材料准备：8~32mm 梅花扳手 1 套，F 形扳手 1 把，350mm 管钳 1 把，试电笔 1 支，重型套筒 1 套，手锤 1 把，填料钩 1 把，松紧密封填料压帽专用杆 1 根，同规格填料若干，润滑脂若干，擦布若干。
（2）劳动防护用品准备齐全，穿戴整齐。

四、操作步骤

（1）按操作规程停泵，打开放空阀门泄压，观察确认压力表落零，拉闸断电，挂标识牌。
（2）拆卸总成压帽，拆卸压盖衬套，用填料钩取出填料。
（3）检查柱塞是否磨损，压盖衬套有无偏磨。
（4）填料涂抹润滑脂，平行压入。
（5）填料切口错开 90°~120°，最外面一根切口向下，安装压盖衬套，上紧总成压帽。
（6）按操作规程倒好流程，启泵试运。
（7）清洁并回收工具、用具，清理现场，做好记录。

五、技术要求

（1）填料切口错开 90°~120°，最外面一根切口向下。
（2）填料漏失量为 10~30 滴/min。

项目八 柱塞泵挡油头油封更换操作

柱塞泵的挡油头油封为骨架油封,是十字头挺杆与油封盒的密封件,由于往复运动行程长,油封唇口容易磨损,油封磨损后会造成润滑油漏失,影响润滑效果。挡油头油封损坏后,应及时进行更换。

一、风险提示及防范措施

本项目风险提示及防范措施见表2-4-8。

表 2-4-8 风险提示及防范措施

风险提示		防范措施
人身伤害	触电	定期检查接地线路完好,操作员工戴绝缘手套侧身分、合闸刀
	机械伤害	设备防护设施完好、齐全,严格按设备操作规程操作,操作员工开关阀门时侧身
设备损坏		严格执行操作规程,平稳操作,严禁倒错流程憋压损坏设备
环境污染		正确切换流程,以免憋压造成泄漏

二、操作流程

(1)准备工作。
(2)停泵倒流程。
(3)更换油封。
(4)启泵试运。
(5)回收工具并填写记录。

三、准备工作

(1)工具、用具、材料准备:8~32mm梅花扳手1套,F形扳手1把,350mm管钳1把,试电笔1支,手锤1把,300mm平口螺丝刀1把,拆卸油封专用工具1把,同规格O形密封圈、同规格油封若干,青稞纸若干,润滑脂若干。
(2)劳动防护用品准备齐全,穿戴整齐。

四、操作步骤

(1)按操作规程停泵,打开放空阀门泄压,观察确认压力表落零,拉闸断电,挂标识牌。
(2)拆卸卡箍,将柱塞与十字头挺杆分开后,取下挡水板。
(3)拆卸挡油头油封压帽,取出O形密封圈。
(4)取出油封和油环。

(5) 检查并更换新的 O 形密封圈、油封，装好挡油头油封压帽、挡水板及卡箍。

(6) 按操作程序倒好流程，启泵试运，检查油封，以不漏油为原则。

(7) 清洁并回收工具、用具，清理现场，做好记录。

五、技术要求

(1) 安装油封时要求与挺杆垂直，弹簧无脱落。

(2) 油封安装方向正确。

项目九　柱塞泵更换安全阀操作

柱塞泵安全阀为弹簧式安全阀，其作用是超压时通过向系统外排放介质，实现自动泄压，防止管道或设备损坏伤人，对人身安全和设备运行起重要保护作用，安全阀应定期检验和更换。

一、风险提示及防范措施

本项目风险提示及防范措施见表 2-4-9。

表 2-4-9　风险提示及防范措施

风险提示		防范措施
人身伤害	触电	定期检查接地线路完好，操作员工戴绝缘手套侧身分、合闸刀
	机械伤害	设备防护设施完好、齐全，严格按设备操作规程操作，操作员工开关阀门时侧身
设备损坏		严格执行操作规程，平稳操作，严禁倒错流程憋压损坏设备
环境污染		正确切换流程，以免憋压造成泄漏

二、操作流程

(1) 准备工作。

(2) 停泵倒流程。

(3) 更换安全阀。

(4) 启泵试运。

(5) 回收工具并填写记录。

三、准备工作

(1) 工具、用具、材料准备：600mm 管钳 1 把，375mm 活动扳手 1 把，钢丝刷 1 把，绝缘手套 1 副，试电笔 1 支，校验合格的安全阀 1 个，生料带若干，擦布 1 块。

(2) 劳动防护用品准备齐全，穿戴整齐。

四、操作步骤

（1）按操作规程停泵，打开放空阀门泄压，观察确认压力表落零，拉闸断电，挂标识牌。

（2）拆卸安全阀引管、安全阀、安全阀双丝。

（3）清理双丝、安装部位螺纹，将双丝缠上生料带。

（4）安装双丝，更换压力符合机泵运行要求且校验合格的安全阀，安装引管。

（5）按操作规程启泵试运，检查有无渗漏，正常后挂好运行标志牌。

（6）清洁并回收工具、用具，清理现场，做好记录。

五、技术要求

（1）安全阀螺纹无损伤，有校验合格证。

（2）安全阀排出口方向正确。

项目十　柱塞泵更换吸液阀弹簧座

柱塞泵吸液阀弹簧座是扶正吸液弹簧的部件，吸液弹簧座损坏会导致填料总成密封垫刺坏，造成高压水泄漏，如不及时更换，可能会造成曲轴箱润滑油变质。

一、风险提示及防范措施

本项目风险提示及防范措施见表2-4-10。

表2-4-10　风险提示及防范措施

风险提示		防范措施
人身伤害	触电	定期检查接地线路完好，操作员工戴绝缘手套侧身分、合闸刀
	机械伤害	设备防护设施完好、齐全，严格按设备操作规程操作，操作员工开关阀门时侧身
设备损坏		严格执行操作规程，平稳操作，严禁倒错流程憋压损坏设备
坏境污染		正确切换流程，以免憋压造成泄漏

二、操作流程

（1）准备工作。

（2）停泵，倒流程泄压。

（3）更换吸液阀弹簧座。

（4）启泵试运。

（5）回收工具并填写记录。

三、准备工作

（1）工具、用具、材料准备：8~32mm 梅花扳手 1 套，F 形扳手 1 把，350mm 管钳 1 把，绝缘手套 1 副，试电笔 1 支，重型套筒 1 套，手锤 1 把，松紧密封填料压帽专用杆 1 根，吸液阀弹簧座 1 个，总成密封圈若干，O 形密封圈若干，内六角扳手 1 套，500mm 撬杠 1 根，铜棒 1 根，润滑脂若干，擦布若干。

（2）劳动防护用品准备齐全，穿戴整齐。

四、操作步骤

（1）按操作规程停泵，打开放空阀门泄压，观察确认压力表落零，拉闸断电，挂标识牌。

（2）拆卸泵头阀座总成。

（3）拆卸填料总成与压紧法兰。

（4）用内六角扳手拆卸吸液阀弹簧座固定螺栓。

（5）取出旧吸液阀弹簧座。

（6）将 O 形密封圈装入吸液阀弹簧座密封槽内，弹簧座与泵头接触面涂抹润滑油。

（7）安装吸液阀弹簧座。

（8）更换填料总成密封圈，安装填料总成。

（9）安装阀座总成及压紧法兰。

（10）倒流程，启泵试运，检查安装部位有无渗漏。

（11）清洁并回收工具、用具，清理现场，做好记录。

五、技术要求

（1）各部位连接螺栓要对称紧固。

（2）柱塞总成与压紧法兰旋转 45°。

（3）阀座及阀片密封面光滑、无沟槽。

项目十一 柱塞泵更换润滑油操作

润滑油在工作中起到润滑、清洗、降温及抗冲击载荷的作用，润滑油变质后黏度下降，附着能力下降，容易引起机械磨损，造成曲轴箱温度升高，如不能及时清洗更换，会造成烧瓦、抱轴、拉缸事故。

一、风险提示及防范措施

本项目风险提示及防范措施见表 2-4-11。

表 2-4-11　风险提示及防范措施

风险提示		防范措施
人身伤害	触电	定期检查接地线路完好，操作员工戴绝缘手套侧身分、合闸刀
	机械伤害	设备防护设施完好、齐全，严格按设备操作规程操作，操作员工开关阀门时侧身，禁止戴手套盘车
设备损坏		严格执行操作规程，平稳操作，严禁违章敲击设备
环境污染		正确切换流程，以免憋压造成泄漏

二、操作流程

（1）准备工作。

（2）停泵倒流程。

（3）更换润滑油。

（4）回收工具并填写记录。

三、准备工作

（1）工具、用具、材料准备：300mm 活动扳手 1 把，17~19mm 梅花扳手 1 把，F 形扳手 1 把，绝缘手套 1 副，试电笔 1 支，石棉板若干，剪刀 1 把、1000mm 钢板尺 1 把，手锤 1 把，手电筒 1 把，润滑油若干，清洗油若干，擦布若干。

（2）劳动防护用品准备齐全，穿戴整齐。

四、操作步骤

（1）按操作规程停泵，打开放空阀门泄压，拉闸断电，挂标识牌。

（2）清洗放油口及加油口，卸掉放油丝堵，将曲轴箱内润滑油放出。

（3）卸掉曲轴箱后盖板螺栓，取下后盖板。

（4）清洗曲轴及滑道。

（5）清理曲轴箱底部，擦净晾干。

（6）检查轴瓦及十字头销磨损情况，清洗润滑油看窗。

（7）安装曲轴箱后盖板，用 8 字法对称紧固螺栓，擦净放油丝堵，缠密封带拧紧。

（8）加入经过三级过滤的润滑油，液位在看窗的 1/2~2/3 处。

（9）检查后盖板及润滑油看窗密封处有无渗漏。

（10）清洁并回收工具、用具，清理现场，做好记录。

五、技术要求

（1）加油口清洁，液位在看窗的 1/2~2/3 处。

(2) 润滑油油质合格，经过三次过滤一次沉淀。

项目十二　柱塞泵更换阀座、阀片操作

柱塞泵的阀座、阀片是液力端主要部件，包括阀座、吸液阀片、排出阀片，液体的吸入及增压排出都是通过阀座和阀片的开闭完成的，泵阀损坏后会引起泵效下降，压力及排量降低。

一、风险提示及防范措施

本项目风险提示及防范措施见表 2-4-12。

表 2-4-12　风险提示及防范措施

风险提示		防范措施
人身伤害	触电	定期检查接地线路完好，操作员工戴绝缘手套侧身分、合闸刀
	机械伤害	设备防护设施完好、齐全，严格按设备操作规程操作，操作员工开关阀门时侧身
设备损坏		严格执行操作规程，平稳操作，严禁违章敲击设备，密封垫片安装正确，防止泵头内腔刺漏损伤
环境污染		正确切换流程，以免憋压造成刺漏

二、操作流程

(1) 准备工作。
(2) 停泵倒流程。
(3) 更换阀座、阀片。
(4) 启泵试运。
(5) 回收工具并填写记录。

三、准备工作

(1) 工具、用具、材料准备：重型套筒扳手 1 套，500mm 撬杠 1 根，300mm 活动扳手 1 把，17~19mm 梅花扳手 1 把，F 形扳手 1 把，150mm 游标卡尺 1 把，铜棒 1 根，试电笔 1 支，绝缘手套 1 副，压力钳 1 台，专用取阀器 1 件，吸入阀片、排液阀片若干，阀座、吸液弹簧、排液弹簧若干，密封圈若干，O 形密封圈若干，润滑脂若干。
(2) 劳动防护用品准备齐全，穿戴整齐。

四、操作步骤

(1) 按操作规程停泵，打开放空阀门泄压，观察确认压力表落零，拉闸断电，挂标识牌。

（2）拆卸压紧法兰，用顶丝顶开法兰，取出压紧法兰，检查法兰密封胶圈是否完好。

（3）用专用取阀器取出阀座总成，取出吸入阀片及弹簧，卸掉排出阀弹簧座螺栓。

（4）检查阀座、阀片表面是否光滑、有无损伤，检查弹簧有无损坏。

（5）清理泵头缸筒，检查缸壁表面是否光滑、有无孔洞，各部密封圈是否完好。

（6）将吸液弹簧、吸液阀片、阀座总成及密封圈装入缸筒，安装到位。

（7）装入阀座压紧法兰，对角紧固。

（8）倒流程，启泵试运。

（9）清洁并回收工具、用具，清理现场，做好记录。

五、技术要求

（1）安装吸入阀片时要活动自如。

（2）阀座、阀片密封面光滑。

项目十三　柱塞泵更换卡箍操作

柱塞泵卡箍是连接柱塞和十字头挺杆的连接件，其作用是带动柱塞在填料总成内往复运行，配合阀座、阀片实现低压水吸入和高压水的排出。

一、风险提示及防范措施

本项目风险提示及防范措施见表2-4-13。

表2-4-13　风险提示及防范措施

风险提示		防范措施
人身伤害	触电	定期检查接地线路完好，操作员工戴绝缘手套侧身分、合闸刀
人身伤害	机械伤害	设备防护设施完好、齐全，严格按设备操作规程操作，操作员工开关阀门时侧身
设备损坏		严格执行操作规程，平稳操作，对称紧固卡箍螺栓，避免卡箍松动磨损柱塞及挺杆卡箍头
环境污染		正确切换流程，以免憋压造成刺漏

二、操作流程

（1）准备工作。

（2）停泵倒流程。

(3) 更换卡箍。
(4) 启泵试运。
(5) 回收工具并填写记录。

三、准备工作

(1) 工具、用具、材料准备：8~32mm梅花扳手1套，F形扳手1把，铜棒1根，绝缘手套1副，试电笔1支，擦布若干。
(2) 劳动防护用品准备齐全，穿戴整齐。

四、操作步骤

(1) 按操作规程停泵，打开放空阀门泄压，拉闸断电，挂标识牌。
(2) 拆卸卡箍螺栓，卸掉连接卡箍。
(3) 检查柱塞及挺杆卡箍头有无磨损。
(4) 安装卡箍，对称紧固。
(5) 倒流程，启泵试运。
(6) 清洁并回收工具、用具，清理现场，做好记录。

五、技术要求

对称紧固，连接卡箍对口间隙一致。

项目十四 柱塞泵清洗过滤缸滤网操作

柱塞泵过滤缸安装在柱塞泵进口，防止介质中的杂物进入泵内。过滤缸滤网堵塞，会造成阀座、阀片密封不严，降低泵效，同时过滤网堵塞会造成泵供液不足，容易损坏泵头内部配件。

一、风险提示及防范措施

本项目风险提示及防范措施见表2-4-14。

表2-4-14 风险提示及防范措施

风险提示		防范措施
人身伤害	触电	定期检查接地线路完好，操作员工戴绝缘手套侧身分、合闸刀
	机械伤害	设备防护设施完好、齐全，严格按设备操作规程操作，操作员工开关阀门时侧身
设备损坏		严格执行操作规程，平稳操作，严禁违章敲击设备
环境污染		正确切换流程，以免憋压造成泄漏

二、操作流程

(1) 准备工作。

(2) 停泵倒流程。

(3) 清洗、安装过滤缸滤网。

(4) 启泵试运。

(5) 回收工具并填写记录。

三、准备工作

(1) 工具、用具、材料准备：200mm 克丝钳 1 把，200mm 活动扳手 1 把，F 形扳手 1 把，绝缘手套 1 副，清洗盆 1 个，擦布若干，润滑脂若干，清洗剂若干。

(2) 劳动防护用品准备齐全，穿戴整齐。

四、操作步骤

(1) 按操作规程停泵，打开放空阀门泄压，拉闸断电，挂标识牌。

(2) 卸掉过滤缸下部丝堵。

(3) 抽出开口销子，松开压紧丝杠，抽出销子，翻转压盖。

(4) 取出滤网，清理过滤缸内部及滤网堵塞物，用清洗剂清洗干净。

(5) 按安装方向将过滤网放入过滤器内。

(6) 检查密封胶圈有无损坏并涂抹润滑脂。

(7) 盖好过滤器压盖，穿入销子，拧紧丝杠，安装开口销子。

(8) 安装过滤缸丝堵。

(9) 倒流程，检查有无渗漏，启泵试运。

(10) 清洁并回收工具、用具，清理现场，做好记录。

五、技术要求

(1) 过滤网清洗干净，如损坏及时更换。

(2) 过滤网安装到位，方向正确。

(3) 密封圈无破损，无老化变形。

项目十五　柱塞泵更换曲轴油封操作

柱塞泵的曲轴油封是密封轴颈的密封件，一般使用骨架油封密封曲轴。骨架油封唇口磨损后会造成密封部位漏失，曲轴箱内润滑油液位降低，影响润滑效果，损坏曲轴箱内配件。

一、风险提示及防范措施

本项目风险提示及防范措施见表 2-4-15。

表 2-4-15　风险提示及防范措施

风险提示		防范措施
人身伤害	触电	定期检查接地线路完好，操作员工戴绝缘手套侧身分、合闸刀
	机械伤害	设备防护设施完好、齐全，严格按设备操作规程操作，操作员工开关阀门时侧身
设备损坏		严格执行操作规程，平稳操作，严禁违章敲击设备，防止损坏配件
环境污染		正确切换流程，以免憋压造成泄漏

二、操作流程

（1）准备工作。
（2）停泵倒流程。
（3）更换曲轴油封。
（4）启泵试运。
（5）回收工具并填写记录。

三、准备工作

（1）工具、用具、材料准备：8~24mm 梅花扳手 1 套，350mm 活动扳手 2 把，手锤 1 把，扁铲 1 把，250mm 平口螺丝刀 1 把，1000mm 撬杠 1 根，试电笔 1 支，绝缘手套 1 副，3000mm 靠尺 1 把，重型套筒扳手 1 套，铜棒 1 根，倒链支架 1 套，2t 手拉葫芦 1 个，同型号油封若干，润滑脂若干，砂纸若干。
（2）劳动防护用品准备齐全，穿戴整齐。

四、操作步骤

（1）按操作规程停泵，打开放空阀门泄压，拉闸断电，挂标识牌。
（2）拆卸电动机护罩。
（3）卸松电动机固定螺栓，向前移动电动机，取下旧皮带。
（4）卸掉曲轴箱皮带轮紧固螺栓，将螺栓装入顶丝孔，对称紧固，卸松并取下皮带轮。
（5）将扁铲插入轴套缝隙中，用手锤砸扁铲，撑开轴套，取下轴套及连接键。
（6）卸掉油封压盖螺栓，取出油封。
（7）检查轴颈表面是否光滑，有无毛刺及损伤。
（8）将油封平行装入轴颈部位，安装到位，对角紧固压盖螺栓。
（9）安装连接键，将大轮轴套推到原位，取下扁铲。
（10）将皮带轮安装到轴套上，对称紧固螺栓。
（11）安装皮带并调整松紧度，调整四点一线，对角紧固电动机地脚螺栓。

（12）按操作规程启泵，检查曲轴油封有无渗漏。
（13）清洁并回收工具、用具，清理现场，做好记录。

五、技术要求

（1）安装油封时要求与轴颈垂直，弹簧无脱落。
（2）对称紧固压盖螺栓。
（3）拆装皮带轮及轴套紧固螺栓要对称。
（4）皮带松紧度合适，四点一线合格，误差不超过2mm。

项目十六　柱塞泵曲轴箱温度升高的原因及处理

柱塞泵在运行过程中，轴瓦与轴颈磨损或十字头与缸筒研磨，会造成曲轴箱温度升高，所以在曲轴箱温度升高时要及时分析原因，采取相应的措施进行处理，保证曲轴箱正常运转。

一、风险提示及防范措施

本项目风险提示及防范措施见表2-4-16。

表2-4-16　风险提示及防范措施

风险提示		防范措施
人身伤害	触电	定期检查接地线路完好，操作员工戴绝缘手套侧身分、合闸刀
	机械伤害	定期保养、检修设备、设施，人站侧面开关阀门，防止在压力作用下零部件脱出伤人
设备损坏		严格执行操作规程，平稳操作，严禁违章敲击设备，防止损伤轴套、磨损油封
环境污染		按时巡回检查设备工艺管网，确认设备、设施、工艺完好无渗漏，正确切换流程，以免憋压造成泄漏

二、操作流程

（1）准备工作。
（2）原因分析。
（3）处理故障。
（4）回收工具并填写记录。

三、准备工作

（1）工具、用具、材料准备：17~19mm梅花扳手2把，F形扳手1把，300mm活动扳手1把，绝缘手套1副，试电笔1支，500mm撬杠1根，铜棒1根，250mm平口螺丝刀1把，0~25mm外径千分尺1把，150mm游标卡尺1把，三角刮刀1把，曲轴轴瓦。

（2）劳动保护用品准备齐全，穿戴整齐。

四、操作步骤

1. 原因分析

（1）曲轴箱进水使润滑油乳化，导致黏度下降。

（2）润滑油中含有杂质。

（3）润滑油液位低。

（4）润滑油型号错误。

（5）变频调速系统的影响。

（6）长期停运泵后启泵。

（7）柱塞泵负荷过大。

（8）泵房通风不好，环境温度高。

2. 处理措施

（1）按操作规程停泵，放出曲轴箱润滑油并清洗曲轴箱，更换润滑油。

（2）过滤或更换润滑油。

（3）更换漏失的骨架油封，及时补加润滑油至合理液位高度。

（4）按要求更换规定型号的润滑油。

（5）设定变频器频率最低值为20Hz。

（6）长期停运的柱塞泵启泵前进行空运。

（7）压力较高的柱塞泵，考虑在泵后串接增压泵达到压力要求，降低柱塞泵出口压力。

（8）泵房及时通风，避免环境温度过高。

（9）清洁并回收工具、用具，清理现场，做好记录。

五、技术要求

（1）使用规定牌号的润滑油，并对润滑油进行三次过滤一次沉淀。

（2）严格按照操作规程操作，启泵前盘泵检查有无卡阻，空运5min后再逐步加压（冬季空运时间不低于10min）。

项目十七 柱塞泵油封漏油的原因及处理

柱塞泵油封是密封曲轴箱与外部连接部件，防止润滑油泄漏的密封件。油封漏油可导致润滑油减少，润滑状况变差，导致曲轴箱运动部件的损坏。曲轴箱油封漏油后要分析油封漏油的原因，采取相应的处理措施，保证正常运转。

一、风险提示及防范措施

本项目风险提示及防范措施见表 2-4-17。

表 2-4-17 风险提示及防范措施

风险提示		防范措施
人身伤害	触电	定期检查接地线路完好,操作员工戴绝缘手套侧身分、合闸刀
	机械伤害	设备防护设施完好、齐全,严格按设备操作规程操作,操作员工开关阀门时侧身
设备损坏		严格执行操作规程,平稳操作,严禁违章敲击设备,防止损伤轴套、磨损油封
环境污染		正确切换流程,以免憋压造成泄漏

二、操作流程

(1) 准备工作。
(2) 原因分析。
(3) 处理措施。
(4) 回收工具并填写记录。

三、准备工作

(1) 工具、用具、材料准备:17~19mm 梅花扳手 2 把,2.5lb 手锤 1 把,钩形扳手 1 把,试电笔 1 支,绝缘手套 1 副,尖嘴钳 1 把,偏口钳 1 把,350mm 管钳 1 把,扁铲 1 把,与油封同径钢套 1 个,合格油封若干。
(2) 劳动保护用品准备齐全,穿戴整齐。

四、操作步骤

1. 原因分析

(1) 油封装配不当或倾斜,弹簧脱落。
(2) 油封制造质量不合格。
(3) 油封压盖退扣松动。
(4) 十字头挺杆、曲轴轴颈外表面拉伤或砸伤。
(5) 油封盒回油孔堵塞。

2. 处理措施

(1) 重新安装油封。
(2) 选择合格油封进行更换。
(3) 紧固压盖。
(4) 更换十字头挺杆及油封。

(5) 清理回油孔。

(6) 清洁并回收工具、用具，清理现场，做好记录。

五、技术要求

(1) 安装油封时要求与挺杆垂直，用专用工具安装。

(2) 及时更换拉伤或砸伤的挺杆。

项目十八　柱塞泵整机振动超限的原因及处理

柱塞泵在运行中噪声增大，产生振动，一旦发现振动过大，应及时分析原因，采取相应处理措施，保证机泵正常运转。

一、风险提示及防范措施

本项目风险提示及防范措施见表2-4-18。

表 2-4-18　风险提示及防范措施

风险提示		防范措施
人身伤害	触电	定期检查接地线路完好，操作员工戴绝缘手套侧身分、合闸刀
	机械伤害	设备防护设施完好、齐全，严格按设备操作规程操作，操作员工开关阀门时侧身
设备损坏		严格执行操作规程，平稳操作
环境污染		正确切换流程，以免憋压造成刺漏

二、操作流程

(1) 准备工作。

(2) 原因分析。

(3) 处理故障。

(4) 回收工具并填写记录。

三、准备工作

(1) 工具、用具、材料准备：375mm活动扳手2把，1000mm加力杠1根，大锤1把，梅花扳手1套，手锤1把，钩形扳手1把，试电笔1支，绝缘手套1副，垫铁若干。

(2) 劳动保护用品准备齐全，穿戴整齐。

四、操作步骤

1. 原因分析

(1) 螺栓松动，造成柱塞泵整体振动超限。

(2) 进口压力过低、供液不足，造成泵抽空。

(3) 管线悬空未固定。
(4) 吸入稳定器胶囊无氮气或破裂。
(5) 吸入阀片、排出阀片卡死,弹簧断裂,弹簧座螺栓脱落。
(6) 填料总成压盖松动,与连接卡箍发生撞击引起泵体振动超限。
(7) 连接卡箍松动,挺杆与柱塞撞击引起泵体振动。
(8) 柱塞或挺杆卡箍头断引起泵体振动。

2. 处理措施

(1) 紧固松动螺栓。
(2) 提高进口压力。
(3) 管线下部砸入垫铁,与管线焊接,上部用卡箍固定。
(4) 停泵泄压后更换吸入稳定器胶囊,充入氮气。
(5) 更换损坏配件。
(6) 停泵,更换柱塞总成及连接卡箍。
(7) 停泵,紧固或更换连接卡箍。
(8) 停泵,更换挺杆或柱塞。
(9) 清洁并回收工具、用具,清理现场,做好记录。

五、技术要求

(1) 定期检查吸入稳定器胶囊压力,保持在 0.03MPa。
(2) 启泵前放净管线内空气,保证水罐液位控制在合理高度。

项目十九 柱塞泵泵效下降的原因及处理

柱塞泵属于往复泵,其效率与泵的排量、压力成正比例关系,泵效的变化反映了泵头内各部件工作状况的变化,柱塞泵泵效下降后要及时分析原因,采取相应处理措施,保证正常生产。

一、风险提示及防范措施

本项目风险提示及防范措施见表 2-4-19。

表 2-4-19 风险提示及防范措施

风险提示		防范措施
人身伤害	触电	定期检查接地线路完好,操作员工戴绝缘手套侧身分、合闸刀
	机械伤害	设备防护设施完好、齐全,严格按设备操作规程操作,操作员工开关阀门时侧身
设备损坏		严格执行操作规程,平稳操作,严禁违章敲击设备
环境污染		正确切换流程,以免憋压造成刺漏

· 187 ·

二、操作流程

（1）准备工作。
（2）原因分析。
（3）处理故障。
（4）回收工具并填写记录。

三、准备工作

（1）工具、用具、材料准备：17~19mm 梅花扳手1把，F形扳手1把，300mm 活动扳手1把，绝缘手套1副，试电笔1支，重型套筒扳手1套，500mm 撬杠1根，铜棒1根，250mm 平口螺丝刀1把，阀座取出器1个，压力钳1台，阀座、吸液阀片、排液阀片、吸液弹簧、排液弹簧若干，密封圈若干，O形密封胶圈若干，润滑油若干。

（2）劳动保护用品准备齐全，穿戴整齐。

四、操作步骤

1. 原因分析

（1）阀座、阀片密封面不严造成漏失。
（2）有异物进入阀座排液孔内，造成阀片贴合不严。
（3）阀片复位弹簧断裂。
（4）泵头刺裂。
（5）吸液或排液阀片卡死。
（6）进口供液不足。
（7）启泵前未排气。

2. 处理措施

（1）更换阀座及阀片，要求阀座与阀片密封面光滑。
（2）更换阀座、阀片，检查过滤缸内过滤网。
（3）更换阀片复位弹簧。
（4）更换泵头。
（5）更换阀片。
（6）提高进口吸入压力。
（7）启泵前及时打开吸入稳定器放气螺钉放气。
（8）清洁并回收工具、用具，清理现场，做好记录。

五、技术要求

（1）安装吸入阀片时要检查是否活动自如。
（2）阀座、阀片密封面光滑，厚度一致。

项目二十　柱塞泵填料刺漏的原因及处理

柱塞柱密封填料损坏后，造成柱塞泵刺漏，影响泵效，严重时引起润滑油变质而损坏机泵，应及时进行更换。

一、风险提示及防范措施

本项目风险提示及防范措施见表 2-4-20。

表 2-4-20　风险提示及防范措施

风险提示		防范措施
人身伤害	触电	定期检查接地线路完好，操作员工戴绝缘手套侧身分、合闸刀
	机械伤害	设备防护设施完好、齐全，严格按设备操作规程操作，操作员工开关阀门时侧身
设备损坏		严格执行操作规程，平稳操作，严禁违章敲击设备
环境污染		正确切换流程，以免憋压造成刺漏

二、操作流程

（1）准备工作。
（2）原因分析。
（3）处理故障。
（4）回收工具并填写记录。

三、准备工作

（1）工具、用具、材料准备：8～32mm 梅花扳手 1 套，F 形扳手 1 把，350mm 管钳 1 把，试电笔 1 支，重型套筒 1 套，手锤 1 把，密封填料钩 1 把，松紧密封填料压帽专用杆 1 根，同规格填料若干，润滑脂若干，擦布若干。
（2）劳动防护用品准备齐全，穿戴整齐。

四、操作步骤

1. 原因分析

（1）密封填料磨损或数量不够。
（2）填料本身存在质量问题。
（3）填料更换过程中没有严格按照操作规程操作，错开角度不对。
（4）柱塞表面拉伤或有腐蚀孔洞。
（5）柱塞弹簧断。
（6）填料总成压盖松动或脱落。
（7）柱塞偏磨损坏填料。

(8) 新加填料过紧，启泵后过热造成填料性能下降。

2. 处理措施

(1) 检查填料磨损情况，更换密封填料，压紧填料总成压盖。
(2) 更换质量合格的密封填料。
(3) 填料切口错开 90°~120°，最外面一根切口朝下。
(4) 更换新的柱塞。
(5) 更换新的柱塞弹簧。
(6) 检查填料总成压盖松动或脱落原因，更换或紧固填料总成压盖。
(7) 对角紧固填料总成压紧法兰螺栓。
(8) 新加填料应松紧合适，且涂抹润滑油。
(9) 清洁并回收工具、用具，清理现场，做好记录。

五、技术要求

(1) 填料切口错开 90°~120°，最外面一根切口朝下。
(2) 填料盒安装到位，防止松动退扣。
(3) 启泵前在新柱塞杆上涂少量润滑油。

项目二十一 加药计量泵启泵前的检查和准备工作

常用的加药计量泵有柱塞式往复泵和隔膜式往复泵两种，它们都是依靠柱塞在缸内做往复运动改变泵工作缸的容积达到输送液体的目的。结构上由缸体部分和传动部分组成，其中缸体部分又由泵体、柱塞、N 形轴、进液单向阀、出液单向阀组成，传动部分由变速箱和曲柄连杆机构组成。

一、风险提示及防范措施

本项目风险提示及防范措施见表 2-4-21。

表 2-4-21 风险提示及防范措施

风险提示		防范措施
人身伤害	触电	定期检查接地线路完好，人站侧面戴绝缘手套分、合闸刀
	机械伤害	设备防护设施齐全、完好，定期保养检修，人站侧面开关阀门，防止在压力作用下零部件脱出伤人
	中毒	穿戴好劳动防护用品，加强通风，按设备操作规程操作
设备损坏		严格执行操作规程，平稳操作，严禁违章敲击设备
环境污染		正确切换流程，以免憋压造成刺漏

二、操作流程

(1) 准备工作。

（2）检查电源电压。

（3）检查流程。

（4）检查加药罐液位。

（5）检查压力表。

（6）检查变速箱油位。

（7）检查各阀门、螺栓。

（8）盘泵。

（9）回收工具并填写记录。

三、准备工作

（1）工具、用具、材料准备：200mm活动扳手1把，钩形扳手1把，200mm平口螺丝刀1把，润滑油脂若干，擦布若干。

（2）劳动防护用品准备齐全，穿戴整齐。

四、操作步骤

（1）检查电源电压应在360~420V。

（2）检查加药流程是否畅通。

（3）检查加药罐液位是否在规定范围内。

（4）检查确认压力表检验合格证在有效期内、指针落零、刻度清晰、铅封完好。

（5）检查确认变速箱液位在油箱看窗的1/2~2/3处，润滑油油质合格。

（6）检查确认各阀门灵活好用。

（7）检查确认各部位螺栓紧固。

（8）用手压隔膜泵补偿阀杆向膜腔内充油，排出膜腔内的气体至无气泡冒出。

五、技术要求

（1）启泵前必须将泵的进、出口阀全部打开。

（2）严禁出口阀门在关闭状态下启泵。

（3）操作中做好室内通风，防止中毒事故发生。

项目二十二　加药计量泵启泵操作

柱塞式加药计量泵的启泵操作是通过启动电动机使柱塞做往复运动，改变工作缸容积来输送介质，柱塞式加药计量泵的启泵操作是岗位员工的一项基本操作。

一、风险提示及防范措施

本项目风险提示及防范措施见表 2-4-22。

表 2-4-22 风险提示及防范措施

风险提示		防范措施
人身伤害	触电	定期检查接地线路完好,入站侧面戴绝缘手套分、合闸刀
	机械伤害	设备防护设施齐全、完好,定期保养检修,入站侧面开关阀门,防止在压力作用下零部件脱出伤人
	中毒	穿戴好劳动防护用品,加强通风,按设备操作规程操作
设备损坏		严格执行操作规程,平稳操作,严禁违章敲击设备
环境污染		正确切换流程,以免憋压造成刺漏

二、操作流程

（1）准备工作。
（2）倒流程。
（3）启泵。
（4）回收工具并填写记录。

三、准备工作

（1）工具、用具、材料准备：200mm 活动扳手 1 把，钩形扳手 1 把，200mm 平口螺丝刀 1 把，绝缘手套 1 副，试电笔 1 支，擦布若干。
（2）劳动防护用品准备齐全，穿戴整齐。

四、操作步骤

（1）做好加药计量泵启泵前的检查及准备工作。
（2）侧身平稳打开泵的出口、进口阀门。
（3）侧身合闸送电，按启动按钮启泵。
（4）检查泵的运行情况，检查出口压力表的压力值是否在工作范围内，检查各阀门、法兰有无渗漏现象，检查机组各传动部件有无异常声音、运行是否平稳。启泵后用量筒和秒表校验排量，根据来液量、原油物性调节加药量，检查调整填料渗漏情况。
（5）清洁并回收工具、用具，做好记录。

五、技术要求

（1）触摸电气设备时要戴好防护用具。
（2）启泵前必须将泵的进、出口阀全部打开。

(3) 按启动按钮时应侧身。

(4) 操作中做好室内通风,防止中毒事故发生。

项目二十三　加药计量泵停泵操作

柱塞式加药计量泵的停泵操作是指停止柱塞泵运转,进行设备、设施的维护、保养等,是管理柱塞式加药计量泵的一项基本操作。

一、风险提示及防范措施

本项目风险提示及防范措施见表 2-4-23。

表 2-4-23　风险提示及防范措施

风险提示		防范措施
人身伤害	触电	定期检查接地线路完好,人站侧面戴绝缘手套分、合闸刀
	机械伤害	设备防护设施齐全、完好,定期保养检修,人站侧面开关阀门,防止在压力作用下零部件脱出伤人
	中毒	穿戴好劳动防护用品,加强通风,按设备操作规程操作
设备损坏		严格执行操作规程,平稳操作,严禁违章敲击设备
环境污染		正确切换流程,以免憋压造成刺漏

二、操作流程

(1) 准备工作。

(2) 停泵。

(3) 关闭泵进、出口阀门。

(4) 回收工具并填写记录。

三、准备工作

(1) 工具、用具、材料准备:200mm 活动扳手 1 把,钩形扳手 1 把,200mm 平口螺丝刀 1 把,绝缘手套 1 副,试电笔 1 支,擦布若干。

(2) 劳动防护用品准备齐全,穿戴整齐。

四、操作步骤

(1) 按停止按钮停泵,挂标识牌。

(2) 关闭泵进、出口阀门。

(3) 如长期停用,清理加药罐,关闭加药罐出口阀门。

(4) 清洁并回收工具、用具,做好记录。

五、技术要求

(1) 触摸电气设备时要戴好防护用具。

(2) 按停止按钮时应侧身。
(3) 操作中做好室内通风,防止中毒事故发生。

项目二十四　加药计量泵倒泵操作

柱塞式加药计量泵的倒泵操作是指通过对预停泵的停运及预启泵的启动,实现计量加药泵的切换工作,满足生产的要求,是管理柱塞式加药计量泵的一项基本操作。

一、风险提示及防范措施

本项目风险提示及防范措施见表2-4-24。

表2-4-24　风险提示及防范措施

风险提示		防范措施
人身伤害	触电	定期检查接地线路完好,人站侧面戴绝缘手套分、合闸刀
	机械伤害	设备防护设施齐全、完好,定期保养检修,人站侧面开关阀门,防止在压力作用下零部件脱出伤人
	中毒	穿戴好劳动防护用品,加强通风,按设备操作规程操作
设备损坏		严格执行操作规程,平稳操作,严禁违章敲击设备
环境污染		正确切换流程,以免憋压造成刺漏

二、操作流程

(1) 准备工作。
(2) 检查预启泵。
(3) 停预停泵。
(4) 启预启泵。
(5) 回收工具并填写记录。

三、准备工作

(1) 工具、用具、材料准备:200mm活动扳手1把,钩形扳手1把,200mm平口螺丝刀1把,绝缘手套1副,试电笔1支,擦布若干。
(2) 劳动防护用品准备齐全,穿戴整齐。

四、操作步骤

(1) 进行加药计量泵启泵前的检查及准备工作。
(2) 打开预启泵的进、出口阀门。
(3) 按停泵操作规程停预停泵。

（4）按启泵操作规程启动预启泵。
（5）检查泵的运行情况，调节好加药量。
（6）关闭预停泵进、出口阀门。
（7）通知相关岗位，清洁并回收工具、用具，做好记录。

五、技术要求

（1）触摸电气设备要戴好防护用具。
（2）按启停按钮时应侧身。
（3）操作中做好室内通风，防止中毒事故发生。

项目二十五 根据来液量调整加药量操作

在实际生产中，由于原油处理站进站液量不稳定，根据来液量的变化，及时计算并调整加药量，是保证化学脱水效果和降低加药成本的一项重要工作。

一、风险提示及防范措施

本项目风险提示及防范措施见表 2-4-25。

表 2-4-25 风险提示及防范措施

风险提示		防范措施
人身伤害	机械伤害	设备防护设施齐全、完好，定期保养检修，人站侧面开关阀门，防止在压力作用下零部件脱出伤人
	触电	定期检查接地线路完好，人站侧面戴绝缘手套分、合闸刀
	中毒	穿戴好防护用品，加强通风
设备损坏		严格执行操作规程，平稳操作，严禁违章敲击设备
环境污染		正确切换流程，以免憋压造成刺漏

二、操作流程

（1）准备工作。
（2）确定来液量、加药比。
（3）计算、调整加药量。
（4）回收工具并填写记录。

三、准备工作

（1）工具、用具、材料准备：200mm 活动扳手 1 把，钩形扳手 1 把，200mm 平口螺丝刀 1 把，计算器 1 个，试电笔 1 支，绝缘手套 1 副，擦布若干。
（2）劳动防护用品准备齐全，穿戴整齐。

四、操作步骤

(1) 根据已知来液量、加药比（或加药浓度）计算出加药量。
(2) 计算公式为：加药量＝来液量×加药比（或加药浓度）。
(3) 根据计算结果，调整加药泵的排量。
(4) 根据调整后的加药情况检测脱水效果。
(5) 清洁并回收工具、用具，填写记录。

五、技术要求

(1) 触摸电气设备要戴好防护用具。
(2) 按停止按钮时应侧身。
(3) 操作中做好室内通风，防止中毒事故发生。

项目二十六　更换加药计量泵阀、阀座操作

阀与阀座是加药计量泵的主要配件之一，阀与阀座损坏将直接影响加药泵泵效，造成脱水效果差，影响安全生产。

一、风险提示及防范措施

本项目风险提示及防范措施见表 2-4-26。

表 2-4-26　风险提示及防范措施

风险提示		防范措施
人身伤害	触电	定期检查接地线路完好，人站侧面戴绝缘手套分、合闸刀
	机械伤害	设备防护设施齐全、完好，定期保养检修，人站侧面开关阀门，防止在压力作用下零部件脱出伤人
	中毒	穿戴好劳动防护用品，加强通风，按设备操作规程操作
设备损坏		严格执行操作规程，平稳操作，严禁违章敲击设备
环境污染		正确切换流程，以免憋压造成刺漏

二、操作流程

(1) 准备工作。
(2) 停泵倒流程。
(3) 更换阀、阀座。
(4) 试运。
(5) 回收工具并填写记录。

三、准备工作

（1）工具、用具、材料准备：8~32mm 开口扳手 1 套，200mm 活动扳手 1 把，150mm 平口螺丝刀 1 把，500mm 撬杠 1 根，手锤 1 把，F 形扳手 1 把，同型号阀座、阀各 1 个，同型号密封圈若干，耐油橡胶手套 1 副，试电笔 1 支，绝缘手套 1 副，擦布若干，清洗剂若干。

（2）劳动防护用品准备齐全，穿戴整齐。

四、操作步骤

（1）按操作规程停泵，打开放空阀门泄压，拉闸断电，挂标识牌。

（2）压力表归零后，拆卸泵的进、出口阀座压紧螺母，取出阀、阀座及密封圈。

（3）清洗并检查阀、阀座磨损及腐蚀情况。

（4）检查阀座密封圈是否变形损坏。

（5）选择完好的阀、阀座、密封圈，并按要求组装好进、出口阀座。

（6）将装配好的进、出口阀座按照正确方向安装。

（7）按操作规程启泵试运。

（8）检查更换后的阀、阀座是否运行完好。

（9）按生产要求调整计量泵的加药量。

（10）清洁并回收工具、用具，做好记录。

五、技术要求

（1）启停泵时，应戴绝缘手套，侧身站在绝缘胶皮上。

（2）压力归零后方可进行操作，防止余压喷出伤人。

（3）操作中做好室内通风，防止中毒事故发生。

第五节　压缩机

项目一　活塞式压缩机运行中的检查

活塞式压缩机是指靠一组或数组气缸及其内做往复运动的活塞，改变其内部容积的设备。活塞式压缩机是容积型往复式压缩机，需要对其运行工况进行巡查，及时发现和处理异常状况，确保其正常运行。

一、风险提示及防范措施

本项目风险提示及防范措施见表 2-5-1。

表 2-5-1　风险提示及防范措施

风险提示		防范措施
人身伤害	触电	定期检查接地线路完好，操作员工戴绝缘手套侧身分、合闸刀
	烫伤	机体运行温度较高，操作人员应保持一定距离或穿戴好劳动保护用品
	机械伤害	设备防护设施完好、齐全，严格按设备操作规程操作，操作员工开关阀门时侧身
设备损坏		严格执行操作规程，平稳操作，严禁违章敲击设备

二、操作流程

（1）准备工作。
（2）检查润滑油。
（3）检查异响、泄漏。
（4）检查电动机温度。
（5）检查气缸。
（6）检查电流、电压。
（7）排放冷凝水。
（8）回收工具并填写记录。

三、准备工作

（1）工具、用具、材料准备：250mm、300mm 活动扳手各 1 把，油壶 1 把，润滑油脂若干，听针 1 个，克丝钳 1 把，记录笔 1 支，记录纸若干，擦布若干。
（2）劳动防护用品准备齐全，穿戴整齐。

四、操作步骤

（1）检查确认润滑油油质合格、液位符合要求。
（2）曲轴箱内轴承为溅油润滑的压风机，油池的润滑油应飞溅到曲轴、连杆瓦的润滑部位，检查确认润滑油压力在规定范围内。
（3）检查确认各部位无异响、无渗漏。
（4）检查电动机轴承温度，应小于 80℃。
（5）检查各级气缸温度及排出压力。
（6）检查确认电流、电压在额定值以内。
（7）及时排放储气包内的冷凝水。
（8）清洁并回收工具、用具，清理现场，做好记录。

五、技术要求

（1）润滑油液位应在 1/2~2/3 之间。
（2）机体运行温度较高，操作人员与机体高温部位应保持一定距离。

项目二　活塞式压缩机启动停运操作

活塞式压缩机启动停运操作是活塞式压缩机的基本操作，其操作正确与否将直接影响活塞式压缩机的使用寿命。

一、风险提示及防范措施

本项目风险提示及防范措施见表 2-5-2。

表 2-5-2　风险提示及防范措施

风险提示		防范措施
人身伤害	触电	定期检查接地线路完好，操作员工戴绝缘手套侧身分、合闸刀
	烫伤	机体运行温度较高，操作人员应保持一定距离或穿戴好劳动保护用品
	机械伤害	设备防护设施完好、齐全，严格按设备操作规程操作，操作员工开关阀门时侧身
	设备损坏	严格执行操作规程，平稳操作，严禁违章敲击设备

二、操作流程

（1）准备工作。
（2）启动前的准备工作。
（3）压风机的启动。
（4）停机操作。
（5）回收工具并填写记录。

三、准备工作

（1）工具、用具、材料准备：250mm、300mm 活动扳手各 1 把，油壶 1 把，润滑油脂若干，盘车专用工具 1 个，听针 1 个，克丝钳 1 把，记录笔 1 支，记录纸若干，擦布若干。
（2）劳动防护用品准备齐全，穿戴整齐。

四、操作步骤

1. 启动前的准备工作

（1）严格按巡回检查路线进行检查，确认紧固连接部件无松动。
（2）检查曲轴箱的油位观察窗或旋塞油尺，液位在 1/2~2/3 处，检查确认油质合格。

(3) 检查确认各级压力表及安全附件完好并在有效期内。

(4) 检查确认电动机接地线连接完好且合格。

(5) 检查确认电源电压显示值在电动机铭牌规定的-5%~10%之间。

(6) 检查确认电动机转向正确。

(7) 检查空气过滤器是否清洁、有无堵塞，关闭空气过滤器进气阀门、气包出气阀门，打开气包放空阀门。

(8) 检查压缩机周围有无杂物。

(9) 检查基础、底座表面有无传动件磨损残留物或油痕。

(10) 手动盘车3~5圈，检查确认转动灵活，各部件无卡阻、杂音及异响。

(11) 合闸送电，挂启动牌，准备启动压风机。

2. 压风机的启动

(1) 按启动按钮，启动压风机。

(2) 当启动柜从减压切换到全压后，打开空气过滤器进气阀门，待该机运行正常后关闭放空阀，打开供气阀门供气。

(3) 运转正常后，挂好运行标识牌，通知相关岗位，做好记录。

3. 停机操作

(1) 打开放空阀门，关闭空气过滤器进气阀门，卸去负荷运行5~10min，按停止按钮停机，关闭储气包出气阀门。

(2) 挂停机标识牌，做好记录。

五、技术要求

(1) 曲轴箱油位在1/2~2/3处，油质合格。

(2) 电源电压在电动机铭牌规定的-5%~10%之间。

项目三　活塞式压缩机日常维护保养操作

活塞式压缩机日常维护保养的目的是通过清洁、紧固、调整、润滑等操作，以确保机组平稳安全运行。

一、风险提示及防范措施

本项目风险提示及防范措施见表2-5-3。

表2-5-3　风险提示及防范措施

风险提示		防范措施
人身伤害	触电	定期检查接地线路完好，操作员工戴绝缘手套侧身分、合闸刀

续表

风险提示		防范措施
人身伤害	烫伤	作业前压缩机需降到安全温度方可作业；穿戴好劳动保护用品
	机械伤害	设备防护设施完好、齐全，严格按设备操作规程操作，操作员工开关阀门时侧身
设备损坏		严格执行操作规程，平稳操作，严禁违章敲击设备

二、操作流程

（1）准备工作。
（2）擦洗清洁。
（3）检查紧固。
（4）检查润滑油。
（5）回收工具并填写记录。

三、准备工作

（1）工具、用具、材料准备：250mm、300mm 活动扳手各 1 把，油壶 1 把，润滑油脂若干，克丝钳 1 把，记录笔 1 支，记录纸若干，擦布若干。
（2）劳动防护用品准备齐全，穿戴整齐。

四、操作步骤

（1）擦拭机组，保证外表清洁。
（2）检查确认各固定螺栓无松动。
（3）检查确认润滑油油质合格，液位在 1/2~2/3 处。
（4）回收工具并填写记录。

五、技术要求

润滑油液位应在 1/2~2/3 处，油质合格。

项目四　螺杆式压缩机运行中的检查

螺杆压缩机是容积式双螺杆喷油压缩机，一般为箱式橇装结构。螺杆式压缩机运行中的检查，是对其运行工况进行巡查，及时发现和处理异常状况，确保其正常运行。螺杆式压缩机的结构如图 2-5-1 所示。

一、风险提示及防范措施

本项目风险提示及防范措施见表 2-5-4。

表 2-5-4 风险提示及防范措施

风险提示		防范措施
人身伤害	触电	定期检查接地线路完好，操作员工戴绝缘手套侧身分、合闸刀
	烫伤	作业前压缩机需降到安全温度方可作业；穿戴好劳动保护用品
	机械伤害	设备防护设施完好、齐全，严格按设备操作规程操作，操作员工开关阀门时侧身
设备损坏		严格执行操作规程，平稳操作，严禁违章敲击设备

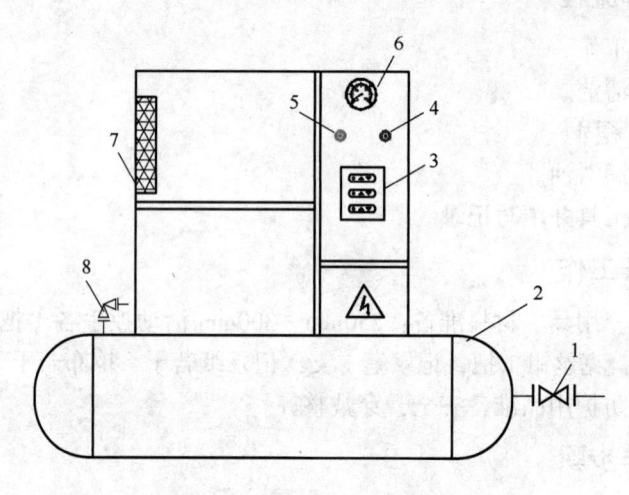

图 2-5-1 螺杆式压缩机结构图
1—排气阀；2—储气罐；3—参数设定；4—停机按钮；5—启动按钮；6—仪表盘；7—进气口；8—安全阀

二、操作流程

（1）准备工作。
（2）检查出口压力、机体温度。
（3）检查电流、电压。
（4）检查电动机轴承。
（5）检查排气温度。
（6）检查系统管线。
（7）检查冷却风扇。
（8）回收工具并填写记录。

三、准备工作

（1）工具、用具、材料准备：250mm、300mm 活动扳手各 1 把，油壶 1 把，润滑油脂若干，听针 1 个，克丝钳 1 把，记录笔 1 支，记录纸若干，擦布若干。

(2)劳动防护用品准备齐全，穿戴整齐。

四、操作步骤

(1)检查时要做到看、听、摸、闻。
(2)检查确认压缩机出口压力不高于额定压力，机体温度正常。
(3)检查确认电动机工作电流不超过额定电流。
(4)检查确认电动机轴承温度在规定范围内。
(5)检查确认油气分离器液位、油质合格。
(6)检查油路润滑系统管线、接头，确认无渗漏。
(7)检查确认冷却风扇、压缩机组运行平稳。
(8)检查电动机与压缩机连接情况，若为皮带传动，传动皮带应无打滑、掉渣情况。
(9)回收工具并填写记录。

五、技术要求

(1)机体温度不大于100℃。
(2)电动机轴承温度不大于80℃。
(3)排气温度不大于100℃。
(4)油气分离器液位在1/2~2/3处。

项目五　螺杆式压缩机启动、停运操作

螺杆式压缩机启动、停运操作是螺杆式压缩机的基本操作，其操作正确与否将直接影响螺杆式压缩机的使用寿命，通过启动、停运操作改变压缩机的运行或停运状态。

一、风险提示及防范措施

本项目风险提示及防范措施见表2-5-5。

表2-5-5　风险提示及防范措施

风险提示		防范措施
人身伤害	触电	定期检查接地线路完好，操作员工戴绝缘手套侧身分、合闸刀
	烫伤	机体运行温度较高，操作人员应保持一定距离或穿戴好劳动保护用品
	机械伤害	设备防护设施完好、齐全，严格按设备操作规程操作，操作员工开关阀门时侧身
设备损坏		严格执行操作规程，平稳操作，严禁违章敲击设备

二、操作流程

（1）准备工作。

（2）启动前的检查。

（3）启动操作。

（4）停运操作。

（5）回收工具并填写记录。

三、准备工作

（1）工具、用具、材料准备：250mm、300mm 活动扳手各 1 把，油壶 1 把，润滑油脂若干，盘车专用工具 1 个，听针 1 个，克丝钳 1 把，记录笔 1 支，记录纸若干，擦布若干。

（2）劳动防护用品准备齐全，穿戴整齐。

四、操作步骤

1. 启动前的检查

（1）检查确认压缩机周围无杂物，室内通风良好。

（2）检查确认空气过滤器无堵塞，各紧固螺栓连接处无松动。

（3）检查确认油气分离器油质合格，液位在 1/2~2/3 处。

（4）电动机与压缩机连接若为皮带传动，检查确认传动皮带四点一线合格，松紧度适中；电动机与压缩机连接若为联轴器连接，检查确认联轴器两轴同心度、端面轴向间隙在规定范围内。

（5）按压缩机的转动方向，盘车 3~5 圈，确认转动灵活、无卡阻。

（6）检查确认安全阀、压力表完好并在有效期内。

（7）检查确认油路润滑系统无渗漏，仪表控制线连接完好。

（8）打开出口阀门，确保压缩机空载启动。

（9）检查压缩机接地线连接完好。

（10）合闸送电，检查确认系统电压在 360~420V。

（11）检查确认仪表盘指示正确，确认保护设置（压力、温度、电流等）参数不高于铭牌规定值。

（12）与相关岗位进行联系，做好启动准备。

2. 启动操作

（1）按启动按钮启动压缩机。

（2）观察显示面板参数，确认压力、温度、电流正常，无异常声音，各部位无渗漏。

（3）运转正常后，挂好运行标识牌，通知相关岗位，做好记录。

3.停运操作

（1）按停止按钮，经卸载延时后，机组自动延时停机。
（2）拉闸断电，关闭压缩机出口阀门。
（3）挂停运标识牌，通知相关岗位，做好记录。
（4）回收工具并填写记录。

五、技术要求

（1）运转时油气分离器液位在 1/2~2/3 处。
（2）系统电压应在 360~420V。

项目六　螺杆式压缩机日常维护保养操作

螺杆式压缩机日常维护保养的目的是通过清洁、紧固、润滑、调整等操作，以确保机组平稳安全运行。

一、风险提示及防范措施

本项目风险提示及防范措施见表 2-5-6。

表 2-5-6　风险提示及防范措施

风险提示		防范措施
人身伤害	触电	定期检查接地线路完好，操作员工戴绝缘手套侧身分、合闸刀
	烫伤	作业前压缩机需降到安全温度方可作业；穿戴好劳动保护用品
	机械伤害	设备防护设施完好、齐全，严格按设备操作规程操作，操作员工开关阀门时侧身
设备损坏		严格执行操作规程，平稳操作，严禁违章敲击设备

二、操作流程

（1）准备工作。
（2）检查油位。
（3）检查空气滤芯。
（4）检查排气温度。
（5）检查冷凝水。
（6）回收工具并填写记录。

三、准备工作

（1）工具、用具、材料准备：250mm、300mm 活动扳手各 1 把，油壶 1 把，润滑油脂若干，克丝钳 1 把，记录笔 1 支，记录纸若干，擦布若干。
（2）劳动防护用品准备齐全，穿戴整齐。

四、操作步骤

(1) 检查确认油质合格，液位在 1/2~2/3 处。
(2) 检查确认空气滤芯清洁无堵塞。
(3) 检查确认所有连接部位无渗漏。
(4) 定期更换润滑油、空气滤芯、机油滤芯。
(5) 检查主机排气温度，若过高，则清洗冷却器。
(6) 检查油气分离器压差，大于 0.06MPa 时，更换分离滤芯。
(7) 检查冷凝水排放及水气分离器。
(8) 检查确认空气压缩机声音正常。

五、技术要求

(1) 运转时油气分离器液位在 1/2~2/3 处。
(2) 系统电压应在 360~420V。
(3) 机体温度不大于 100℃。
(4) 排气温度不大于 100℃。

项目七 更换空气压缩机润滑油操作

空气压缩机更换润滑油是压缩机维护保养的最基本操作，操作方法的正确与否将直接影响到压缩机的使用寿命，润滑油主要有润滑、冷却、密封、防锈、清洁、缓冲等作用。

一、风险提示及防范措施

本项目风险提示及防范措施见表 2-5-7。

表 2-5-7 风险提示及防范措施

风险提示		防范措施
人身伤害	触电	定期检查接地线路完好，操作员工戴绝缘手套侧身分、合闸刀
	烫伤	作业前压缩机需降到安全温度方可作业；穿戴好劳动保护用品
	机械伤害	设备防护设施完好、齐全，严格按设备操作规程操作，操作员工开关阀门时侧身
设备损坏		严格执行操作规程，平稳操作，严禁违章敲击设备
环境污染		处理过程中，做好防护措施，避免油水泄漏到现场

二、操作流程

(1) 准备工作。

（2）正确选用润滑油。
（3）更换润滑油。
（4）回收工具并填写记录。

三、准备工作

（1）工具、用具、材料准备：生料带1卷，油壶1个，250mm、300mm活动扳手各1把，加油漏斗1个，擦布若干，润滑油若干，清洗剂若干，污油盒1个，记录纸若干，记录笔1支。

（2）劳动防护用品准备齐全，穿戴整齐。

四、操作步骤

（1）准备好润滑油。

（2）按操作规程停运螺杆空气压缩机，待油气分离器内的压力全部放完，关闭压缩机出气口，放置好污油盒，打开放油丝堵放油。

（3）放净油气分离器润滑油。

（4）拆卸油气分离器加油孔盖，加注润滑油，将铁屑、杂质冲出。

（5）安装放油丝堵，加注润滑油液位至1/2~2/3。

（6）开机试运，运行正常，挂运行标识牌。

（7）清洁设备卫生，回收工具并填写记录。

五、技术要求

油气分离器内压力完全放净后才能拆卸放油丝堵。

第六节 螺杆泵

项目一 螺杆泵运行中的检查

螺杆泵是容积式转子泵，它是依靠由螺杆和衬套形成的密封腔的容积变化来吸入和排出液体的。螺杆泵按螺杆数目分为单螺杆泵、双螺杆泵、三螺杆泵和五螺杆泵等，它们的工作原理基本相同，只是螺杆齿形的几何形状有所差异，使用规范不同。

一、风险提示及防范措施

本项目风险提示及防范措施见表2-6-1。

表 2-6-1　风险提示及防范措施

风险提示		防范措施
人身伤害	触电	定期检查接地等线路完好情况；站在绝缘胶皮上进行配电柜分、合闸及泵的启、停操作；应有专人监护
	机械伤害	设备防护设施完好、齐全，不得接触设备旋转部位，开关阀门时应侧身，正确使工具、用具
设备损坏		严格执行操作规程，平稳操作，严禁违章使用设备，定期维修保养
环境污染		正确切换流程，以免憋压造成泄漏，密封部位定期调整，连接部位紧固

二、操作流程

（1）准备工作。

（2）检查进出口压力。

（3）检查电压、电流。

（4）检查轴承温度。

（5）检查密封情况。

（6）检查机组运行情况。

（7）填写记录。

三、准备工作

（1）工具、用具、材料准备：17~19mm 开口扳手 1 把，250mm 活动扳手 1 把，油壶 1 把，150mm 平口螺丝刀 1 把，绝缘手套 1 副，试电笔 1 支，F 形扳手 1 把，擦布若干。

（2）劳动防护用品准备齐全，穿戴整齐。

四、操作步骤

按规定进行巡检，检查时要做到看、听、摸、闻。

（1）泵的进、出口压力应在规定范围内。

（2）电动机的工作电流不得超过额定电流。

（3）检查电动机、泵的轴承温度，应在规定范围内。

（4）检查确认齿轮箱润滑油的液位、油质合格，无渗漏。

（5）检查填料密封或机械密封，确认轴承油封无渗漏。

（6）检查确认泵机组各部位无渗漏，运行平稳、无杂音、无异味。

（7）清洁并回收工具、用具，清理现场，填写记录。

五、技术要求

（1）齿轮箱液位应在看窗的 1/2~2/3 处，温度不大于 70℃。

（2）电动机轴承温度不大于80℃，泵轴承温度不大于75℃。
（3）启泵前应全开进、出口阀门。
（4）填料密封渗漏量小于30滴/min，若为机械密封则无渗漏。

项目二　螺杆泵的启动、停运操作

一、风险提示及防范措施

本项目风险提示及防范措施见表2-6-2。

表2-6-2　风险提示及防范措施

风险提示		防范措施
人身伤害	触电	定期检查接地等线路完好情况；站在绝缘胶皮上进行配电柜分、合闸及泵的启、停操作；应有专人监护
	机械伤害	设备防护设施完好、齐全，不得接触设备旋转部位，开关阀门时应侧身，正确使工具、用具
设备损坏		严格执行操作规程，平稳操作，严禁违章使用设备，定期维修保养
环境污染		正确切换流程，以免憋压造成泄漏，密封部位定期调整，连接部位紧固

二、操作流程

（1）准备工作。
（2）启泵前的检查。
（3）流程切换。
（4）合闸送电。
（5）启泵。
（6）调整压力、排量。
（7）做好记录。
（8）停泵。
（9）关闭进出口阀门。
（10）断电挂牌。
（11）填写记录。

三、准备工作

（1）工具、用具、材料准备：17~19mm开口扳手1把，250mm活动扳手1把，油壶1把，150mm平口螺丝刀1把，F形扳手1把，绝缘手套1副，试电笔

1支，擦布若干。

(2) 劳动防护用品准备齐全，穿戴整齐。

四、操作步骤

1. 启动前的检查

(1) 检查确认机泵各部位固定螺栓无松动，联轴器两轴同心，联轴器端面轴向间隙在规定范围内，联轴器护罩安装牢固。

(2) 检查确认齿轮箱液位在看窗的1/2~2/3处，油质合格。

(3) 检查确认各种仪表齐全准确，并在检定周期内。

(4) 检查确认机械密封无渗漏。

(5) 检查确认电气设备接地完好，系统电压在360~420V。

(6) 检查变频控制柜出口压力设定值，根据现场实际生产需要进行设定。

(7) 倒通来液流程，打开泵进、出口阀门，使泵内充满液体，同时打开放空阀门，放净泵内气体后关闭放空阀。

(8) 按泵旋转方向盘泵3~5圈，转动灵活，无卡阻和杂音。

(9) 检查并调整好密封填料的松紧度，确认污油盒无堵塞现象。

(10) 与相关岗位进行联系，做好启泵准备。

2. 启动操作

(1) 合闸送电，将转换开关旋至"变频"位置，按启动按钮启泵。

(2) 如果工频启泵，将转换开关旋至"工频"位置，按启动按钮启泵。

(3) 观察进、出口压力变化，根据生产要求，调节好泵压和流量，运行电流不得高于电动机额定电流。

(4) 运转正常后，挂好运行标识牌，通知相关岗位，做好记录。

3. 停泵操作

(1) 打开泵进、出口连通阀门，待进、出口压力平衡后按停止按钮停泵。

(2) 迅速打开管线直通阀门，防止憋压；关闭进口阀门，打开扫线阀门进行扫线，扫线完成后，关闭泵出口阀门，打开放空阀门泄压。

(3) 拉闸断电，挂标识牌。

(4) 按泵运转方向盘车3~5圈。

(5) 清洁、回收工具、用具，清理现场，填写记录。

五、技术要求

(1) 电动机轴承温度不大于80℃；泵轴承温度不大于75℃。

(2) 填料密封渗漏量小于30滴/min，若为机械密封则无渗漏。

(3) 齿轮箱液位在看窗1/2~2/3处，温度不超过70℃。

(4）启泵前应全开进、出口阀门，停泵时严禁先关出口阀门再停泵。

项目三　螺杆泵日常维护保养操作

螺杆泵日常维护保养的目的是通过清洁、紧固、润滑、调整等操作，保证机组平稳安全运行。

一、风险提示及防范措施

本项目风险提示及防范措施见表 2-6-3。

表 2-6-3　风险提示及防范措施

风险提示		防范措施
人身伤害	触电	定期检查接地等线路完好情况；站在绝缘胶皮上进行配电柜分、合闸及泵的启、停操作；应有专人监护
	机械伤害	设备防护设施完好、齐全，不得接触设备旋转部位，开关阀门时应侧身，正确使工具、用具
设备损坏		严格执行操作规程，平稳操作，严禁违章使用设备，定期维修保养
环境污染		正确切换流程，以免憋压造成泄漏，密封部位定期调整，连接部位紧固

二、操作流程

（1）准备工作。
（2）例行保养。
（3）一级保养。
（4）二级保养。
（5）填写记录。

三、准备工作

（1）工具、用具、材料准备：17~19mm 开口扳手 1 把，250mm 活动扳手 1 把，150mm 平口螺丝刀 1 把，F 形扳手 1 把，油壶 1 把，润滑脂、擦布若干。
（2）劳动防护用品准备齐全，穿戴整齐。

四、操作步骤

1. 例行保养

（1）检查确认各部位紧固螺栓无松动。
（2）检查确认润滑油（脂）合格。
（3）检查确认轴承温度、振动符合规定要求。
（4）检查密封填料漏失情况，机械密封应无渗漏。

(5) 检查确认进出口压力表、流量计灵敏准确。

(6) 检查确认设备整体清洁。

2. 一级保养

(1) 完成例行保养内容。

(2) 清洗进口过滤器，检查滤网是否损坏，若损坏则进行更换。

(3) 更换电动机和泵前、后轴承润滑油（脂）。

(4) 检查齿轮箱润滑油，确认油质合格。

(5) 检查确认联轴器同心度在规定范围内。

(6) 做好保养记录。

3. 二级保养

(1) 完成一级保养内容。

(2) 检查机械密封的动、静环接触面有无严重划伤、磨损，视情况进行更换。

(3) 检查联轴器及联轴器胶圈磨损程度，视情况进行调整或更换。

(4) 由专业人员对电动机、控制柜进行检查、清扫保养。

五、技术要求

(1) 齿轮箱润滑油新泵累计 250h 更换一次，连续运转 1000h 更换一次。

(2) 保养过程中，螺杆从泵内抽出来，要保护好，防止损伤、变形。

(3) 安装时螺杆齿顶与壳体间隙及螺杆啮合时径向间隙分别为 0.14~0.33mm。

(4) 安装过程中，螺杆端面与端盖相接触部分、螺杆与轴套间，组装时要加适量润滑油，防止组装过程中盘车出现干磨现象。

(5) 紧固外端盖、轴承盒与泵体的连接螺栓时，要对称均匀紧固，边紧固边盘动螺杆。当紧固后盘车费劲时，要松螺栓重新紧固。

第三章　原油输送和储存

第一节　油罐

项目一　拱顶油罐操作前的检查操作

拱顶油罐是立式圆筒形罐最常用的种类之一，整个储油罐的罐壁内径都相同，拱顶罐的罐顶通常用的是球形顶，是一种自支撑式罐顶。拱顶油罐操作前应对其进行全面检查，确保其安全平稳进油。拱顶油罐结构如图3-1-1所示。

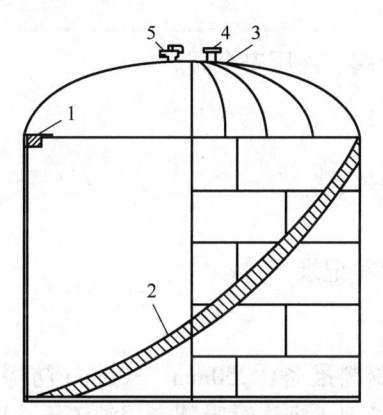

图3-1-1　拱顶油罐结构示意图
1—包边角钢；2—盘梯；3—中心顶板；4—液压式安全阀；5—机械呼吸阀

一、风险提示及防范措施

本项目风险提示及防范措施见表3-1-1。

表3-1-1　风险提示及防范措施

风险提示		防范措施
人身伤害	触电	雷雨天禁止上罐作业，避免出现雷击伤害
	高处坠落	上下油罐应手扶栏杆或扶梯，5级大风以上禁止上罐
	火灾	定期检查油罐防雷避电设施，防护设施完好、齐全，机械呼吸阀、液压安全阀阻火器完好；严禁在罐顶开关手电、用铁器敲打

续表

风险提示	防范措施
设备损坏	严格执行操作规程，禁止在罐顶跑跳，一次上罐人数不得超过5人
环境污染	正确切换流程，以免憋压造成泄漏

二、操作流程

（1）准备工作。
（2）检查护坡。
（3）检查罐内情况。
（4）检查罐体保温。
（5）检查各阀门。
（6）检查伴热。
（7）检查扶梯护栏。
（8）检查排污孔。
（9）检查液位计。
（10）检查机械呼吸阀、液压安全阀。
（11）检查消防设施。
（12）检查量油孔。
（13）检查阀门跨接线。
（14）检查罐顶。
（15）回收工具并填写记录。

三、准备工作

（1）工具、用具、材料准备：250mm、300mm防爆活动扳手各1把，克丝钳1把，250mm平口螺丝刀1把，呼吸阀专用油若干，F形防爆扳手1把，记录本1本，记录笔一支，擦布若干。
（2）劳动防护用品准备齐全，穿戴整齐。

四、操作步骤

（1）检查罐护坡是否完好，护坡的宽度、坡度应符合要求，与罐接触处应无裂缝。
（2）新罐投产前应清除罐内一切杂物，水压试验、试沉降合格，必须经计量标定合格后方可使用。停用油罐进油前应将罐内原油熔化。
（3）检查罐体保温层是否完好，镀锌铁皮是否牢固可靠，有无腐蚀损坏。
（4）检查确认罐进、出口阀门，伴热阀门和排污阀、放水阀开关灵活，进油前各阀门处于关闭状态，动密封、静密封部位无渗漏，压力符合要求。

（5）检查伴热管高度和排列是否符合换热要求。

（6）检查管线的进口、出口高度是否和实际相符，若不相符，做好实际高度记录。

（7）检查扶梯、护栏是否牢固完好。

（8）检查排污孔、清扫孔是否密封完好，高度应符合技术要求。

（9）检查确认液位计灵活好用，导向轮固定，钢丝绳槽深度合适，标尺指示在零位上。差压液位计要打开一次表阀门，差压传感器投入使用。

（10）检查确认罐顶机械呼吸阀、液压安全阀合格，阻火器完好无损、灵活好用，液压安全阀液位高度保持在1/3处。

（11）检查确认消防设施齐全，防雷接地设施良好、检测合格，阴极防腐设施齐全完好，泡沫发生器护罩及发生器内玻璃片完好。

（12）检查量油孔。

（13）检查阀门静电跨接线。

（14）检查罐顶防腐是否完好，有无积水、积雪、杂物、油污等。

五、技术要求

（1）新罐投产前应清除罐内一切杂物，水压试验、试沉降合格，计量标定合格后方可使用。

（2）液压呼吸阀的液位高度保持在1/3处。

项目二　拱顶油罐收发油操作

拱顶油罐的收发油操作是油罐的基本操作，油罐生产时大都是收发油交替运行，当油罐降到较低液位时需要进行收油操作，当油罐液位上升至较高液位时要进行发油操作。

一、风险提示及防范措施

本项目风险提示及防范措施见表3-1-2。

表3-1-2　风险提示及防范措施

风险提示		防范措施
人身伤害	触电	雷雨天禁止上罐作业，避免出现雷击伤害
	高处坠落	上下油罐应手扶栏杆或扶梯，5级大风以上禁止上罐
	火灾	定期检查油罐防雷避电设施，防护设施完好、齐全，机械呼吸阀、液压安全阀、阻火器完好；严禁在罐顶开关手电、用铁器敲打
设备损坏		严格执行操作规程，禁止在罐顶跑跳，一次上罐人数不得超过5人
环境污染		正确切换流程，以免憋压造成泄漏

二、操作流程

1. 进油操作

(1) 准备工作。

(2) 倒通流程。

(3) 检查连接部位及基础。

(4) 注意液面上升情况。

(5) 倒罐。

(6) 做好记录。

2. 发油操作

(1) 准备工作。

(2) 发前计量。

(3) 检查呼吸阀。

(4) 巡检。

(5) 关闭发油流程。

(6) 做好记录。

三、准备工作

(1) 工具、用具、材料准备：250mm、300mm防爆活动扳手各1把，15~25m量油钢卷尺1把，F形防爆扳手1把，记录本1本，记录笔1支，擦布若干。

(2) 劳动防护用品准备齐全，穿戴整齐。

四、操作步骤

1. 油罐的收油操作

(1) 倒通流程，缓慢打开进油阀门，注意控制进油初速，避免静电事故发生；进油初速一般在1m/s以下，听见进油声音正常后开大进油阀门，油罐正常进油。

(2) 进油过程中要随时检查确认与油罐连接的所有法兰、人孔、阀门、罐体等无渗漏，无异常情况，否则停止进油。

(3) 根据进油量大小，注意油面上升情况，每2h检尺一次，并检查液位计是否准确并填写记录。

(4) 进油时必须有专人监护液位高度，随时观察液位计，进油高度不得超过油罐的安全高度或泡沫发生器的安装位置以下30cm。

(5) 上罐量油时，不准穿铁钉鞋及化纤衣服，不准在罐顶使用不防爆手电，超过5级风禁止上罐量油。

(6) 遇紧急情况时，一次同时上罐不得超过5人。

(7) 收油完毕后，及时倒罐，做好记录。

2. 油罐的发油操作

（1）发油前应进行计量并做好记录。

（2）发油前，应检查机械呼吸阀及液压安全阀是否灵活，防止油罐抽瘪。

（3）发油时应按流程要求操作，核对罐号、阀门号，确认无误后倒通流程。

（4）及时巡检，随时观测液位变化，以掌握发油情况。

（5）发油接近结束时，罐区各岗位之间要密切配合，油罐应保留一定余量，防止泵抽空。

（6）发油完毕后，及时倒罐，做好计量并记录。

五、技术要求

（1）收油初速一般在 1m/s 以下。

（2）收油高度不得超过油罐的安全高度或泡沫发生器的安装位置以下 30cm。

项目三　拱顶油罐倒罐操作

拱顶油罐的倒罐操作是油罐的基本操作，油罐在收发油过程中，由于液位达到高低极限或因油罐故障需要进行倒罐操作。

一、风险提示及防范措施

本项目风险提示及防范措施见表 3-1-3。

表 3-1-3　风险提示及防范措施

风险提示		防范措施
人身伤害	触电	雷雨天禁止上罐作业，避免出现雷击伤害
	高处坠落	上下油罐应手扶栏杆或扶梯，5级大风以上禁止上罐
	火灾	定期检查油罐防雷避电设施，防护设施完好、齐全，机械呼吸阀、液压安全阀、阻火器完好；严禁在罐顶开关手电、用铁器敲打
设备损坏		严格执行操作规程，禁止在罐顶跑跳，一次上罐人数不得超过 5 人
环境污染		正确切换流程，以免憋压造成泄漏

二、操作流程

（1）准备工作。

（2）检查备用罐。

（3）投运备用罐。

（4）停运预停罐。

（5）检查液位变化。

（6）做好记录。

三、准备工作

（1）工具、用具、材料准备：250mm、300mm防爆活动扳手各1把，15~25m量油钢卷尺1把，F形防爆扳手1把，记录本1本，记录笔1支，擦布若干。

（2）劳动防护用品准备齐全，穿戴整齐。

四、操作步骤

（1）按收油前的检查工作检查各油罐。

（2）按收油操作投运备用油罐。

（3）按停运油罐操作停运预停罐。

（4）倒罐正常后，注意来油管线压力变化和大罐液面变化情况。

（5）倒罐完毕后做好计量并记录。

五、技术要求

倒罐中要以"先开后关"为原则。

项目四　浮顶油罐操作前的检查操作

浮顶油罐顶盖浮于油面，并随着油面的变化而上下浮动，故称浮顶油罐。它具有可以减少大、小呼吸损耗，降低火灾危险，减少油罐内腐蚀的优点，分为外浮顶罐和内浮顶罐两种。浮顶油罐操作前应对其进行全面检查，确保其安全平稳进油。常用浮顶油罐结构如图3-1-2所示。

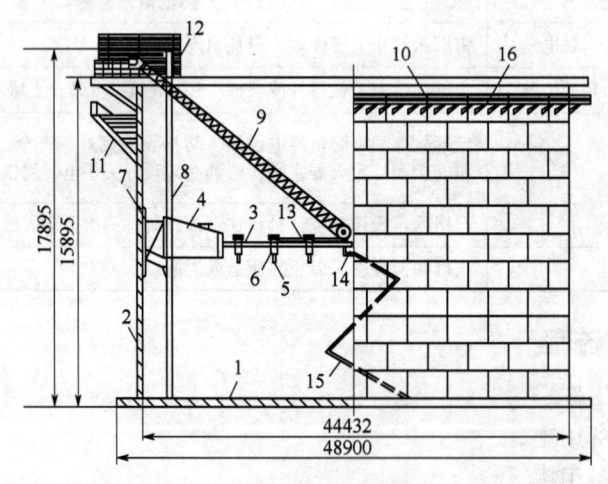

图3-1-2　单盘式外浮顶油罐结构示意图

1—底板；2—罐壁；3—浮船单盘；4—浮船船舱；5—浮顶支柱；6—浮顶支柱套管；
7—密封装置；8—量油导向管；9—浮梯；10—抗风圈；11—盘梯；12—罐顶平台；
13—浮梯轨道；14—集水坑；15—折叠中央排水管；16—加强圈

一、风险提示及防范措施

本项目风险提示及防范措施见表3-1-4。

表3-1-4　风险提示及防范措施

风险提示		防范措施
人身伤害	高处坠落	上、下油罐检查时应手扶栏杆，遇5级以上大风或雨雪天气，禁止上罐
	触电	闪电雷雨天气，禁止上罐
	中毒和窒息	进入罐内和浮船舱内检查时，必须按照"先检测、后作业"的原则，定期检测有毒有害气体和氧气浓度，做好个人防护
设备损坏		严格执行操作规程，平稳操作，严禁敲击泡沫发生器内玻璃片
环境污染		油罐所有阀门和人孔的螺栓无松动、垫片完好，以免造成泄漏

二、操作流程

（1）准备工作。
（2）检查浮顶油罐本体。
（3）检查油罐各阀门。
（4）检查油罐各附件。
（5）检查油罐各仪表。
（6）检查消防、防雷接地、阴极防腐设施。
（7）回收工具并填写记录。

三、准备工作

（1）工具、用具、材料准备：F形防爆扳手1把，250mm平口螺丝刀1把，250mm、300mm防爆活动扳手各1把，450mm防爆管钳1把，15~25m量油钢卷尺1把，防爆手电筒1把，润滑脂、擦布若干，记录笔1支，记录纸1张，四合一气体检测仪1台。
（2）劳动防护用品准备齐全，穿戴整齐。

四、操作步骤

（1）检查确认浮顶油罐单盘和浮船完好，无变形、无腐蚀、无漏油，浮舱内无杂物，浮舱盖完好。
（2）检查确认浮顶油罐内无杂物。
（3）检查确认浮顶油罐内壁无锈蚀、无划痕缺陷。
（4）检查确认浮顶油罐保温层完好，保温效果良好。
（5）检查确认浮顶油罐进出口阀门、放水阀门、排污阀门、伴热阀门灵活好用，进油前各阀门应处于关闭状态。

（6）检查确认机械呼吸阀、阻火器、自动透气阀完好无损，灵活好用。

（7）检查确认罐壁密封刮蜡装置紧贴油罐壁，浮船定位导向装置灵活到位完好。

（8）检查确认盘梯和浮梯的扶手、栏杆完好、坚固，浮梯轮与轨道行程偏差小于10mm。

（9）检查确认浮顶油罐中央集水系统及放水系统完好无损。

（10）检查确认消防设施齐全完备，泡沫发生器护罩与发生器内玻璃片完好，防火堤内无油污、杂物等。

（11）检查确认罐体接地装置、静电导出装置完好，防雷接地、阴极防腐设施齐全并检测合格。

（12）检查确认浮船人孔、罐体人孔、量油孔密封完好。

（13）检查确认浮顶油罐伴热系统完好。

（14）检查确认浮顶油罐高、低液位报警及光纤火灾报警系统齐全完好。

（15）检查确认液位计灵活好用，用人工检尺校验液位计的准确性。

（16）检查进出口流程，并与有关单位和岗位进行联系。

（17）清洗并回收工具、用具，填写记录。

五、技术要求

（1）上罐必须穿戴防静电服装，禁止穿铁钉鞋。

（2）上罐前，必须裸手扶静电导出装置3s以上，消除静电。

（3）上、下油罐应手扶栏杆，一次上罐人数不得超过5人，不准在罐顶上跑跳及违章操作。

（4）夜间上罐巡检时，应持便携式防爆灯具照明。

（5）遇5级以上大风或闪电、雷雨、雪天气，禁止上罐。

（6）新浮顶油罐必须经过水压试验、试沉降合格，且已进行计量标定，编制大罐容积换算表后，方可使用。

项目五 浮顶油罐收发油操作

浮顶油罐的收发油操作是油罐的基本操作，油罐生产时大都是收发油交替运行，当油罐降到较低液位时需要进行收油操作，当油罐液位上升至较高液位时要进行发油操作。

一、风险提示及防范措施

本项目风险提示及防范措施见表3-1-5。

第三章　原油输送和储存

表 3-1-5　风险提示及防范措施

风险提示		防范措施
人身伤害	触电	雷雨天禁止上罐作业，避免出现雷击伤害
	高处坠落	上下油罐应手扶栏杆或扶梯，5级大风以上禁止上罐
	火灾	定期检查油罐防雷避电设施，防护设施完好、齐全，机械呼吸阀、液压安全阀、阻火器完好；严禁在罐顶开关手电、用铁器敲打
设备损坏		严格执行操作规程，禁止在罐顶跑跳，一次上罐人数不得超过5人
环境污染		正确切换流程，以免憋压造成泄漏

二、操作流程

1. 浮顶油罐收油操作

（1）准备工作。

（2）检查收油流程。

（3）记录液位。

（4）倒通收油流程。

（5）检查油罐各部件有无渗漏。

（6）记录液位。

（7）停止收油。

（8）填写记录。

2. 浮顶油罐发油操作

（1）准备工作。

（2）检查发油流程。

（3）记录液位。

（4）倒通发油流程。

（5）记录液位。

（6）停止发油。

（7）填写记录。

三、准备工作

（1）工具、用具、材料准备：F形防爆扳手1把，250mm平口螺丝刀1把，250mm、300mm防爆活动扳手各1把，450mm防爆管钳1把，15~25m量油钢卷尺1把，防爆手电筒1把，润滑脂、擦布若干，记录笔1支，记录纸1张，计算器一个。

（2）劳动防护用品准备齐全，穿戴整齐。

四、操作步骤

1. 浮顶油罐进油操作

(1) 检查确认油罐本体及附件齐全，工作状况良好。

(2) 检查确认油罐的收油流程畅通，油罐内储存的原油无凝固现象。若油面凝固时，应先打开伴热系统待罐内原油完全熔化后才能收油。

(3) 通过人工检尺或油罐液位计，记录油罐的存油液位。

(4) 缓慢打开收油阀门，注意控制收油速度，听到收油声音正常后开大收油阀门，油罐正常收油。

(5) 油罐收油过程中要随时检查确认与油罐相连的所有法兰、人孔、阀门、罐体等无渗漏，无异常情况，检查确认浮船无漏油现象，否则停止收油。

(6) 根据来油量大小，注意油面上升情况，液位高度不得超过浮顶油罐的安全高度。每2h记录一次油罐液位，查表换算油量并填写记录。

(7) 油罐收油至规定液位时，及时通知上下游并切换流程，停止收油。

(8) 油罐停止收油30min后，记录油罐的液位。

(9) 记录浮顶油罐收油操作的相关内容和时间，回收清洗工具、用具。

2. 浮顶油罐发油操作

(1) 发油前检查确认油罐机械呼吸阀是否灵活，防止油罐抽瘪。

(2) 检查确认油罐的发油流程是否畅通，油罐内储存的原油是否有凝固现象。当油面凝固时，先打开伴热系统待罐内原油完全熔化后才能发油。

(3) 通过人工检尺或油罐液位计，记录油罐的存油液位。

(4) 缓慢打开发油阀门，听到出油声音正常后开大发油阀门，每2h记录一次油罐液位并填写记录。

(5) 油罐发油过程中要及时巡检，注意发油情况。

(6) 油罐发油至规定液位时，及时通知上下游并切换流程，停止发油。

(7) 油罐停止发油30min后，记录油罐的液位。

(8) 记录浮顶油罐发油操作的相关内容和时间，回收清洗工具、用具。

五、技术要求

(1) 在投产收油过程中应每2h检尺一次。

(2) 新油罐收油速度应控制在1m/s以下，在浮顶浮起，浮顶上自动透气阀关闭后提高收油速度，应控制在3m/s以下。

(3) 油罐停止收油、发油30min后，记录油罐的液位。

(4) 上罐前，必须裸手扶静电导出装置3s以上，消除静电。

项目六　浮顶油罐倒罐操作

浮顶油罐的倒罐操作是油罐的基本操作，油罐在收发油过程中，由于液位达到高低极限或因油罐故障需要进行倒罐操作。

一、风险提示及防范措施

本项目风险提示及防范措施见表3-1-6。

表3-1-6　风险提示及防范措施

风险提示		防范措施
人身伤害	触电	雷雨天禁止上罐作业，避免出现雷击伤害
	高处坠落	上下油罐应手扶栏杆或扶梯，5级大风以上禁止上罐
	火灾	定期检查油罐防雷避电设施，防护设施完好、齐全，机械呼吸阀、液压安全阀、阻火器完好；严禁在罐顶开关手电、用铁器敲打
设备损坏		严格执行操作规程，禁止在罐顶跑跳，一次上罐人数不得超过5人
环境污染		正确切换流程，以免憋压造成泄漏

二、操作流程

（1）准备工作。
（2）检查备用罐。
（3）记录液位。
（4）投运备用罐。
（5）停运预停罐。
（6）检查液位变化。
（7）记录液位。
（8）观察来油压力变化。
（9）做好记录。

三、准备工作

（1）工具、用具、材料准备：F形防爆扳手1把，250mm、300mm防爆活动扳手各1把，防爆手电筒1把，润滑脂、擦布若干，记录笔1支，记录纸1张。
（2）劳动防护用品准备齐全，穿戴整齐。

四、操作步骤

（1）按浮顶油罐收油前的检查及准备工作对备用油罐进行检查。

(2) 检查备用油罐的收油流程，按浮顶油罐收油操作投运备用油罐。

(3) 记录备用油罐的液位后，缓慢打开油罐的收油阀门，确认收油管线是否有收油声音。

(4) 缓慢关闭预停罐的收油阀门，并记录预停油罐的液位高度。

(5) 倒罐正常后，注意观察来油管线压力和油罐液位变化情况。

(6) 记录浮顶油罐倒罐的操作时间和内容，回收并清洗工具、用具。

五、技术要求

倒罐过程中要遵循"先开后关"的原则。

项目七 浮顶油罐的日常检查维护

一、风险提示及防范措施

本项目风险提示及防范措施见表 3-1-7。

表 3-1-7 风险提示及防范措施

风险提示		防范措施
人身伤害	机械伤害	设备防护设施完好、齐全，严格按设备操作规程操作，操作员工开关阀门时应侧身
	高处坠落	上、下油罐检查时应手扶栏杆，遇 5 级以上大风或雨雪天气，禁止上罐
	触电	闪电、雷雨天气，禁止上罐
设备损坏		严格执行操作规程，严禁违章操作
环境污染		油罐所有阀门和人孔的螺栓无松动、垫片完好，以免造成泄漏

二、操作流程

(1) 准备工作。

(2) 检查油罐基础。

(3) 检查避雷、防静电装置。

(4) 检查罐壁及保温层。

(5) 检查各阀门。

(6) 检查仪表。

(7) 检查罐顶及呼吸阀、阻火器。

(8) 回收工具并填写记录。

三、准备工作

(1) 工具、用具、材料准备：F 形防爆扳手 1 把，250mm、300mm 防爆活动扳手各1把，15~25m量油钢卷尺1把，钢刷1把，补漏剂1盒，防爆手电筒1把，润滑脂、擦布若干，记录笔1支，记录纸1张。

（2）劳动防护用品准备齐全，穿戴整齐。

四、操作步骤

（1）每天检查液位计运行情况，要求灵活好用，每周用检尺方法对液位计校验一次。

（2）每月检查一次量油孔，要求孔盖与孔座间的耐油橡胶垫片完整、不硬化，否则更换耐油橡胶垫片。

（3）每天检查油罐进、出口阀门，要求阀门外表清洁，连接法兰及垫片无渗漏，否则进行紧固或更换垫片；阀杆及填料函密封应良好，否则更换填料。

（4）每月检查一次油罐排污阀门，要求阀门开关灵活、无渗漏、保温良好。

（5）每月检查罐顶栏杆、梯子及其他栏杆，要求完整、牢固、无锈蚀。

（6）每月检查避雷、防静电装置，要求避雷设施完整，接地线连接牢固；每年春秋两季由专业单位对接地电阻进行一次检测，接地电阻不得大于10Ω。

（7）每月检查罐外壁保温层情况，若脱落应及时进行修复。

（8）罐壁出现小的孔洞、细微裂纹时，在结构强度影响不大或伸缩性小的部位，可使用补漏剂进行修补。

（9）每月检查罐基础，基础要完整。基础不均匀下沉超过罐直径1%时，应采取有效措施，不得继续使用。

（10）每季度检查罐顶锈蚀情况，有锈蚀应及时进行防腐刷漆。

（11）每月检查人孔、透光孔，要求孔盖与阀座之间的密封性能好，无渗漏，连接螺栓无严重锈蚀。

（12）每月检查一次呼吸阀，要求阀盘与阀座接触面光洁，阀盘在导杆上移动灵活；要求防护网完好、无杂物堵塞，否则清理防护网，每年由专业队伍对呼吸阀进行一次检查维护。

（13）每月检查一次液压安全阀，要求液面高度符合规定，不足时应加油，加油时必须开启量油孔盖，使罐内外压力平衡；检查确认油质未变质，否则进行更换；每年由专业队伍对液压安全阀进行一次检查维护。

（14）每年由专业队伍对阻火器进行检查维护。

（15）每月检查一次泡沫发生器，要求无锈蚀，玻璃挡板无破损且有十字，否则进行更换；每年由专业队伍进行一次检查维护。

（16）每月检查一次浮顶密封装置，要求密封板与罐壁内表面接触严密，密封板无缺损，否则在大修时进行更换。

（17）每月检查一次导向装置，要求导向装置良好，轨道无明显变形和严重磨损。

(18) 每月检查一次浮船舱，要求浮船每个隔舱均不渗漏；若有轻微渗漏，可用补漏剂进行修补。

(19) 根据本地区油井出砂情况，半年检查一次积砂情况，并视砂面高度进行清砂。

(20) 按周、月、季、年保养内容填写好油罐保养记录。

五、技术要求

(1) 沿罐周向每30m内应有一个合格的接地点，接地电阻不得大于10Ω。
(2) 油罐周围20m内或防火堤内应无油污、杂草、杂物。

项目八　油罐人工检尺操作

浮顶油罐要定期进行人工检尺操作，一是为了校对油罐液位计的准确性，二是为资料录取提供可靠的数据，确保油罐生产安全运行。

一、风险提示及防范措施

本项目风险提示及防范措施见表3-1-8。

表3-1-8　风险提示及防范措施

风险提示		防范措施
人身伤害	高处坠落	上、下油罐检查时应手扶栏杆，遇5级以上大风或雨雪天气，禁止上罐
	触电	闪电、雷雨天气，禁止上罐
	划伤	检查和擦拭量油尺时，注意避免尺身划伤手
设备损坏		严格执行操作规程，严禁违章敲击量油孔盖
环境污染		擦拭量油尺的擦布不得随意丢弃，应按含油固废物集中处理

二、操作流程

(1) 准备工作。
(2) 检查量油尺。
(3) 上罐下尺量油。
(4) 记录量油数据。
(5) 计算液面高度。
(6) 回收工具并填写记录。

三、准备工作

(1) 工具、用具、材料准备：250mm、300mm防爆活动扳手各1把，15~25m

量油钢卷尺1把，防爆手电筒1把，擦布若干，记录笔1支，记录纸1张。

（2）劳动防护用品准备齐全，穿戴整齐。

四、操作步骤

（1）检查量油尺（图3-1-3）是否完好，按规定进行检定并在有效期内使用。

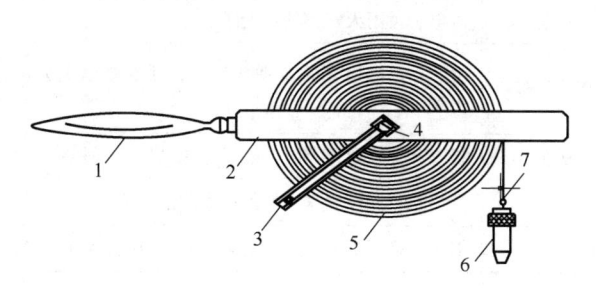

图3-1-3　量油尺结构示意图
1—手柄；2—尺架；3—摇柄；4—支架；5—量尺；6—铜锤；7—连接器

（2）到达罐顶，操作人员应站在上风口。

（3）缓慢打开量油孔盖，从量油孔量油槽放下卷尺，下尺接近油面时要缓慢，铜锤浸入油中后不要抖动（稍停3s以上），记录下尺高度。

（4）上提量油尺，记下量油尺上沾油的刻度，用擦布擦净尺面上的油痕。

（5）读数时，先读小数，后读整数。

（6）检实尺时，液面高度即为量油尺沾油高度。

（7）检空尺时，液面高度等于油罐检尺高度减去量油尺下尺高度加上沾油高度。

（8）油罐静态量油应进行两次操作，两次检尺数相差不超过1mm，以第一次检尺为准，超过1mm应重新检尺，动态量油时检尺一次。

（9）量油结束后，关闭量油孔盖，并做好周围卫生。

（10）清洗并回收工具、用具，填写记录。

五、技术要求

（1）油罐收发油停止30min后，方可测量油罐存油高度。

（2）量油时，人应站在上风口，轻开轻关量油孔盖，避免碰击火花。

项目九　油罐取样操作

油罐收发油过程中，为了检查和分析储油罐内原油含水和油品性质，需定期进行油罐取样操作。

一、风险提示及防范措施

本项目风险提示及防范措施见表3-1-9。

表3-1-9 风险提示及防范措施

风险提示		防范措施
人身伤害	触电	闪电、雷雨天气,禁止上罐
	高处坠落	上、下油罐检查时应手扶栏杆,遇5级以上大风或雨雪天气,禁止上罐
	划伤	检查和擦拭取样器时,注意避免尺身划伤手
设备损坏		严格执行操作规程,严禁违章敲击量油孔盖
环境污染		擦拭取样器的擦布不得随意丢弃,应按含油固废物集中处理

二、操作流程

(1) 准备工作。
(2) 检查量油尺。
(3) 上罐计算取样深度。
(4) 下尺取样。
(5) 记录取样液位。
(6) 回收工具并填写记录。

三、准备工作

(1) 工具、用具、材料准备:500mL样桶3个,500mL油罐取样器一套,250mm、300mm防爆活动扳手各1把,防爆手电筒1把,擦布若干,记录笔1支,记录纸1张。
(2) 劳动防护用品准备齐全,穿戴整齐。

四、操作步骤

(1) 检查确认取样器符合安全使用要求,连接可靠,密封良好。
(2) 遵守上罐安全事项要求,到达油罐取样孔现场。
(3) 操作人员应站在上风口,打开取样孔盖板。
(4) 根据油罐液面和罐高度计算取样层次深度。
(5) 按三级位置取试样,再按上层、中层、下层1:3:1的比例制成该罐的平均试样。
(6) 盖好取样器塞子,将取样器从取样孔平稳下到取样点处。

（7）取样器到达取样点后，迅速抖动提绳，打开塞子，使油品进入取样器。

（8）抖动提绳后注意观察罐内液面要有气泡溢出，否则就要重新取样。

（9）缓慢上提取样器，从罐内取出。

（10）盖好取样孔盖，把取样器内的试样倒入样桶中。

（11）清洁并回收工具、用具，填写记录。

五、技术要求

（1）取样器上的标尺刻度应清晰、连续，长度满足取样要求。

（2）样桶要干燥、清洁。

（3）上层取样点在油层高度的 1/6 处，中层取样点在油层高度的 1/2 处，下层取样点在油层高度的 5/6 处。

（4）取样器的塞子不宜太紧，以防到取样点后打不开；也不宜太松，以防未到取样点就脱开。

项目十　油罐机械呼吸阀维护保养操作

机械呼吸阀的作用是保持油罐气体空间正负压力在一定范围内，以减少蒸发损耗，同时保证油罐的安全运行。为了保证机械呼吸阀灵活好用，要定期进行维护保养操作，机械呼吸阀结构如图 3-1-4 所示。

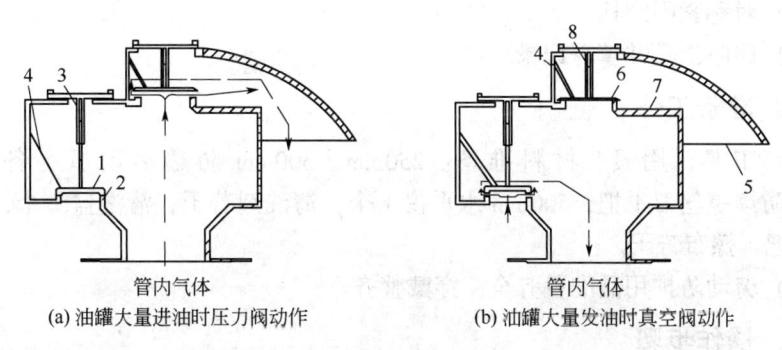

图 3-1-4　机械呼吸阀结构示意图
1—真空阀阀盘；2—真空阀阀座；3—真空阀导向管；4—静电引线；5—铁丝网；
6—压力阀阀盘；7—压力阀阀座；8—压力阀导向管

一、风险提示及防范措施

本项目风险提示及防范措施见表 3-1-10。

表 3-1-10　风险提示及防范措施

风险提示		防范措施
人身伤害	触电	闪电、雷雨天气，禁止上罐
	高处坠落	上、下油罐检查时应手扶栏杆，遇 5 级以上大风或雨雪天气，禁止上罐
	中毒和窒息	站在上风口操作，做好个人防护
	机械伤害	使用扳手拆卸或紧固螺栓时，要拉动扳手而不要推动扳手，防止扳手滑脱伤人
设备损坏		严格执行操作规程，严禁违章操作
环境污染		擦拭设备的擦布不得随意丢弃，应按含油固废物集中处理

二、操作流程

（1）准备工作。
（2）上罐检查呼吸阀外观。
（3）检查水平度。
（4）检查导向管。
（5）检查阀盘重量。
（6）检查静电装置。
（7）检查密封垫片。
（8）对称紧固螺栓。
（9）回收工具并填写记录。

三、准备工作

（1）工具、用具、材料准备：250mm、300mm 防爆活动扳手各 1 把，250mm 防爆螺丝刀 1 把，500mm 水平仪 1 个，清洗剂若干，清洗盆 1 个，50mm 毛刷 1 把，擦布若干。
（2）劳动防护用品准备齐全，穿戴整齐。

四、操作步骤

（1）遵守上罐安全事项，到达操作现场。
（2）检查机械呼吸阀外观有无腐蚀、断裂，清洁机械呼吸阀外表面。
（3）清除防护网上的铁锈和杂物等，检查防护网是否完好。
（4）用水平仪检查机械呼吸阀法兰水平度，不符合要求时调整法兰连接螺栓，使机械呼吸阀法兰水平。
（5）拆卸压力阀导向管和真空阀导向管固定螺栓，清除导向管内铁锈和杂物等，检查阀盘在导向管上下移动是否灵活。

（6）检查阀盘重量是否符合设计要求。

（7）检查擦拭阀盘与阀座接触面，必须清洁、严密。

（8）检查机械呼吸阀静电引线装置连接是否紧固、有无断裂。

（9）检查各密封垫片是否完好，螺钉、螺栓是否齐全，并对称紧固压力阀导向管和真空阀导向管固定螺栓。

（10）清理现场，清洁并回收工具、用具，填写记录。

五、技术要求

（1）用水平仪检查机械呼吸阀法兰水平度时，必须同时检测水平和垂直两个方位的水平度。

（2）机械呼吸阀的动作压力均低于油罐所能承受的最高压力和最大真空度。

（3）机械呼吸阀应每月检查一次，气候寒冷和多风季节的地区应增加检查次数，防止阀盘冻结在阀座上失去作用。

项目十一　油罐液压安全阀维护保养操作

当机械呼吸阀因锈蚀或冻结而不能动作时，通过液压安全阀的作用，保证油罐的安全运行。液压安全阀的压力和真空值一般比机械呼吸阀高10%，液压安全阀的工作原理如图3-1-5所示。

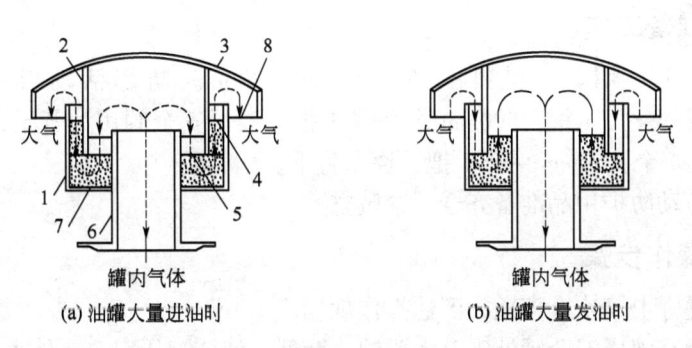

图3-1-5　液压安全阀的工作原理示意图
1—盛液槽；2—悬式隔板；3—防护罩；4—外环空间；5—内环空间；
6—连接管；7—封液；8—铁丝网

一、风险提示及防范措施

本项目风险提示及防范措施见表3-1-11。

表 3-1-11　风险提示及防范措施

风险提示		防范措施
人身伤害	触电	闪电、雷雨天气，禁止上罐
	高处坠落	上、下油罐检查时应手扶栏杆，遇 5 级以上大风或雨雪天气，禁止上罐
	中毒和窒息	站在上风口操作，做好个人防护
	机械伤害	使用扳手拆卸或紧固螺栓时，要拉动扳手而不要推动扳手，防止扳手滑脱伤人
设备损坏		严格执行操作规程，严禁违章敲击取样桶盖板
环境污染		擦拭设备的擦布不得随意丢弃，应按含油固废物集中处理

二、操作流程

(1) 准备工作。
(2) 上罐检查液压安全阀外观。
(3) 检查水平度。
(4) 检查封油液位。
(5) 检查更换封液。
(6) 调节浸油深度。
(7) 检查静电装置。
(8) 检查密封垫片。
(9) 回收工具并填写记录。

三、准备工作

(1) 工具、用具、材料准备：250mm、300mm 防爆活动扳手各 1 把，250mm 防爆螺丝刀 1 把，500mm 水平仪 1 把，液压安全阀用油若干，清洗剂若干，清洗盆 1 个，50mm 毛刷 1 把，擦布若干。
(2) 劳动防护用品准备齐全，穿戴整齐。

四、操作步骤

(1) 遵守上罐安全事项，到达操作现场。
(2) 检查液压安全阀外观有无腐蚀、断裂，清洁液压安全阀外表面。
(3) 清除防护网上的铁锈和杂物等，检查防护网是否完好。
(4) 检查确认液压安全阀各螺钉紧固、无锈蚀。
(5) 用水平仪检查液压安全阀法兰水平度，不符合要求时调整法兰连接螺栓，使液压安全阀法兰水平。
(6) 检查封液高度是否符合规定，不足时应加注封液。
(7) 拆卸防雨罩，清除液压安全阀溢油池上的溢流残油。

（8）检查封液质量，油质变质时应打开液压安全阀底部的放油丝堵，放掉变质封液，然后拧紧放油丝堵，加注新的封液。

（9）安装防雨罩，用防雨罩上的调节螺栓调节悬式隔板的浸油深度。

（10）检查液压安全阀静电装置连接是否紧固、有无断裂。

（11）检查液压安全阀安装是否符合要求。

（12）清洁并回收工具、用具，清理现场。

五、技术要求

液压安全阀内封液应是沸点高、不易挥发、凝点低的液体。

项目十二 油罐阻火器维护保养操作

阻火器安装在呼吸阀和液压安全阀的下面，是一个装有铜、铝或其他高热容、导热良好的金属皱纹网箱体，从而阻止外界的火焰经呼吸阀进入罐内，阻火器结构如图3-1-6所示。

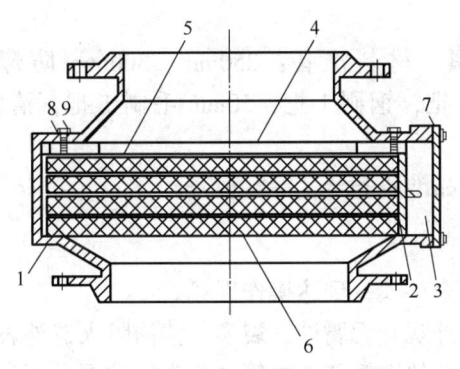

图3-1-6 阻火器结构示意图
1—壳体；2—铸铝防火匣；3—手柄；4—铸铝夹板；5—铜丝网；
6—软垫；7—盖板；8—密封螺帽；9—紧固螺帽

一、风险提示及防范措施

本项目风险提示及防范措施见表3-1-12。

表3-1-12 风险提示及防范措施

风险提示		防范措施
人身伤害	触电	闪电、雷雨天气，禁止上罐
	高处坠落	上、下油罐检查时应手扶栏杆，遇5级以上大风或雨雪天气，禁止上罐
	中毒和窒息	站在上风口操作，做好个人防护
	机械伤害	使用扳手拆卸或紧固螺栓时，要拉动扳手而不要推动扳手，防止扳手滑脱伤人

续表

风险提示	防范措施
设备损坏	严格执行操作规程，严禁违章敲击取样桶盖板
环境污染	擦拭设备的擦布不得随意丢弃，应按含油固废物集中处理

二、操作流程

(1) 准备工作。

(2) 上罐检查阻火器外观。

(3) 拆卸盖板螺栓。

(4) 检查金属网。

(5) 检查密封垫片。

(6) 安装盖板。

(7) 回收工具并填写记录。

三、准备工作

(1) 工具、用具、材料准备：250mm、300mm 防爆活动扳手各 1 把，250mm 防爆螺丝刀 1 把，钢刷 1 把，50mm 毛刷 1 把，清洗剂若干，清洗盆 1 个，擦布若干。

(2) 劳动防护用品准备齐全，穿戴整齐。

四、操作步骤

(1) 遵守上罐安全事项，到达操作现场。

(2) 检查阻火器外观有无腐蚀、裂痕，清洁阻火器外表面。

(3) 清除防护网上的铁锈和杂物等，检查防护网是否完好。

(4) 取出阻火器内的金属网或波纹板，清洗阻火层内堵塞物，检查金属网或波纹管是否完好。

(5) 检查阻火器密封垫片有无损坏，对称紧固阻火器盖板固定螺栓。

(6) 在冬季应加密检查阻火器运行状况。

(7) 清洁并回收工具、用具，清理现场。

五、技术要求

阻火器内的阻火元件必须要强度高、耐烧、阻火性能好。

项目十三　油罐着火事故的原因及处理

油罐是储存、计量石油及石油产品的容器，油罐着火是对集输站库安全威胁最大，经济损失最大的事故。了解和掌握油罐起火的原因及处理方法，可减少油罐火灾的危险性，降低火灾损失。

一、风险提示及防范措施

本项目风险提示及防范措施见表 3-1-13。

表 3-1-13　风险提示及防范措施

风险提示		防范措施
人身伤害	烧伤	灭火时人站上风口，及时疏散人员
	中毒、窒息	正确佩戴防护用具，做好个人防护
油罐爆炸		迅速启动应急预案
环境污染		正确切换流程，及时清理现场

二、操作流程

（1）准备工作。

（2）原因分析。

（3）处理故障。

（4）回收工具并填写记录。

三、准备工作

（1）工具、用具、材料准备：F 形防爆扳手 1 把，450mm 防爆管钳 1 把，300mm 防爆活动扳手 1 把。

（2）劳动保护用品准备齐全，穿戴整齐。

四、操作步骤

1. 原因分析

原油储罐存有大量易于挥发、燃烧和爆炸的油品，由于防雷接地失灵、静电、工业动火作业、明火等原因，都可能导致储油罐发生火灾、爆炸等事故，使财产受到损失。

2. 处理措施

发现油罐着火，立即启动油罐着火应急预案：

（1）拨打火警电话，说明着火地点、部位、火势、报警人姓名，并派人到路口引领消防车，同时启动站内报警装置并报告站（库）领导和上一级值班调度。

（2）通知消防岗当班人员启动消防水泵供水，控制压力在规定值。

（3）打开泡沫罐进口阀，待泡沫罐压力上升至规定值时打开比例混合器出液阀（即泡沫罐出口），控制消防泵及泡沫罐压力在规定值。

（4）打开着火罐泡沫控制阀对着火罐进行灭火。

（5）同时打开相邻罐的喷淋冷却阀门，并对罐进行喷淋降温（特别是下风口的罐)。

(6) 迅速切断着火罐油源，切断邻近罐的进、出口阀。

(7) 组织力量迅速集中投用站内各种消防设施，采用"先控制、后灭火"的原则，根据火情对周围可能受到威胁的设备进行隔离，控制火灾面积，待消防车到达现场后，撤离现场。

(8) 灭火后，通知消防岗停泵，关闭混合器出液阀、进水阀，用清水冲洗泡沫管网并放空。

(9) 配合相关部门调查事故原因。

(10) 清洗并回收工具、用具，填写记录。

五、技术要求

(1) 定期检查并试运消防设施，确保所有工艺流程保持畅通状态。

(2) 火灾无法控制时，立即撤离岗位人员。

(3) 查明事故原因后，技术部门对相关设施检查合格后，方可投用。

项目十四　油罐抽瘪事故的原因及处理

油罐发油作业时，因机械呼吸阀、液压安全阀失灵，或维修操作不当等因素，导致油罐形成负压，易造成油罐抽瘪事故。值班人员应了解及掌握油罐抽瘪事故的原因及处理方法，减少此事故的发生。

一、风险提示及防范措施

本项目风险提示及防范措施见表3-1-14。

表3-1-14　风险提示及防范措施

风险提示		防范措施
人身伤害	中毒、窒息	严格执行操作规程，人在上风口，先检测后作业
	坠落、滑跌	穿戴劳动保护用品，手扶扶梯缓慢上、下罐
	触电	定期检查电气设备接地线路完好，人站侧面戴绝缘手套拉闸断电
	机械伤害	设备防护设施齐全完好，定期保养检修，人站侧面开关阀门，防止在压力作用下零部件脱出伤人
设备损坏		严格执行操作规程，平稳操作，严禁违章敲击设备

二、操作流程

(1) 准备工作。

(2) 原因分析。

(3) 处理故障。

（4）回收工具并填写记录。

三、准备工作

（1）工具、用具、材料准备：F形防爆扳手1把，300mm防爆活动扳手1把，200mm防爆平口螺丝刀1把，润滑油、擦布若干。

（2）劳动保护用品准备齐全，穿戴整齐。

四、操作步骤

1. 原因分析

（1）机械呼吸阀和液压安全阀冻凝或锈死。

（2）阻火器堵塞。

（3）油罐清罐过程中，人孔处排放量过大，呼吸阀补气不及时使罐内形成负压，造成罐顶抽瘪。

2. 处理措施

（1）立即停止作业，并向上级有关部门汇报。

（2）根据生产的具体情况，倒输其他罐或改为越站输油。

（3）检修机械呼吸阀和液压安全阀。检修和校验机械呼吸阀的阀盘，清除锈蚀，检查液压安全阀内是否结冰，并检查液压安全阀的油位是否正常。

（4）拆下阻火器盖板，抽出阻火匣，检查阻火网，清除堵塞物。

（5）油罐清理过程中，控制排放量，避免过快形成负压。

（6）排除故障后，恢复正常生产。

（7）清洗并回收工具、用具，填写记录。

五、技术要求

（1）拆卸阀罩和盖板时要注意安全，禁止在罐顶使用敲击工具，防止产生火花，在罐顶作业要严格按防静电、防爆、防坠落等安全规程操作。

（2）压力阀、真空阀的阀盘与阀座接触面要光洁、严密、无锈渣、无杂质等，阀盘在导杆上移动灵活无卡阻。

（3）阀盘重量、拉力应符合设计要求。

（4）抽阻火匣时，不可硬拉猛抽，以防损坏压板或阻火匣。防火网应完整、干净、无锈蚀或脱落。

（5）装阻火匣时禁止敲击，密封垫片应完整、不渗漏、不硬化。

（6）螺栓、螺帽应清洗、除锈、涂抹润滑油后再使用，以便于拆卸，防止锈蚀。

项目十五　油罐溢罐事故的原因及处理

油罐溢罐是指油罐内油品超过极限液位（消防泡沫发生器以下30cm），油品从消防泡沫发生器、罐顶检尺口、呼吸阀等处溢出，内浮顶罐可从罐壁气孔溢出，外浮顶罐从罐顶溢出。值班人员应了解及掌握油罐溢罐事故的原因及处理方法，减少此事故的发生。

一、风险提示及防范措施

本项目风险提示及防范措施见表 3-1-15。

表 3-1-15 风险提示及防范措施

风险提示		防范措施
人身伤害	中毒、窒息	严格执行操作规程，人在上风口，先检测后作业
	坠落、滑跌	穿戴劳动保护用品，手扶扶梯缓慢上、下罐
	着火、爆炸	工艺设备完好、无渗漏，清理易燃物，上罐前释放静电
	机械伤害	设备防护设施齐全、完好，定期保养检修，人站侧面开关阀门，防止在压力作用下零部件脱出伤人
环境污染		按时巡回检查设备工艺管网，确认设备、设施、工艺完好无渗漏，正确切换流程，以免憋压造成泄漏，加强巡检，及时监测，掌握油位

二、操作流程

（1）准备工作。
（2）原因分析。
（3）处理故障。
（4）回收工具并填写记录。

三、准备工作

（1）工具、用具、材料准备：F 形防爆扳手 1 把，300mm 防爆活动扳手 1 把，15~25m 量油尺 1 把，擦布、清洗油若干。
（2）劳动保护用品准备齐全，穿戴整齐。

四、操作步骤

1. 原因分析

（1）油罐液位过高，未及时倒罐。
（2）收油作业时，未及时掌握来油量变化。
（3）油罐加热温度过高使罐底积水突沸。
（4）液位计失灵或检尺不及时。
（5）密闭输油时超压，泄压阀泄压未及时发现。
（6）密闭输油时，进罐阀未关严，泄漏未发现。

2. 处理措施

一旦发生溢罐事故，应立即上报，同时立即停止油罐收油作业，事故现场不得有任何产生火花的操作。

（1）停止油罐进油，立即倒罐。
（2）及时掌握来液量变化，加大输油量。
（3）停止对该罐加热，罐内原油温度保持在75℃以下。
（4）使用人工检尺校验液位计的准确性，并检修液位计。
（5）严格控制密闭输油压力在规定范围内，按时巡检。
（6）在密闭流程中发现溢罐时，应立即检查与罐相连的阀门，使其处于关闭状态。
（7）停止油罐附近的动火作业，设置警戒区，采取有效的防火措施，确保溢出的原油不向外扩散。
（8）组织人员收油，清理污染物。
（9）排除故障后，恢复正常生产。
（10）清洗并回收工具、用具，填写记录。

五、技术要求

（1）事故现场所用工具均为防爆型，严禁产生火花引起爆炸。
（2）重点部位双人操作时，应一人操作，一人监护，现场交接，认真复查。

项目十六　油罐跑油事故的原因及处理

油罐跑油是由于设备设施损坏或操作不当等原因造成的油品泄漏。油品跑油，不仅造成油品损失和环境污染，还易导致火灾爆炸事故，值班人员应了解及掌握油罐跑油事故的原因及处理方法，减少此事故的发生。

一、风险提示及防范措施

本项目风险提示及防范措施见表3-1-16。

表 3-1-16　风险提示及防范措施

风险提示		防范措施
人身伤害	中毒、窒息	严格执行操作规程，人在上风口，先检测后作业
	坠落、滑跌	穿戴劳动保护用品，手扶扶梯缓慢上、下罐
	着火、爆炸	工艺设备完好、无渗漏，清理易燃物，上罐前释放静电
	机械伤害	设备防护设施齐全、完好，定期保养检修，人站侧面开关阀门，防止在压力作用下零部件脱出伤人
环境污染		按时巡回检查设备工艺管网，确认设备、设施、工艺完好无渗漏，正确切换流程，以免憋压造成泄漏，加强巡检，及时监测，掌握油位

二、操作流程

(1) 准备工作。
(2) 原因分析。
(3) 处理故障。
(4) 回收工具并填写记录。

三、准备工作

(1) 工具、用具、材料准备：F形防爆扳手1把，300mm活动扳手1把，15~25m量油尺1把，擦布、清洗油若干。
(2) 劳动保护用品准备齐全，穿戴整齐。

四、操作步骤

1. 原因分析

(1) 阀门或管线冻裂。
(2) 密封垫损坏。
(3) 排污阀开得过大，无人看守。
(4) 罐壁腐蚀穿孔。

2. 处理措施

(1) 立即停止油罐收油作业，倒罐操作。
(2) 提高事故罐输油量。
(3) 迅速关闭排污阀，控制排污阀开启度，并有人看守。
(4) 根据事故原因，抢修作业。
(5) 排除故障后，恢复正常生产。
(6) 清理现场并回收工具、用具，填写记录。

五、技术要求

(1) 事故现场所用工具均为防爆型，严禁产生火花引起爆炸。
(2) 油罐切换遵循"先开后关"的原则。

项目十七 油罐鼓包事故的原因及处理

油罐收油作业时，因机械呼吸阀、液压安全阀失灵或操作不当等因素，导致油罐内压力升高，易造成油罐鼓包事故。值班人员应了解及掌握油罐鼓包事故的原因及处理方法，减少此事故的发生。

一、风险提示及防范措施

本项目风险提示及防范措施见表3-1-17。

表 3-1-17　风险提示及防范措施

风险提示		防范措施
人身伤害	中毒、窒息	严格执行操作规程，人在上风口，先检测后作业
	坠落、滑跌	穿戴劳动保护用品，手扶扶梯缓慢上、下罐
	触电	定期检查电气设备接地线路完好，人站侧面戴绝缘手套分、合闸刀
	机械伤害	设备防护设施齐全、完好，定期保养检修，人站侧面开关阀门，防止在压力作用下零部件脱出伤人
设备损坏		严格执行操作规程，平稳操作，严禁违章敲击设备

二、操作流程

（1）准备工作。

（2）原因分析。

（3）处理故障。

（4）回收工具并填写记录。

三、准备工作

（1）工具、用具、材料准备：F 形防爆扳手 1 把，300mm 活动扳手 1 把，200mm 平口螺丝刀 1 把，润滑油、擦布若干。

（2）劳动保护用品准备齐全，穿戴整齐。

四、操作步骤

1. 原因分析

（1）机械呼吸阀和液压安全阀冻凝或锈死。

（2）阻火器堵塞。

（3）罐内上部存油冻凝，下部加热。

2. 处理措施

（1）立即停止作业，并向上级有关部门汇报。

（2）根据生产的具体情况，倒输其他罐或改为越站输油。

（3）检修和校验机械呼吸阀的阀盘，清除锈蚀，检查液压安全阀内是否结冰，并检查液压安全阀的油位是否正常。

（4）拆阻火器盖板，抽出阻火匣，检查阻火网，清除堵塞物。

（5）从上向下加热凝油。

（6）排除故障后，恢复正常生产。

（7）清洗并回收工具、用具，填写记录。

五、技术要求

（1）拆卸阀罩和盖板时要注意安全，禁止在罐顶使用敲击工具，防止产生火花，在罐顶作业要严格按防静电、防爆、防坠落等安全规程操作。

（2）压力阀、真空阀的阀盘与阀座接触面要光洁、严密、无锈渣、无杂质等，阀盘在导杆上移动灵活、无卡阻。

（3）装阻火匣时禁止敲击，密封垫片应完整、不渗漏、不硬化。

第二节　输油管道

项目一　输油管道发送清管器操作

输油管道或天然气管道在长期输送过程中，由于输油管道积蜡或气管网积液，造成输送管道不畅通，需要及时清理管道。清管器是经发球筒发送，通过输送介质推动，最后由收球筒回收，完成管道清理的专用工具。发送清管器结构示意图见图3-2-1。

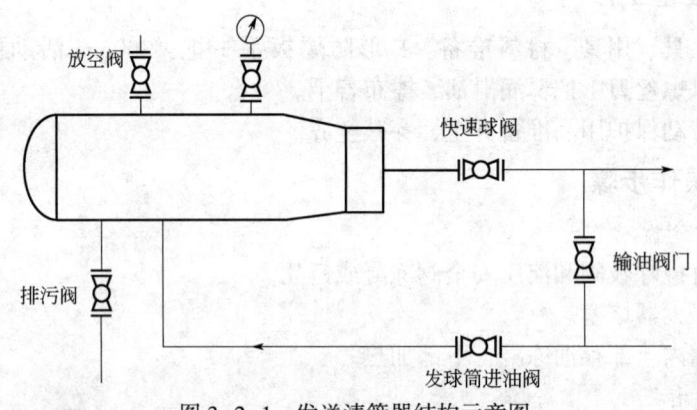

图3-2-1　发送清管器结构示意图

一、风险提示及防范措施

本项目风险提示及防范措施见表3-2-1。

表3-2-1　风险提示及防范措施

风险提示		防范措施
人身伤害	机械伤害	使用扳手时，要拉动扳手而不要推动扳手，防止扳手滑脱伤人；开关阀门时，人应侧身操作，避免丝杠飞出伤人；开、关发送筒快开盲板时，人站在侧面操作，防止筒内余压伤人
设备损坏		严格执行操作规程，平稳操作；快速球阀必须全开，防止清管器撞击损坏球阀阀芯

续表

风险提示	防范措施
环境污染	正确切换流程，以免憋压造成泄漏；打开发送筒前，应先打开排污阀排净污油

二、操作流程

（1）准备工作。
（2）检查工艺流程。
（3）放空、打开快开盲板。
（4）投入清管器。
（5）发送清管器。
（6）回收工具并填写记录。

三、准备工作

（1）工具、用具、材料准备：发球筒1套，配套流程1套，清管器1套，250~375mm活动扳手2把，梅花扳手1套，F形扳手1把，擦布若干。
（2）劳动防护用品准备齐全，穿戴整齐。

四、操作步骤

（1）检查发球筒、盲板及球阀，确认各部件完好正常后，检查确认清管器规格符合要求、清管器完好，将信号发射器装入清管器内。
（2）打开发球筒放空阀进行放空泄压，确认无压后卸下快开盲板的安全销，打开快速开关盲板把清管器送入发球筒内大小头处。
（3）关闭快速开关盲板，拧紧安全销，关闭发球筒上的放空阀门。
（4）打开发球筒进油阀，球筒压力正常后，打开快速球阀，并且是全开位置，然后缓慢关闭管道的输油阀。
（5）观察过球指示器是否动作，球发出去后，打开管道输油阀，再关闭发球筒的进油阀。
（6）关闭球阀，再打开发球筒的排污阀门排净球筒内残液，发球筒内的压力降至零后，打开放空，拧开安全销，再把快速开关盲板打开，清理并保养发球筒。
（7）记录发球时间，向调度汇报清管器发出时间并及时掌握输送管线参数变化情况。
（8）清洁并回收工具、用具，清理现场，做好记录。

五、技术要求

（1）快开盲板运行轨迹范围内不得站人，保证操作阀门速度不能过快，开关阀门不能正对阀门丝杠。

(2) 打开快开盲板前，必须确认发球筒内无压力。

项目二　输油管道接收清管器操作

接收清管器结构示意图见图 3-2-2。

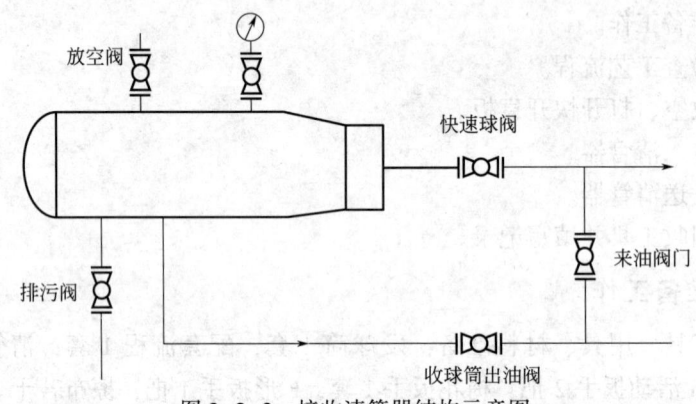

图 3-2-2　接收清管器结构示意图

一、风险提示及防范措施

本项目风险提示及防范措施见表 3-2-2。

表 3-2-2　风险提示及防范措施

风险提示		防范措施
人身伤害	机械伤害	使用扳手时，要拉动扳手而不要推动扳手，防止扳手滑脱伤人；开关阀门时，人应侧身操作，避免丝杠飞出伤人；开、关收球筒快开盲板时，人站在侧面操作，防止筒内余压伤人
设备损坏		严格执行操作规程，平稳操作；快速球阀必须全开，防止清管器撞击损坏球阀阀芯
环境污染		正确切换流程，以免憋压造成泄漏；打开收球筒前，应先打开排污阀排净污油

二、操作流程

(1) 准备工作。
(2) 检查工艺流程。
(3) 倒收球流程。
(4) 收球操作。
(5) 保养检查。
(6) 回收工具并填写记录。

三、准备工作

(1) 工具、用具、材料准备:收球筒 1 套,配套流程 1 套,清管器 1 套,250~375mm 活动扳手 2 把,梅花扳手 1 套,F 形扳手 1 把,擦布若干。

(2) 劳动防护用品准备齐全,穿戴整齐。

四、操作步骤

(1) 检查收球筒密封性,检查确认收球筒各部仪表显示准确可靠。

(2) 检查关闭放空和排污阀,清管器进站前 30min 缓慢全开收球筒球阀,打开收球筒出油阀,关闭收球筒的来油阀门,观察过球指示器确认球是否通过。

(3) 当过球指示器动作后,全开收球筒来油阀门,关闭来油进收球筒球阀,关闭收球筒出油阀,打开排污阀排净球筒内残液,收球筒内的压力降至零,打开放空阀。

(4) 确认无压后打开快开盲板的安全销,打开快开盲板,将清管器取出。

(5) 清理保养收球筒,关闭快开盲板,拧紧安全销,关闭收球筒放空阀。

(6) 记录收球时间,向调度汇报清管器已取出。

(7) 清洁并回收工具、用具,清理现场,做好记录。

五、技术要求

(1) 快开盲板运行轨迹范围内不得站人,保证操作阀门速度不能过快,开关阀门不能正对阀门丝杠。

(2) 打开快开盲板前,必须确认收球筒内无压力。

项目三 输油管道出站压力突然下降的原因及处理

输油管道是原油和石油产品最主要的输送设施,用于完成原油收发及输转任务。当输油管道出站压力突然下降时,要及时分析压力降低的原因,采取相应处理措施,保证正常生产。

一、风险提示及防范措施

本项目风险提示及防范措施见表 3-2-3。

表 3-2-3 风险提示及防范措施

风险提示		防范措施
人身伤害	触电	紧急停炉、停泵时,必须戴绝缘手套操作设备
	机械伤害	切换流程时,人站侧面开关阀门,防止在压力作用下零部件脱出伤人
环境污染		切换流程时,遵循"先开后关"的原则,以免憋压造成泄漏

二、操作流程

(1) 准备工作。
(2) 原因分析。
(3) 处理故障。
(4) 回收工具并填写记录。

三、准备工作

(1) 工具、用具、材料准备：F形防爆扳手1把，250mm、300mm、375mm活动扳手各1把，450mm、600mm管钳各1把，绝缘手套1副。
(2) 劳动保护用品准备齐全，穿戴整齐。

四、操作步骤

1. 原因分析

(1) 外输泵故障或停电造成停机。
(2) 出站管线爆管泄漏。
(3) 下游倒低液位储罐。

2. 处理措施

(1) 汇报上级调度，迅速查明原因。
(2) 紧急停炉停泵。
(3) 将外输流程改为进罐流程，库存高时要求上站停输。
(4) 通知有关人员巡线查找漏点，并组织抢修。
(5) 抢修正常后恢复管道正常输送。
(6) 清洁并回收工具、用具，清理现场，做好记录。

五、技术要求

(1) 抢修需要动火时，要严格执行动火作业规定，采取相应安全措施。
(2) 管线爆裂要做好周围环境保护工作，防止扩大污染范围。

项目四 输油管道出站压力突然上升的原因及处理

输油管道是原油和石油产品最主要的输送设施，用于完成原油收发及输转任务。当输油管道出站压力突然上升时，要及时分析压力上升的原因，采取相应处理措施，保证正常生产。

一、风险提示及防范措施

本项目风险提示及防范措施见表3-2-4。

表 3-2-4 风险提示及防范措施

风险提示		防范措施
人身伤害	触电	紧急停炉、停泵时，必须戴绝缘手套操作设备
	机械伤害	切换流程时，人站侧面开关阀门，防止在压力作用下零部件脱出伤人
环境污染		切换流程时，遵循"先开后关"的原则，以免憋压造成泄漏

二、操作流程

（1）准备工作。

（2）原因分析。

（3）处理故障。

（4）回收工具并填写记录。

三、准备工作

（1）工具、用具、材料准备：F形防爆扳手1把，250mm、300mm、375mm活动扳手各1把，450mm管钳1把，绝缘手套1副。

（2）劳动保护用品准备齐全，穿戴整齐。

四、操作步骤

1. 原因分析

（1）下游倒流程操作失误，造成憋压。

（2）下游干线流程上的阀门阀板脱落。

（3）在密闭输送的管道上，下游泵机组意外停泵。

2. 处理措施

（1）将外输流程改为站内循环流程或者倒进事故罐应急流程。

（2）紧急停炉停泵。

（3）将故障情况和处理结果向上级调度汇报，进一步查明故障原因。

（4）已造成事故的应通知维修人员进行抢修。

（5）抢修正常后管道恢复正常输送。

（6）清洁并回收工具、用具，清理现场，做好记录。

五、技术要求

（1）抢修需要动火时，要严格执行动火作业规定，采取相应安全措施。

（2）如有原油外泄要做好周围环境保护工作，防止扩大污染范围。

项目五 站内原油管线破裂的原因及处理

站内原油管线是指原油在处理、储存、计量、输送过程中的工艺管网。当站内原油管线破裂时,要及时分析管线破裂的原因,采取相应处理措施,保证正常生产。

一、风险提示及防范措施

本项目风险提示及防范措施见表3-2-5。

表3-2-5 风险提示及防范措施

风险提示		防范措施
人身伤害	触电	紧急停炉、停泵时,必须戴绝缘手套操作设备
人身伤害	机械伤害	切换流程时,人站侧面开关阀门,防止在压力作用下零部件脱出伤人
环境污染		切换流程时,遵循"先开后关"的原则,以免憋压造成泄漏

二、操作流程

(1) 准备工作。
(2) 原因分析。
(3) 处理故障。
(4) 回收工具并填写记录。

三、准备工作

(1) 工具、用具、材料准备:F形防爆阀门扳手1把,250mm、300mm、375mm活动扳手各1把,450mm管钳1把,绝缘手套1副。
(2) 劳动保护用品准备齐全,穿戴整齐。

四、操作步骤

1. 原因分析
(1) 管线超压运行。
(2) 管线流程未倒通。
(3) 管线存有死油管段,受热膨胀。
(4) 管线低凹段存在积水,气温过低管线冻裂。
(5) 管线腐蚀,承压强度降低。

2. 处理措施
(1) 控制管线压力在正常范围内。
(2) 倒流程时,严格按照"先开后关"的原则,确认流程无误再操作。
(3) 做好管线的日常检查及防护,管线投用前,应确认管线畅通后,再加热加压输送。
(4) 将故障情况向调度汇报并组织维修人员抢修。
(5) 抢修正常后管线恢复正常输送。

（6）清洁并回收工具、用具，清理现场，做好记录。

五、技术要求

（1）抢修需要动火时，要严格执行动火作业规定，采取相应安全措施。

（2）发现管线破裂，应立即汇报调度，倒流程，关闭事故段的上下游阀门，采取措施并控制原油泄漏污染。

（3）如果原油外泄，要做好周围环境保护工作，防止扩大污染范围。

项目六　输油管道管线冻堵的原因及处理

输油管道是原油和石油产品最主要的输送设施，用于完成原油收发及输转任务。当输油管道管线冻堵时，要及时分析冻堵的原因，采取相应处理措施，保证正常生产。

一、风险提示及防范措施

本项目风险提示及防范措施见表3-2-6。

表3-2-6　风险提示及防范措施

风险提示		防范措施
人身伤害	触电	紧急停炉、停泵时，必须戴绝缘手套操作设备
	机械伤害	切换流程时，人站侧面开关阀门，防止在压力作用下零部件脱出伤人
环境污染		切换流程时，遵循"先开后关"的原则，以免憋压造成泄漏

二、操作流程

（1）准备工作。

（2）原因分析。

（3）处理故障。

（4）回收工具并填写记录。

三、准备工作

（1）工具、用具、材料准备：F形防爆扳手1把，250mm、300mm、375mm活动扳手各1把，450mm管钳1把。

（2）劳动保护用品准备齐全，穿戴整齐。

四、操作步骤

1. 原因分析

（1）管线无保温或伴热措施。

（2）长期停用的管线未进行扫线。

(3) 伴热温度过低或伴热管线损坏。
(4) 扫线后阀门关闭不严,原油窜入空管线。

2.处理措施

(1) 站内管线一旦凝管,要采取措施迅速处理,如提高伴热温度、用高压热油顶挤等。严重时可去掉保温层,用蒸汽等热源在外管壁直接加热。
(2) 为防止管道凝管,对长期停用管线应及时扫线或定期活动。
(3) 及时修复伴热管线。
(4) 检查阀门严密性,防止原油窜入扫线后的空管线。
(5) 清洁并回收工具、用具,清理现场,做好记录。

五、技术要求

(1) 发现站内管线凝管事故时,立即报告有关部门和人员,进行处理时先检测后作业,作业场所保持通风。
(2) 如果原油外泄,要做好周围环境保护工作,防止扩大污染范围。

第四章　自动控制技术

第一节　变送器

项目一　压力变送器巡检及维护保养

压力变送器既可以就地显示现场压力值,又可以将压力信号转换成标准的 4~20mA 直流电流值,远传至控制室二次仪表或工控机,实现远程监控与调节。

一、风险提示及防范措施

本项目风险提示及防范措施见表 4-1-1。

表 4-1-1　风险提示及防范措施

风险提示		防范措施
人身伤害	烫伤	严格执行操作规程,先放空,确保工艺流程无渗漏,以免流体烫伤身体
	中毒和窒息	先打开门窗通风,确保空气流通,进入有限空间施工作业时,必须按照"先检测、后作业"的原则,定期检测有毒有害气体浓度,做好个人防护
	机械伤害	设备、设施定期保养、检修,防止在压力作用下零部件脱出伤人
设备损坏		严格执行操作规程,严禁违章敲击设备

二、操作流程

(1) 准备工作。
(2) 日常巡检。
(3) 维护保养。
(4) 回收工具并填写记录。

三、准备工作

(1) 工具、用具、材料准备:250mm 活动扳手 1 把,50mm 螺丝刀 1 把,绝缘胶带 1 卷,生料带 1 卷,放空桶 1 个,擦布若干。
(2) 劳动保护用品准备齐全,穿戴整齐。

四、操作步骤

1. 日常巡检

（1）检查确认防爆挠性管无破损，等电位跨接线牢固。

（2）检查确认接口螺纹处无介质渗漏。

（3）检查确认显示屏无水雾，壳体无水锈。

（4）确认检定标签无破损，且在检定有效期内。

（5）检查确认显示屏显示正常，数值与实际值一致。

（6）检查确认前后端盖、固定螺栓紧固，无松动。

2. 维护保养（建议每周一次）

（1）使用放空桶，对压力变送器定期进行排污、放空，检查归零情况。

（2）检查取压管路及阀门接头处有无渗漏现象，如有渗漏现象，及时进行处理。

（3）打开变送器的后侧端盖，检查确认零部件无锈蚀，紧固件无松动，接插件接触良好，端子接线牢固；拧紧后侧端盖，防止仪表进水，形成水雾。

（4）使用擦布进行卫生清扫，保持变送器及其附件的清洁。

（5）压力变送器达到检定有效期前，应按操作规程进行拆卸、送检。

（6）冬季生产时，检查仪表取压管线保温伴热，防止取压管线或变送器测量元件被冻坏。

3. 收尾工作

清洁并回收工具、用具，清理现场，做好记录。

五、技术要求

（1）先检测后操作，作业场所保持通风。

（2）保养前，先断电，后操作。

项目二　压力变送器的拆装操作

压力变送器标准安装示意图如图 4-1-1 所示。

一、风险提示及防范措施

本项目风险提示及防范措施见表 4-1-2。

二、操作流程

（1）准备工作。

（2）拆卸压力变送器。

（3）安装压力变送器。

（4）回收工具并填写记录。

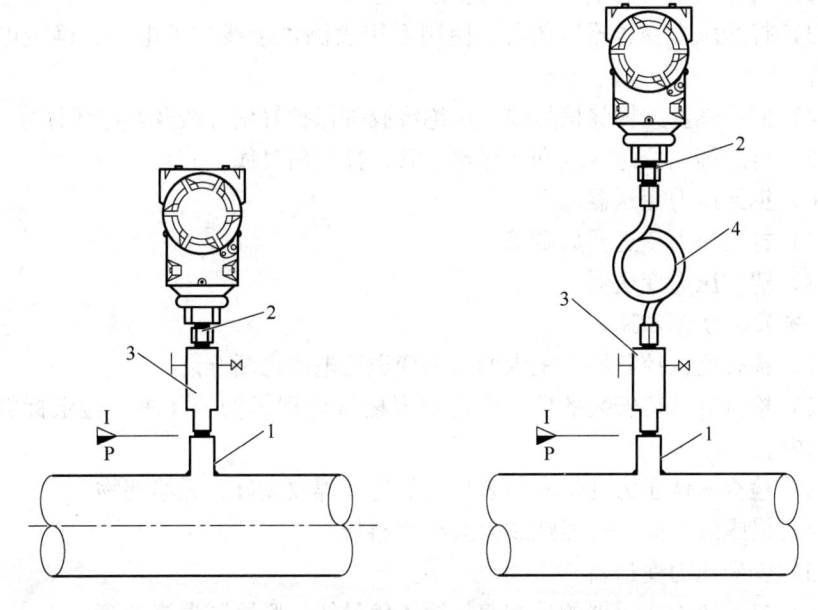

图 4-1-1　压力变送器的标准安装示意图
1—管嘴；2—压力变送器活接头；3—排泄截止阀；4—冷凝弯管

表 4-1-2　风险提示及防范措施

风险提示		防范措施
人身伤害	烫伤	严格执行操作规程，先放空，确保工艺流程无渗漏，以免流体烫伤身体
	中毒和窒息	先打开门窗通风，确保空气流通，进入有限空间施工作业时，必须按照"先检测、后作业"的原则，定期检测有毒有害气体浓度，做好个人防护
	机械伤害	设备、设施定期保养、检修，防止在压力作用下零部件脱出伤人
设备损坏		严格执行操作规程，严禁违章敲击设备

三、准备工作

（1）工具、用具、材料准备：250mm 活动扳手 1 把，50mm 螺丝刀 1 把，绝缘胶带 1 卷，万用表 1 块，生料带 1 卷，放空桶 1 个，擦布若干。如果压力变送器安装位置为防爆场所，应使用防爆工具。

（2）劳动保护用品准备齐全，穿戴整齐。

四、操作步骤

1. 拆卸压力变送器

（1）关闭压力变送器控制阀，打开放空阀泄压，待压力变送器显示的压力数值降为 0。

（2）切断控制器机柜内的压力变送器电源。

（3）打开压力变送器后端盖，使用万用表测量接线端子电压，确定电源已被切断。

（4）使用螺丝刀拆除信号线，用绝缘胶带保护好信号线及其电缆标号。

（5）拆除等电位跨接线和防爆挠性管，抽出信号线。

（6）拆卸压力变送器。

（7）拧紧压力变送器后端盖。

（8）清洁压力变送器。

2. 安装压力变送器

（1）检查确认控制器机柜内的压力变送器电源已断开。

（2）检查确认待安装的压力变送器规格符合现场安装要求，检定标签应在有效期内。

（3）检查确认压力变送器与表接头的连接螺纹完好，无堵塞物。

（4）沿螺纹方向在连接螺纹上缠绕生料带。

（5）安装压力变送器。

（6）打开压力变送器的后端盖，穿入信号线，紧固防爆挠性管。

（7）拆除绝缘胶布，正确连接接线端子与信号线。

（8）闭合控制器机柜间的压力变送器电源，使用万用表测量端子间电压是否正常（18~24V）。

（9）关闭放空阀，打开压力变送器控制阀。

（10）检查确认压力变送器与表接头的连接处无渗漏。

（11）检查确认显示屏显示正常，数值与实际值一致。

（12）拧紧压力变送器的后侧端盖，防止仪表进水形成水雾或锈蚀。

（13）清洁并回收工具、用具，清理现场，做好记录。

五、技术要求

（1）先检测后操作，作业场所保持通风。

（2）压力变送器拆卸前，先断电、放空，最后操作。

项目三　温度变送器的拆装操作

温度变送器既可以就地显示现场温度值，又可以将温度信号转换成标准的4~20mA直流电流值，远传至控制室二次仪表或工控机显示，实现远程监控与调节。温度变送器的标准安装示意图如图4-1-2所示。

一、风险提示及防范措施

本项目风险提示及防范措施见表4-1-3。

(a) DN≥200mm管道安装

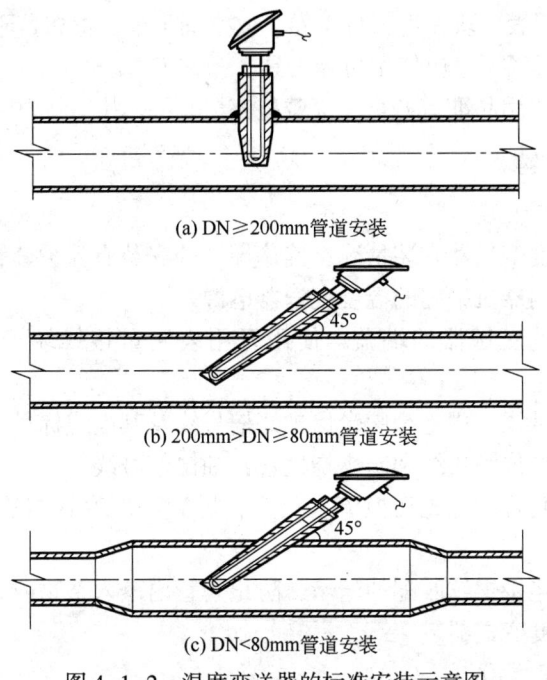

(b) 200mm>DN≥80mm管道安装

(c) DN<80mm管道安装

图 4-1-2 温度变送器的标准安装示意图

表 4-1-3 风险提示及防范措施

风险提示		防范措施
人身伤害	烫伤	严格执行操作规程，先放空，确保工艺流程无渗漏，以免流体烫伤身体
	中毒和窒息	先打开门窗通风，确保空气流通，进入有限空间施工作业时，必须按照"先检测、后作业"的原则，定期检测有毒有害气体浓度，做好个人防护
	机械伤害	设备、设施定期保养、检修，防止在压力作用下零部件脱出伤人
设备损坏		严格执行操作规程，严禁违章敲击设备

二、操作流程

（1）准备工作。

（2）拆卸温度变送器。

（3）安装温度变送器。

（4）回收工具并填写记录。

三、准备工作

（1）工具、用具、材料准备：250mm 活动扳手 1 把，50mm 螺丝刀 1 把，绝缘胶带1卷，万用表1块，生料带1卷，放空桶1个，擦布若干。如果温度变送器安装位置为防爆场所，应使用防爆工具。

（2）劳动保护用品准备齐全，穿戴整齐。

四、操作步骤

1. 拆卸温度变送器

（1）检查温度变送器安装情况，确认探针处安装有保护套管。

（2）切断控制器机柜内的温度变送器电源。

（3）打开温度变送器的端盖，使用万用表测量接线端子电压，确定电源断开。

（4）拆除信号线，用绝缘胶带保护好信号线及其电缆标号。

（5）拆除等电位跨接线和防爆挠性管，抽出信号线。

（6）无保护套管的应先切换流程放空，拆卸温度变送器连接螺纹，防止介质渗漏。

（7）安装与连接螺纹匹配的丝堵，防止套管内落入杂物或有介质泄漏。

（8）清洁温度变送器。

2. 安装温度变送器

（1）检查确认控制器机柜内的温度变送器电源已断开。

（2）检查确认待安装的温度变送器规格符合现场安装要求，检定标签应在有效期内。

（3）拆除保护套管上的丝堵，检查确认连接螺纹完好，并向保护套管内注入导热油。

（4）无保护套管的温度变送器应沿螺纹方向在连接螺纹处缠绕生料带。

（5）连接并固定温度变送器。

（6）检查确认温度变送器与套管连接螺纹处无介质渗漏。

（7）打开温度变送器的端盖，穿入信号线，紧固防爆挠性管。

（8）拆除绝缘胶布，正确连接接线端子与信号线。

（9）闭合控制器机柜内的温度变送器电源，使用万用表测量端子间电压是否正常（18~24V）。

（10）检查确认显示屏显示正常，数值与实际值一致。

（11）拧紧温度变送器的端盖，防止仪表进水形成水雾或锈蚀。

（12）清洁并回收工具、用具，清理现场，做好记录。

五、技术要求

（1）先检测后操作，作业场所保持通风。

（2）温度变送器拆卸前，先断电、放空，最后操作。

项目四 液位计常见故障与处理

液位计是一种测量容器内介质液位的仪表，油气集输生产现场主要有雷达液位计、超声波液位计、双法兰压差液位计、磁性浮球液位计等。当液位计出现故障时，要及时分析故障原因，采取相应处理措施，保证正常生产。

一、风险提示及防范措施

本项目风险提示及防范措施见表4-1-4。

表 4-1-4　风险提示及防范措施

风险提示		防范措施
人身伤害	高空坠落	严格执行操作规程，在防护栏内作业，使用安全绳索
	中毒和窒息	必须按照"先检测、后作业"的原则，定期检测有毒有害气体浓度，做好个人防护
设备损坏		严格执行操作规程，严禁违章敲击设备
环境污染		严格执行操作规程，以免造成泄漏

二、操作流程

（1）准备工作。
（2）量程漂移。
（3）信号线故障。
（4）控制器故障。
（5）液位计故障。
（6）回收工具并填写记录。

三、准备工作

（1）工具、用具、材料准备：测油尺1把，250mm活动扳手1把，50mm螺丝刀1把，绝缘胶带1卷，万用表1块，擦布若干。如果压力变送器安装位置为防爆场所，应使用防爆工具。
（2）劳动保护用品准备齐全，穿戴整齐。

四、操作步骤

1. 量程漂移

量程漂移表现为实际液位和测量值的变化趋势一致，但数值不相等。
（1）使用测油尺对容器内的介质液位进行检测。
（2）记录同一时刻的液位计测量值。

(3) 根据液位波动情况，连续记录5组数据。

(4) 根据记录数据计算量程漂移情况，根据仪表说明书修订液位计设置参数。

2. 信号线故障

信号线故障主要分为短路和断路，表现为DCS系统显示液位超出液位计量程范围，液位计显示屏无显示。

(1) 使用万用表测量DCS控制器机柜的液位计电源的电压是否为24VDC。如果电压为0，则说明熔断管熔断；确认信号线无短路现象，更换熔断管。

(2) 使用万用表测量液位计接线端子间电压是否为24VDC。如果电压为0，则说明信号线断路；沿信号线铺设路由查找断点，重新连接，并做好绝缘防水处理。

(3) 使用万用表分别测量DCS控制器机柜的回路电流和接线端子回路电流。如果电流不一致，或超过20mA，则信号线短路或并联其他负载；沿信号线铺设路由检查绝缘层破损点，重新连接，并做好绝缘防水处理。

3. 控制器故障

控制器故障表现为DCS系统显示液位异常，液位计显示屏现场显示正常。

(1) 使用万用表确认DCS控制器机柜的回路电流和接线端子的回路电流一致。

(2) 确认DCS人机组态界面的量程设置，与液位计的设置一致。若不一致，判定该液位计相对应的DCS控制器机柜的通道回路存在故障。

(3) 更换相对应通道卡件。

4. 液位计故障

由于液位计的类型和型号差别，故障现象存在较大差异，各类型液位计的常见故障及其处理见表4-1-5。

表4-1-5 液位计故障统计表

液位计类型	故障现象	故障原因	处理措施
雷达液位计	测量值与实际不符且变化不大	天线结疤，使之产生强烈的回波反射	清理天线及其附近的附着物
超声波液位计			
双法兰液位计	测量值波动大	毛细管有破损，导压硅油泄漏	返厂维修
		感压薄膜磨损严重	
	测量值不变化	信号转换电路故障	
		膜盒发生非弹性形变	
		正负毛细管同时被挤压造成管道堵塞或损坏	疏导引压毛细管

续表

液位计类型	故障现象	故障原因	处理措施
磁浮球液位计	测量值恒定为量程下限	磁性浮球脱落，或腐蚀泄漏造成沉底	更换磁性浮球
	测量值区间准确有效或跳跃式变化	导管黏连附着物，造成磁性浮球不灵活	清理导管的附着物
		磁性浮球变形，造成磁性浮球不灵活	更换磁性浮球
		导管弯曲，造成磁性浮球不灵活	校直导管
	在某一液位以下，测量值为恒定值	干簧管腐蚀、黏连	更换干簧管
	测量值恒定	变送器损坏	更换变送器

5. 收尾工作

清洁并回收工具、用具，清理现场，做好记录。

五、技术要求

（1）先检测后操作，作业场所保持通风。

（2）液位计拆卸前，先断电、放空，最后操作。

第二节　执行器

项目一　气动调节阀的检查与维护

调节阀是生产自控系统中的重要组成部分，调节阀动作的可靠性直接影响到生产系统的平稳运行。做好调节阀日常巡检和维护保养工作，能有效避免生产系统故障的发生。

一、风险提示及防范措施

本项目风险提示及防范措施见表 4-2-1。

表 4-2-1　风险提示及防范措施

风险提示		防范措施
人身伤害	烫伤	严格执行操作规程，先放空，确保工艺流程无渗漏，以免流体烫伤
	中毒和窒息	先打开门窗通风，确保空气流通，进入有限空间施工作业时，必须按照"先检测、后作业"的原则，定期检测有毒有害气体浓度，做好个人防护
	机械伤害	设备、设施定期保养、检修，防止在压力作用下零部件脱出伤人
设备损坏		严格执行操作规程，严禁违章敲击设备

二、操作流程

（1）准备工作。
（2）检查与调整。
（3）清洁卫生。
（4）回收工具并填写记录。

三、准备工作

（1）工具、用具、材料准备：200mm 防爆活动扳手1把，润滑脂、擦布若干。
（2）劳动防护用品准备齐全，穿戴整齐。

四、操作步骤

（1）定期对定位器、减压阀进行排污。
（2）检查反馈杆是否存在松动、脱落现象，运动部分要定期进行润滑，保证灵活可靠。
（3）检查附件各压力表是否完好，气源压力应处于正常值范围内。
（4）检查调节阀膜头是否漏气，气源管有无漏气现象。
（5）检查调节阀上下膜盖上的排气孔是否堵塞。
（6）检查调节阀填料是否存在泄漏现象，如果发现填料压盖没有调整余量时，应及时补充或更换填料。
（7）检查调节阀的上阀盖与阀体接触面有无漏气现象。
（8）检查进线口是否密封，各螺栓连接件部分有无锈蚀。
（9）清洁并回收工具、用具，清理现场，做好记录。

五、技术要求

（1）调节螺栓应使用防爆工具。
（2）清洁卫生时不能使用化纤材质的擦布。
（3）进行减压阀排污操作时人应侧身。

项目二　气动调节阀不动作的原因及处理

气动调节阀由气动执行器和调节阀组成，执行器接收控制系统 4~20mA 直流电流信号，驱动调节阀阀芯动作，调节生产工艺设备装置中的流量、压力。当气动调节阀出现不动作故障时，要及时分析故障原因，采取相应处理措施，保证正常生产。

一、风险提示及防范措施

本项目风险提示及防范措施见表 4-2-2。

表 4-2-2　风险提示及防范措施

风险提示		防范措施
人身伤害	烫伤	严格执行操作规程，先放空，确保工艺流程无渗漏，以免流体烫伤
	中毒和窒息	先打开门窗通风，确保空气流通，进入有限空间施工作业时，必须按照"先检测、后作业"的原则，定期检测有毒有害气体浓度，做好个人防护
	机械伤害	设备、设施定期保养、检修，防止在压力作用下零部件脱出伤人

二、操作流程

（1）准备工作。
（2）原因分析。
（3）处理故障。
（4）回收工具并填写记录。

三、准备工作

（1）工具、用具、材料准备：200mm 防爆活动扳手 1 把，润滑脂，擦布若干。
（2）劳动保护用品准备齐全，穿戴整齐。

四、操作步骤

1. 原因分析

（1）气源未开或气源含水，冬季生产发生冰冻，堵塞供气管路。
（2）仪表风机发生故障，停止供风。
（3）仪表风线供气管路泄漏，导致压力过低，调节阀不能正常开关。
（4）减压阀故障，导致风压不稳。
（5）设备进水受潮使接线短路，造成调节阀不能全开或全关。
（6）电源线端子松动、脱落、短路，电路板积灰太多，导致接触不良。
（7）调节阀经维修后接错线，导致调节阀不能动作。
（8）异物卡在阀芯、阀座处会导致调节阀不动作。
（9）密封填料压得过紧。

2. 处理措施

（1）检查仪表风机及供气线路，维修泄漏点或解冻供气管线，恢复仪表供风。
（2）修复减压阀。
（3）维修故障线路，做好密封防水保护。
（4）紧固、调整接线端子上的接线。

(5) 清除阀芯、阀座处堵塞物。
(6) 调整密封填料松紧度。
(7) 清洁并回收工具、用具，清理现场，做好记录。

五、技术要求

(1) 维修操作时必须正确切换工艺流程。
(2) 调节螺栓时应使用防爆工具。
(3) 清洁卫生时不能使用化纤材质的擦布。
(4) 进行减压阀排污操作时人应侧身。

项目三 更换气动调节阀膜片操作

对薄膜式气动执行机构来说，膜片是重要的元件之一，膜片使用时间过久，易产生老化、裂纹、漏气，导致执行机构不动作。正确更换膜片，确保安装质量，可达到延长生产使用周期的目的。

一、风险提示及防范措施

本项目风险提示及防范措施见表4-2-3。

表4-2-3 风险提示及防范措施

风险提示		防范措施
人身伤害	烫伤	严格执行操作规程，先放空，确保工艺流程无渗漏，以免流体烫伤
	中毒和窒息	先打开门窗通风，确保空气流通，进入有限空间施工作业时，必须按照"先检测、后作业"的原则，定期检测有毒有害气体浓度，做好个人防护
	机械伤害	设备、设施定期保养、检修，防止在压力作用下零部件脱出伤人

二、操作流程

(1) 准备工作。
(2) 切换流程。
(3) 拆卸更换膜片。
(4) 恢复流程。
(5) 清洁卫生。
(6) 回收工具。

三、准备工作

(1) 工具、用具、材料准备：300mm防爆活动扳手1把，14~17mm梅花扳手2把，150mm平口螺丝刀1把，记号笔1支，毛刷1把，润滑脂、肥皂水、擦布若干，松动剂1瓶，同型号合格膜片1片（要求膜片材质为乙丙橡胶夹尼龙，无裂纹、无橡胶与纤维脱离现象，完好无缺陷）。

（2）劳动防护用品准备齐全，穿戴整齐。

四、操作步骤

（1）切换好工艺流程，停下待维修的调节阀。

（2）关闭调节阀的供气阀门，放净定位器和仪表管线中压力。

（3）膜盖拆开之前，要在上下膜盖配合位置做好标记。

（4）更换正作用执行机构膜片。从执行机构上拆下供气管线和附件，用松动剂对膜盖上的固定螺母、螺栓除锈，拆下膜盖上的固定螺母；取下膜室上盖，轻轻放置在干净处，取出损坏的膜片，清洁膜室及表面杂物；安放好新膜片，膜片应摆放平整，膜片螺栓孔与膜室下盖螺栓孔对正，安放好膜室上盖，膜室上盖螺栓孔与膜片及膜室下盖螺栓孔对正，将固定螺栓涂润滑油逐条穿好，对角紧固；将供气管接在膜室上盖上，打开供气阀门给膜室供气，用肥皂水检查膜片四周有无漏气；检验阀杆在全行程范围内的动作是否灵活。

（5）更换反作用执行机构膜片。用松动剂对膜盖上的固定螺母、螺栓除锈，拆下膜盖上的固定螺母；取下膜室上盖，轻放置在干净处，拆卸膜片背盖板固定螺母，取下膜片背盖板及损坏的膜片，清洁膜室及表面杂物；安放好新膜片，膜片应摆放平整，膜片螺栓孔与膜室下盖螺栓孔对正，安装膜片背盖板及固定螺栓，安放好膜室上盖，膜室上盖螺栓孔与膜片及膜室下盖螺栓孔对正，将固定螺栓涂润滑油逐条穿好，对角紧固；打开供气阀门给膜室供气，用肥皂水检查膜片四周有无漏气；检验阀杆在全行程范围内的动作是否灵活。

（6）清洁并回收工具、用具，清理现场，做好记录。

五、技术要求

（1）新膜片应无裂纹、无橡胶与纤维脱离现象。

（2）要在关闭调节阀的供气气源、膜盖拆开之前，在上、下膜盖标上配合位置记号。

（3）防爆场所要使用防爆工具、用具。

项目四　检查气动调节阀位置开关指示操作

定期对气动调节阀位置开关指示的准确性进行检查，是发现自控仪表是否存在问题的一种方法，是在气动调节阀可能发生故障之前而采取的防御性检查措施。

一、风险提示及防范措施

本项目风险提示及防范措施见表 4-2-4。

表 4-2-4　风险提示及防范措施

风险提示	防范措施
环境污染	正确进行调试操作，避免造成分离器憋压、油水管路窜气跑油

二、操作流程

（1）准备工作。
（2）试通话。
（3）观察分离器液位。
（4）检查调节阀开关状态。
（5）改变参数设置并确认阀的动作指示。
（6）恢复自控设置。
（7）填写记录。

三、准备工作

（1）工具、用具、材料准备：手持式防爆电台1部。
（2）劳动防护用品准备齐全，穿戴整齐。

四、操作步骤

（1）与中控室值班员联系，准备进行气动阀开关位置指示状况检查，依次确定好预查对象。

（2）现场人员首先观察待查分离器液位（油、水室），并与中控室远传数据进行对比，同时查看气动调节阀开关位置指示是否正确（分离器油水室液位低于对应的气动调节阀设定开启值时，气动阀应处于关闭状态）。

（3）由中控室值班员改变气动阀设定的开启值，设定值修改原则为：若现场气动阀处于关闭状态，可降低气动阀设定的液位开启高度值，现场气动阀应立即做出开启反应；若现场气动阀处于开启状态，可短时提高气动阀设定的液位开启高度值，现场气动阀应立即做出关闭反应；检查气动阀完毕，应立即将气动阀修改的参数恢复至原正常设定值。

（4）检查过程中，若发现被查的气动阀动作滞后、指示不正确，还应进行手动状态气动调节阀开关位置指示检查，即中控室值班员将被查气动阀由自动状态改为手动状态，分别做零位、25%、50%、75%、100%开关位置指示检查。如果不存在问题，应立即将手动状态转换为自动状态生产。

（5）检查结束后，将检查结果汇报中控室并做好检查记录。

五、技术要求

(1) 应预先进行防爆手持电台试通话，确保通信畅通；严禁使用不防爆手机作为通信工具。

(2) 现场人员应密切与中控室值班员保持联系，检查过程中不得脱离现场。

(3) 检查过程中应注意分离器液位（油、水室）变化，防止液位过高造成跑油、窜气现象发生。

项目五 分离器气出口压变指示为负值的原因及处理

分离器是通过气出口的压变检测与调节阀连锁实现自动调控压力的，当分离器气出口压变指示为负值时，要及时分析故障原因，采取相应处理措施，保证正常生产。

一、风险提示及防范措施

本项目风险提示及防范措施见表 4-2-5。

表 4-2-5 风险提示及防范措施

风险提示		防范措施
人身伤害	机械伤害	操作员工应侧身开关阀门
环境污染		正确操作，避免造成分离器憋压、油水管路窜气跑油

二、操作流程

(1) 准备工作。

(2) 原因分析。

(3) 处理故障。

(4) 回收工具并填写记录。

三、准备工作

(1) 工具、用具、材料准备：F 形防爆阀门扳手 1 把。

(2) 劳动保护用品准备齐全，穿戴整齐。

四、操作步骤

1. 原因分析

冬季生产中，压力录取点位上的阀门短节出现冰冻堵塞，控制阀门以上的管段内压力逐渐下降，直至负值。压力变送器传送的信号与生产设备的真实值相背离。当分离器气出口压力变送器传送压力值低于气动调节阀开启值时，气动调节阀呈关闭状态。此时，分离器压力将逐渐升高，导致安全阀动作。

2. 处理措施

（1）如果分离器压力出现快速上涨，应立即打开分离器气出口调节阀的直通阀门，手动控制直通阀门开度调节压力。

（2）分离器压力得到控制后，采用热源将冰冻部位化开，做好阀门短节保温工作。

（3）如果采用电伴热，应检查电伴热是否出现跳闸断电状况，及时进行恢复送电。

（4）清洁并回收工具、用具，清理现场，做好记录。

五、技术要求

（1）若安全阀动作，倒气动阀直通阀门时要做好防护措施，防止中毒。

（2）现场使用的工具、用具必须为防爆材质。

项目六　气动调节阀常见故障与处理

气动调节阀由气动执行器和调节阀组成，执行器接收控制系统 4~20mA 直流电流信号，驱动调节阀阀芯动作，调节生产工艺设备装置中的流量、压力。生产运行过程中，气动调节阀存在不同种类的故障。发生故障时，要及时查找故障原因，采取相应处理措施，保证正常生产。

一、风险提示及防范措施

本项目风险提示及防范措施见表4-2-6。

表4-2-6　风险提示及防范措施

风险提示		防范措施
人身伤害	烫伤	严格执行操作规程，先放空，确保工艺流程无渗漏，以免流体烫伤
	中毒和窒息	先打开门窗通风，确保空气流通，进入有限空间施工作业时，必须按照"先检测、后作业"的原则，定期检测有毒有害气体浓度，做好个人防护
	机械伤害	设备、设施定期保养、检修，防止在压力作用下零部件脱出伤人
环境污染		正确切换流程，以免憋压造成泄漏

二、操作流程

（1）准备工作。

（2）原因分析。

（3）处理故障。

（4）回收工具并填写记录。

三、准备工作

（1）工具、用具、材料准备：200mm 防爆活动扳手 1 把，14~17mm 梅花扳手 2 把，12mm、14mm、17mm 套筒扳手各 1 把，150mm 螺丝刀 1 把。

（2）劳动保护用品准备齐全，穿戴整齐。

四、操作步骤

1. 故障分析

1）气源系统故障

（1）仪表风线冰冻堵塞。

（2）供风管路泄漏。

（3）仪表风机出现故障停机。

（4）空气过滤减压阀或铜管被脏物堵塞。

（5）减压阀漏气。

（6）减压阀输出压力设定过低。

（7）铜管连接口松动、漏气。

2）电源系统故障

（1）电源线接线端子处松动、短路、脱落、极性接反。

（2）电源线中间接头或中间受伤处故障。

3）电气阀门定位器故障

（1）喷嘴、挡板间有脏物。

（2）定位器密封垫片损坏。

（3）反馈杆故障。

（4）固定螺母松动。

4）调节阀故障

（1）调节阀漏失量大。

（2）阀座有杂物卡住或堵塞。

（3）调节阀密封填料过紧。

（4）阀杆与连接件松动或脱落。

（5）调节阀膜头故障。

2. 处理措施

（1）检查处理气源系统故障。

（2）检查处理电源系统故障。

（3）检查处理电气阀门定位器故障。

（4）检查处理调节阀故障。

（5）清洁并回收工具、用具，清理现场，做好记录。

五、技术要求

(1) 维修操作必须正确切换工艺流程。
(2) 油气场所必须使用防爆工具。

第三节 集散控制系统

项目一 联合站断电后DCS重新启动操作

DCS 是分布式控制系统（Distributed Control System）的英文缩写，又称集散控制系统。它是一个由过程控制级和过程监控级组成的以通信网络为纽带的多级计算机系统，综合了计算机、通信、显示和控制技术，其基本思想是分散控制、集中操作、分级管理、配置灵活以及组态方便。

DCS 共分为三大部分：人机组态界面、通信网络、带I/O板的控制器及其现场仪器仪表。

一、风险提示及防范措施

本项目风险提示及防范措施见表4-3-1。

表4-3-1 风险提示及防范措施

风险提示		防范措施
人身伤害	触电	定期检查接地线路完好，操作员工戴绝缘手套侧身分、合闸刀
设备损坏		严格执行操作规程，按顺序操作

二、操作流程

(1) 准备工作。
(2) 检查机柜。
(3) 控制器上电。
(4) 启动人机组态界面。
(5) 数据跟踪。
(6) 回收工具并填写记录。

三、准备工作

(1) 工具、用具、材料准备：万用表1台，纸、笔1套。
(2) 劳动防护用品准备齐全，穿戴整齐。

四、操作步骤

1. 检查机柜

（1）使用万用表的交流 750V 挡，测量控制器机柜电源电压是否正常，断开主空气开关。

（2）按照从上向下、从左至右的顺序，详细记录各空气开关的分合状态。

（3）依次断开各空气开关。

（4）检查 DCS 机柜内是否有因停电造成的元件损坏；如有损坏，及时更换备用元件。

2. 控制器上电

（1）接到供电恢复正常的命令后，再次检查机柜电源是否稳定，电压范围为 210~230V；如果电压偏高、偏低或波动较大均不能送电，防止控制器及其现场仪表损坏。

（2）根据记录的空气开关分合状态，按照从主到分、从上到下、从左到右的顺序，依次恢复各空气开关停电前的位置。

（3）不得强行闭合空气开关，防止控制器或现场仪表损坏。如果存在这个情况，应先检查原因，排除故障，确认正常后方可闭合该开关。

（4）检查机柜内的 24V 直流电源和安全隔离栅的电压是否正常。

（5）检查各仪表工作是否正常。

（6）检查液晶显示屏上的数据显示是否正常。

（7）按照上述步骤，依次启动各站点的控制器。

3. 启动人机组态界面

（1）启动工程师（操作员）站，运行组态软件。

（2）使用组态软件的"物联状态"功能，检查人机组态界面与各控制器的通信情况是否正常；如不正常，检查通信光缆与网络设备的运行情况。

（3）检查组态软件的工作是否正常，生产数据是否显示错误，生产控制指令是否符合要求，量程、报警参数的设定是否与之前一致。如果发生变化，应立即进行现场核实，检查变化原因，修改参数。

4. 数据跟踪

依次检查各工艺流程的生产参数是否正常，是否与人机组态界面的显示一致，并做好记录。

5. 收尾工作

清洁并回收工具、用具，清理现场，做好记录。

五、技术要求

（1）熟悉 DCS 的构成和控制器机柜的元件功能、现场仪表的工作状态。

(2) 熟练掌握联合站的生产工艺流程。

项目二 DCS突然失灵，控制分离器液位的方法

在原油处理工艺中，分离器是将油气混合物分离成气、液两相的设备。如果DCS突然失灵而没有及时控制分离器的液位，将造成气管线窜油或油管线窜气等事故。必须迅速地将自动控制系统切换成手动控制操作，以确保生产安全运行。

一、风险提示及防范措施

本项目风险提示及防范措施见表4-3-2。

表4-3-2　风险提示及防范措施

风险提示		防范措施
人身伤害	机械伤害	设备防护设施齐全、完好，定期保养、检修，人站侧面开关阀门，防止在压力作用下零部件脱出伤人
	着火、爆炸	保障设备、设施、工艺完好无渗漏，及时清理易燃物，正确使用防爆工具
	中毒、窒息	先通风，确保空气流通，进入有限空间施工作业时，必须按照"先检测、后作业"的原则，定期检测有毒有害气体浓度，做好个人防护
设备损坏		严格执行操作规程，平稳调节阀门，严禁违章敲击设备
环境污染		正确切换流程，以免憋压造成泄漏

二、操作流程

(1) 准备工作。
(2) 故障现象。
(3) 处理故障。
(4) 回收工具并填写记录。

三、准备工作

(1) 工具、用具、材料准备：F形防爆阀门扳手1把，450mm管钳1把。
(2) 劳动防护用品准备齐全，穿戴整齐。

四、操作步骤

1. 故障现象

分离器气出口调节阀若采用气开阀，DCS失灵后，调节阀自动全关；液出口调节阀若采用气关阀，DCS失灵后，调节阀自动全开。此时，分离器处于非正常运行状态，会造成液出口管线向下游窜气。

2. 处理措施

(1) 打开并调节分离器气出口调节阀的旁通阀门。

(2) 关小并调节分离器液出口调节阀的上游或下游阀门。

(3) 监测控制分离器压力在规定范围内，保证加热炉等工艺流程的正常生产。

(4) 监测控制分离器液位在规定范围内，避免液位的剧烈升高和降低，防止发生气管线窜油或油管线窜气事故。

(5) 查找 DCS 故障原因，并排除故障，及时恢复。

(6) 清洁并回收工具、用具，清理现场，做好记录。

五、技术要求

(1) 熟练掌握分离器的生产工艺流程。

(2) 手动控制分离器阀门时，人站在侧面缓慢平稳开关阀门。

(3) 掌握分离器正常运行过程中规定的液位、压力范围。

第五章 常用工具、量具、仪器仪表的使用及安全生产

第一节 常用工具、量具、仪器仪表的使用

项目一 游标卡尺使用

游标卡尺是一种常用的量具，具有结构简单、使用方便、精度中等和测量的尺寸范围大等特点，可以用它来测量零件的外径、内径、长度、宽度、厚度、深度和孔距等，应用范围很广，游标卡尺结构如图 5-1-1 所示。

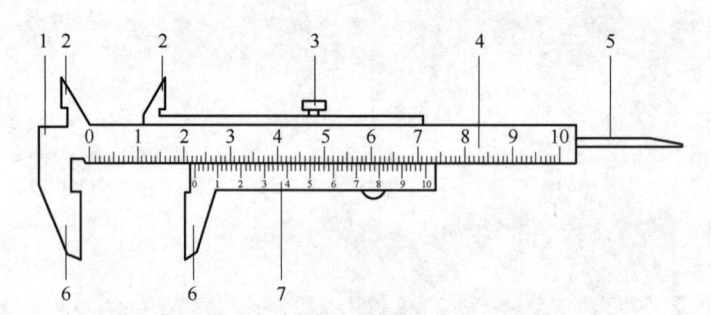

图 5-1-1 游标卡尺结构示意图
1—尺身；2—内测量爪；3—固定螺钉；4—主尺；5—深度尺；6—外测量爪；7—副尺

一、风险提示及防范措施

本项目风险提示及防范措施见表 5-1-1。

表 5-1-1 风险提示及防范措施

风险提示		防范措施
人身伤害	物体打击	测量时工件要拿稳，平稳操作，防止脱落伤人
	划伤	使用时，防止尖锐部分伤手
设备损坏		严格执行操作规程，平稳操作，严禁野蛮操作，损坏量具

二、操作流程

（1）准备工作。

（2）测量前的检查。

（3）擦拭工件和游标卡尺。

（4）测量工件外径。

（5）测量工件内径。

（6）测量工件深度。

（7）读数、取值，填写记录。

（8）回收工具、用具。

三、准备工作

（1）工具、用具、材料准备：150mm、200mm 游标卡尺各 1 把，预测工件 1 件，擦布 1 块，记录纸 1 张，记录笔 1 支。

（2）劳动防护用品准备齐全，穿戴整齐。

四、操作步骤

1. 测量前的检查

（1）测量爪合口时，检查主、副尺上的零刻度线是否对正。

（2）检查测量爪有无伤痕。

（3）测量爪合口时，用透光法检查两测量爪有无缝隙。

（4）擦净预测工件和游标卡尺。

2. 测量工件外径

（1）旋松固定螺钉。

（2）一只手四指握紧主尺，用拇指向后拉副尺，使下量爪的张口略大于工件外径，另一只手握住工件或把工件放置在工作台上。

（3）将游标卡尺固定，下量爪的测量面贴靠在工件上，轻轻推副尺，让活动下量爪测量面贴紧工件，并使两测量爪测量面的连线与所测工件轴线垂直。

（4）拧紧固定螺钉。

3. 测量工件内径

（1）旋松固定螺钉。

（2）一只手四指握紧主尺，用拇指向后拉副尺，使上量爪的张口略小于工件内径，另一只手握住工件或把工件放置在工作台上。

（3）将游标卡尺固定，上量爪的测量面贴靠在工件上，轻轻推副尺，让活动上量爪测量面贴紧工件，并使两测量爪测量面的连线与所测工件轴线垂直。

（4）拧紧固定螺钉。

4. 测量工件深度

(1) 旋松固定螺钉。

(2) 测量深度时,应将主尺的尾部端点紧靠在被测工件的基准平面上,移动副尺使深度尺与被测工件底面相垂直。

(3) 拧紧固定螺钉。

5. 读数

(1) 先读副尺零刻度线对应主尺的整毫米数。

(2) 再读副尺刻度线与主尺刻度线最对齐那条线前的副尺数字,即为小数点后面的数字。

(3) 将上面两数相加即为读数值。

6. 取值

(1) 用测量外径的方法测取 3 个不同方位的数据,取平均值作为测量结果。

(2) 用测量内径的方法测取 3 个不同方位的数据,取最大的测量值作为测量结果。

(3) 用测量深度的方法测量 3 次,取平均值作为测量结果。

7. 收尾工作

将游标卡尺的测量面擦拭干净,合拢测量爪,保养存放,清洁和回收工具、用具。

五、技术要求

(1) 游标卡尺要轻拿轻放,使用完毕应擦拭干净、涂油,放入专用盒内,不应和其他工具放在一起,特别不能和手锤、锉刀、车刀等工具堆放在一起。

(2) 不能将卡尺放在带有磁场的物体附近,以免卡尺磁化。

(3) 卡尺应平放,尤其是大卡尺更应注意这一点,否则会变形。带有深度尺的卡尺用完后要及时将深度杆推入槽内,以防变形折损。

(4) 用游标卡尺测量工件时,不能用力过猛,以免损坏测量爪。

(5) 用游标卡尺测量工件时,卡尺必须与工件垂直。

(6) 读数准确,误差小于 0.02mm,所测得的最后一位小数应为 0.02 的倍数。

项目二 外径千分尺使用

外径千分尺的结构(图 5-1-2)由固定的尺架、测砧、测微螺杆、固定套管、微分筒、测力装置、锁紧装置等组成。固定套管上有一条水平线,这条线上、下各有一列间距为 1mm 的刻度线,上面的刻度线恰好在下面两相邻刻度线中间。微分筒上的刻度线是将圆周分为 50 等分的水平线,它是旋转运动的。

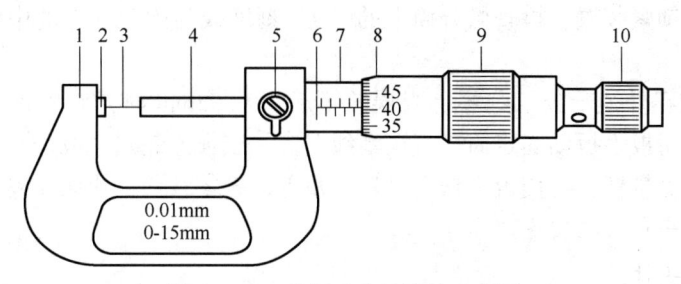

图 5-1-2 外径千分尺结构示意图

1—尺架；2—测砧；3—测量面；4—测微螺杆；5—锁紧装置；6—基准线；7—固定套管；
8—微分筒；9—调节螺母；10—快速驱动棘轮

一、风险提示及防范措施

本项目风险提示及防范措施见表 5-1-2。

表 5-1-2 风险提示及防范措施

风险提示		防范措施
人身伤害	物体打击	测量时工件要拿稳，平稳操作，防止工件脱落伤人
设备损坏		严格执行操作规程，平稳操作，严禁野蛮操作，损坏量具

二、操作流程

（1）准备工作。
（2）使用前的检查与调整。
（3）擦拭工件。
（4）测量工件。
（5）读数、取值，填写记录。
（6）回收工具、用具。

三、准备工作

（1）工具、用具、材料准备：铅笔、记录纸若干，擦布 1 块，被测工件若干，0~25mm、25~50mm 外径千分尺各 1 把。
（2）劳动防护用品准备齐全，穿戴整齐。

四、操作步骤

1. 使用前的检查与调整

（1）检查外径千分尺外观。
（2）检查外径千分尺归零。用软布擦净千分尺的测量面，旋转微分筒，使千分尺的活动测量面接近固定测量面；再旋转棘轮，当棘轮发出"咔咔"的响声时，转动锁紧装置，检查微分筒上的"0"刻度线与固定筒上的中线是否在一条直线上。

（3）校正外径千分尺归零。当误差不超过 0.02mm 时，先用锁紧装置锁紧测量杆，再用扳手扳动固定筒，直至零线对齐；当误差超过 0.02mm 时，先用锁紧装置锁紧测量杆，再用扳手松动棘轮，重新对齐零线后，再装上棘轮。如有必要，再用前一种方法置零。

2. 测量工件

（1）将预测件表面清洗干净，一手握住预测件，一手转动千分尺的微分筒，将预测件置于两测杆之间。

（2）调整微分筒，使两测量杆的测量面接近预测件表面。

（3）转动棘轮，当棘轮发出"咔咔"的响声时，转动锁紧装置，读测量数据。

（4）首先在固定筒上读出其与微分筒边缘靠近的刻线数值（包括整毫米数和半毫米数），其次在微分筒上读取其与固定筒的基准线对齐的刻度数值，再次将以上两个数值相加即为测量结果。读数时眼睛与指针应垂直，不能斜视。

五、技术要求

（1）测量时需测取 3 个不同方位的数据，取平均值作为测量结果。

（2）不可用外径千分尺测量粗糙工件表面，使用完后清理现场，将测量面擦干净，加润滑油保养，放入盒中存放。

项目三　数字式钳形电流表使用

钳形电流表在不断电的情况下测量电动机运行电流的数值，是判断电动机运转是否正常的一种检测手段。

一、风险提示及防范措施

本项目风险提示及防范措施见表 5-1-3。

表 5-1-3　风险提示及防范措施

风险提示		防范措施
人身伤害	触电	站在绝缘胶皮上，戴绝缘手套操作电气设备

二、操作流程

（1）准备工作。

（2）使用前的检查与调整。

（3）测量电流。

第五章 常用工具、量具、仪器仪表的使用及安全生产

（4）读数、记录数据。
（5）回收工具、用具。

三、准备工作

（1）工具、用具、材料准备：钳形电流表1块，记录纸1张，记录笔1支。
（2）劳动防护用品准备齐全，穿戴整齐。

四、操作步骤

1. 使用前的检查与调整

（1）检查钳形电流表的外观绝缘是否良好，有无破损。
（2）检查钳形电流表钳口有无锈蚀，闭合情况是否良好。
（3）使用前仔细阅读使用说明书，确认是否与所测电流种类相符。

2. 测量电流

（1）根据被测电流的种类、电压等级，正确选择钳形电流表。
（2）根据被测电流大小选择合适的钳形电流表量程，选择的量程应稍大于被测电流数值，若不知道被测电流的大小，应先选用最大量程估测。
（3）测量时，应按紧扳手，使钳口张开，将被测导线放入钳口中央，松开扳手并使钳口闭合紧密。
（4）读数后，张开钳口，退出被测导线，将挡位拨至电流最高或"OFF"挡。

五、技术要求

（1）由于钳形电流表要接触被测线路，所以测量前一定要检查表的绝缘性能是否良好，即外壳无破损，手柄应清洁干燥。
（2）测量时，应戴绝缘手套。若被测导线为裸导线，则必须事先将邻近各相用绝缘板隔离，以免钳口张开时出现相间短路。
（3）测量时，应注意身体各部分与带电体保持安全距离（低压系统安全距离为0.1~0.3m）。
（4）不能用钳形电流表测量裸导体的电流。
（5）严格按电压等级选用钳形电流表，低电压等级的钳形电流表只能测低压系统中的电流，不能测量高压系统中的电流。
（6）严禁在测量进行过程中切换钳形电流表的挡位；若需要换挡，应先将被测导线从钳口退出再更换挡位。
（7）测量5A以下电流时，为得到较准确的读数，在条件许可时，可将导线多绕几圈放进钳口进行测量，其实际电流为仪表读数除以放进钳口的导线根数。

项目四　活动扳手的使用

活动扳手简称活扳手，其开口宽度可在一定范围内调节，是用来旋转不同规格的螺栓、螺母的一种工具。

一、风险提示及防范措施

本项目风险提示及防范措施见表5-1-4。

表5-1-4　风险提示及防范措施

风险提示		防范措施
人身伤害	物体打击	正确使用工具、用具，防止打滑，造成磕碰
	设备损坏	使用时，力矩适当，不得反使，防止工具损坏

二、操作流程

（1）准备工作。
（2）使用前的检查。
（3）活动扳手使用。
（4）保养、回收工具、用具。

三、准备工作

（1）工具、用具、材料准备：200mm、250mm、300mm活动扳手各1把，擦布1块。
（2）劳动防护用品准备齐全，穿戴整齐。

四、操作步骤

1. 使用前的检查

（1）检查外观是否完好。
（2）检查调节蜗轮有无松旷、锈蚀、油污，转动是否灵活。

2. 活动扳手的使用

（1）按照螺栓或螺母的大小选用规格合适的活动扳手。
（2）使用时，根据螺栓或螺母的大小，将活动扳手调节到比螺母稍大些，用右手握手柄，再用右手拇指旋动调节蜗轮，使扳手钳口与螺栓或螺母两边完全贴紧后，手移至手柄尾端加力，进行操作。
（3）使用完成后，擦洗、涂油保养后回收工具、用具。

五、技术要求

（1）使用扳手时，严禁带电操作。

(2) 不应套加力管使用，不准把扳手当锤子使用。

(3) 使用扳手时要使受力较大部分卡在固定钳口端，不准反使，以免损坏扳手。

(4) 使用过程中，应随时调节蜗轮，使钳口与螺栓或螺母之间不存在间隙，防止打滑，以免损坏螺栓、螺母，并造成人员受伤。

(5) 不要使用活动扳手来完成大扭矩的紧固或拧松，由于活动扳手的钳口不固定，在进行大扭矩使用时会损坏螺栓棱角。

项目五　管钳的使用

管钳一般是用来夹持和旋转圆形管件类的工具，可以通过钳住管子使它转动完成连接，工作原理就是将钳力转换成扭力，使扭动方向的力更大，从而将管件钳得更紧。

一、风险提示及防范措施

本项目风险提示及防范措施见表 5-1-5。

表 5-1-5　风险提示及防范措施

风险提示		防范措施
人身伤害	物体打击	正确使用工具、用具，防止打滑，造成人员磕碰
设备损坏		使用时，不得使用加力杠，防止工具损坏

二、操作流程

(1) 准备工作。
(2) 使用前的检查。
(3) 管钳的使用。
(4) 保养、回收工具、用具。

三、准备工作

(1) 工具、用具、材料准备：200mm、250mm、300mm 管钳各 1 把，黄油若干，擦布 1 块。
(2) 劳动防护用品准备齐全，穿戴整齐。

四、操作步骤

1. 使用前的检查

(1) 检查固定销钉是否牢固，钳头、钳柄有无裂痕。
(2) 检查调节蜗轮有无损坏、锈蚀、油污，转动是否灵活。

2. 管钳的使用

（1）根据管子直径，选用合适规格的管钳。

（2）使用时，调节钳口至合适开度，将管钳卡到管子上后，左手下压钳头，右手移至手柄尾端加力，使管件进行旋转。

（3）如需反方向操作，可把管钳从管件上取下后换方向拧动。

（4）使用完毕后，应对管钳的牙和调节蜗轮进行擦洗、涂油、回收工具、用具。

五、技术要求

（1）钳头要卡紧工件后再用力扳，防止打滑。

（2）不应套加力管使用，不能用力过猛或超过管钳的允许强度，不准把管钳当锤子使用。

项目六 梅花扳手的使用

梅花扳手是在生产运行和设备维护保养过程中常用的工具，梅花扳手的扳头是一个封闭的梅花形。当螺母和螺栓的周围空间狭小，不能容纳普通扳手时，就采用梅花扳手。梅花扳手常用的规格有 14~17mm、17~19mm、22~24mm、24~27mm、30~32mm 等。

一、风险提示及防范措施

本项目风险提示及防范措施见表 5-1-6。

表 5-1-6 风险提示及防范措施

风险提示		防范措施
人身伤害	物体打击	正确使用工具、用具，防止打滑，造成人员磕碰
设备损坏		使用时不得借助加力杠，防止工具损坏

二、操作流程

（1）准备工作。

（2）选用扳手。

（3）套好螺栓并加力。

（4）回收工具并填写记录。

三、准备工作

（1）工具、用具、材料准备：14~17mm、17~19mm、22~24mm、24~27mm、30~32mm 梅花扳手各 1 把。

（2）劳动防护用品准备齐全，穿戴整齐。

四、操作步骤

（1）根据螺栓大小选用合适规格的梅花扳手。

（2）左手按住梅花扳手与螺栓连接处，保持梅花扳手与螺栓完全配合，防止滑脱，右手握住梅花扳手另一端并加力。

（3）使用完毕后，清洁并回收工具、用具。

五、技术要求

（1）不要使用损坏或有裂纹的梅花扳手。

（2）要将螺栓或螺母套牢固后才能用力扳动，否则会损坏螺栓或螺母。

（3）严禁用管子套在扳手上以增加扳手长度来增加力矩，严禁锤击扳手以增加力矩，否则会损坏扳手、螺栓或螺母。

项目七　手钢锯的使用

手钢锯主要用来割锯金属工件。手钢锯由锯弓和锯条组成，按安装锯条的方式不同，分为可调式和固定式两种。固定式锯弓只能安装一种长度的锯条，可调式锯弓通过调整可安装多种长度的锯条，手钢锯结构如图 5-1-3 所示。

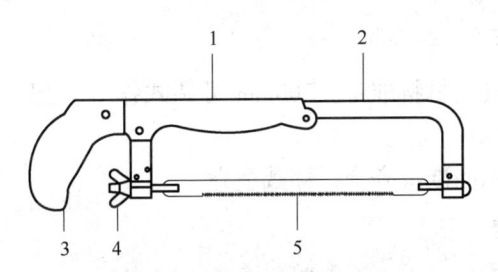

图 5-1-3　手钢锯结构示意图
1—主锯弓架；2—活动锯弓架；3—手柄；4—蝶形螺母；5—锯条

根据锯齿齿距的大小，锯条可分为细齿（0.8~1.1mm）、中齿（1.2~1.4mm）和粗齿（1.8mm）3 种，根据所锯材料的软硬、厚薄选用锯条。锯割软材料（如紫铜、青铜、铅、铸铁、低碳钢和中碳钢等）或较厚的材料时，应选用粗齿锯条；锯割硬材料或较薄的材料（如工具钢、合金钢、管子、薄钢板、角铁等）时，应选用细齿锯条。一般来说，锯割薄材料时，在锯割截面上至少应有 3 个锯齿同时参加锯割，这样，就可防止锯齿被钩住或崩断。

锯条在前推时才起切削作用，因此安装锯条时应使齿尖的方向朝前。调整锯条松紧度时，蝶形螺母不宜旋得太紧或太松，旋得太紧，锯条受力过大，在锯割中用力稍有不当，锯条就会折断。旋得太松，锯割时锯条容易扭曲，也易折断，并且锯缝也容易歪斜。检查锯条松紧度，可用手扳动锯条，手感觉硬实即可。

一、风险提示及防范措施

本项目风险提示及防范措施见表 5-1-7。

表 5-1-7　风险提示及防范措施

风险提示		防范措施
人身伤害	物体打击	正确使用工具、用具，防止打滑，造成人员磕碰
	划伤	戴好防护用品，避免锯齿划伤
设备损坏		使用时严格按操作步骤操作，防止工具损坏

二、操作流程

（1）准备工作。
（2）夹紧工件或管子。
（3）安装锯条。
（4）起锯。
（5）锯割。
（6）回收工具。

三、准备工作

（1）工具、用具、材料准备：300mm 可调式锯弓 1 把，锯条若干，锯割管件 1 根。
（2）劳动防护用品准备齐全，穿戴整齐。

四、操作步骤

（1）夹紧工件或管子，工件或管子伸出钳口不宜过长。
（2）安装锯条，齿尖向前，调整蝶形螺母至锯条松紧合适。
（3）采用远边或近边起锯，起锯角度约为 15°。
（4）锯割时，右手握住锯柄，左手压在锯弓前上部，掌握锯弓要稳，身体稍向前倾。左脚在前，腿略微弯曲，右腿伸直，两腿间距要适当。
（5）运锯时，锯条往返走直线，行程要长，使锯齿磨损均匀。
（6）锯较薄的工件时，可将两面垫上木板或金属片。锯较厚的工件时，因锯弓宽度不够，可调几个方向起锯。
（7）若有锯齿崩断，应立即停止操作。
（8）工件要锯完时，用力要轻，速度要慢，行程要小，并用手扶住工件。
（9）手钢锯用完后，将锯条取下，擦洗干净，保养锯弓并存放。

五、技术要求

（1）锯条安装松紧合适，锯割时不要突然用力过猛，防止操作时锯条折断从锯弓上崩出伤人。

（2）工件要锯断时，用力要小，避免用力过大造成工件突然断开，将要锯断时，及时扶住工件断开部分，避免掉下砸伤脚。

项目八　锉刀使用

锉刀是手工锉削金属表面的一种钳工工具，按用途不同分为普通锉、特种锉、整形锉；按断面形状不同分为齐头扁锉、尖头扁锉、方锉、圆锉、半圆锉、三角锉；按齿纹不同分为单齿锉、双齿锉；按锉齿的粗细不同分为粗齿锉、中齿锉、细齿锉、精细锉。

一、风险提示及防范措施

本项目风险提示及防范措施见表 5-1-8。

表 5-1-8　风险提示及防范措施

风险提示		防范措施
人身伤害	划伤	戴手套，正确使用锉刀
	物体打击	锉修工件时，工件必须夹持紧固，防止滑脱砸伤
设备损坏		严格执行操作规程，平稳操作，防止磕碰造成工具损坏

二、操作流程

（1）准备工作。

（2）夹持工件。

（3）根据需要进行锉削。

（4）消除铁屑。

（5）清洁锉刀，涂抹润滑油。

（6）回收工具并填写记录。

三、准备工作

（1）工具、用具、材料准备：100mm、150mm、250mm、300mm 各种形状的锉刀各 1 把，毛刷 1 把，润滑脂、擦布若干。

（2）劳动防护用品准备齐全，穿戴整齐。

四、操作步骤

（1）若用大锉，右手紧握锉刀柄，柄端顶在手掌心上，大拇指放在锉刀柄上，其余手指由下而上地握着锉刀柄，左手拇指自然屈伸，其余四指弯向手心，与手掌共同把持锉刀前端；若用中锉，右手与握大锉方法相同，左手的四指压在锉刀中央，或用中指和食指勾住锉刀尖，拇指按在刀中央；若用细齿锉，可用一只手拿住锉刀，大拇指和中指捏住两侧，食指伸直，其余两指握住锉柄。

（2）将工件夹在台虎钳上 5~10mm 处，根据实际情况，选择合适的锉刀，搭上锉刀，加力不要过大，均匀向前推进，推进速度不宜过大。

（3）锉削中尽量保持水平运动状态，前推锉刀，刀面在工件上时，左手稍用力，右手保持平衡。到后段，则右手用力，同时左手保持平衡，通过观察锉削纹路，可知道锉削平面的加工情况，便于随时调整锉刀的用力方向和保持加工面的一致性。

（4）锉圆形工件时，要轻转锉刀，由上而下，在锉刀向前推进时，左手慢慢升高，右手慢慢降低。

（5）回锉时，锉刀要轻离工件，不要加力。

（6）利用锉刀上的圆弧面对平面进行加工，要有意识和目的地对加工零件的凸面进行锉削清除，同时多次测量，与角尺、塞尺等对比，直到锉出合格的产品。

（7）锉削完成后，清理工件及锉刀上的铁屑，涂抹润滑脂，回收工具、用具。

五、技术要求

（1）在锉削操作中，向前推时用力要适当，往后时轻抬拉回，避免锉刀刀刃后角磨损和划伤已加工面，提高锉刀寿命。

（2）半精加工时，在细锉上涂上粉笔灰，使其容屑空间减少，这样既可以使锉刀保持锋利，又避免容屑槽中的积屑过多而划伤工件表面。

（3）在锉削同时要及时测量，做好记录，以便参考对照，指导加工。

（4）由于锉削的工件一般都不大，理论上锉削余量不应超过 0.5mm。

项目九　拔轮器的使用

拔轮器又称为拉马，是机械维修中经常使用的工具，由旋柄、螺旋杆和拉爪构成，主要用于将损坏的轴承或联轴器从轴上沿轴向拆卸下来。

一、风险提示及防范措施

本项目风险提示及防范措施见表 5-1-9。

表 5-1-9　风险提示及防范措施

风险提示		防范措施
人身伤害	物体打击	使用工具加力时，人员必须站在侧面，防止零件弹出伤人
设备损坏		严格执行操作规程，平稳操作，严禁使用加力杠进行操作

二、操作流程

（1）准备工作。
（2）选用合适规格的拔轮器。
（3）拆卸轴承、联轴器或皮带轮。
（4）回收工具并填写记录。

三、准备工作

（1）工具、用具、材料准备：100mm、150mm、200mm、250mm 拔轮器各 1 套，500mm、1000mm 撬杠各 1 把，200mm、250mm、300mm 活动扳手各 1 把，17~27mm 梅花扳手 1 套。
（2）劳动保护用品准备齐全，穿戴整齐。

四、操作步骤

（1）根据现场实际情况，选择合适规格的拔轮器。
（2）检查支架、拉爪有无损伤、裂纹，顶丝螺纹完好、转动灵活，各部位连接螺栓完好。
（3）根据实际情况，首先调整拔轮器顶丝至合适位置；使顶丝顶尖定位于轴端顶尖孔，调整拉爪位置，均匀卡在轴承、联轴器或皮带轮外圆处；用手按顺时针方向旋转顶丝，待三爪受力时，检查顶丝是否与轴端面垂直；将撬杠插入任意两个拉爪之间，防止拔轮器转动，然后用梅花扳手或活动扳手顺时针旋转顶丝，直至将轴承、联轴器或皮带轮拆下。
（4）清洁并回收工具、用具，清理现场，做好记录。

五、技术要求

（1）操作过程中，插入撬杠后，禁止撬杠与顶丝接触，防止损伤顶丝螺纹。
（2）如果使用较大力矩仍无法拉动时，立即停止操作，防止人员受伤或拔轮器损坏。
（3）旋转顶丝时，严禁使用加力杠进行操作。
（4）操作时，人员必须站在侧面，防止拔轮器突然弹出伤人。

项目十 螺旋千斤顶的使用

千斤顶是小型起重工具，具有结构简单、使用轻便、工作平稳无冲击等特点，其工作时能把重物准确地停留在要求高度上，无须借助于电源、绳索或链条等。千斤顶在起重作业中主要用于短距离举升，或在设备安装维修中用于校正位置。

螺旋千斤顶又称机械千斤顶，由人工通过螺旋副传动，螺杆或螺母套筒作为顶举件。普通螺旋千斤顶靠螺纹自锁作用支持重物，构造简单，但传动效率低，返程慢。

一、风险提示及防范措施

本项目风险提示及防范措施见表5-1-10。

表5-1-10　风险提示及防范措施

风险提示		防范措施
人身伤害	物体打击	使用工具加力时，人员必须站在侧面，防止零件弹出伤人
设备损坏		严格执行操作规程，选用合适规格的千斤顶，切忌超载使用

二、操作流程

（1）准备工作。
（2）检查并选用合适规格千斤顶。
（3）选择着力点。
（4）调整撑牙。
（5）转动摇杆。
（6）回收工具。

三、准备工作

（1）工具、用具、材料准备：合适规格千斤顶1个，承重物1件。
（2）劳动防护用品准备齐全，穿戴整齐。

四、操作步骤

（1）使用前必须检查千斤顶是否完好，各部件是否灵活，加注润滑油。

（2）选择好千斤顶着力点，且必须放置平稳，丝杠顶杆要垂直地面，如遇松软地面时，应垫坚硬的枕木，以防起重时发生歪斜倾倒。

（3）调整摇杆上的撑牙，按顺时针方向转动摇杆顶起重物，下降时撑牙调至反方向，按逆时针方向转动摇杆下降。

（4）清洁并回收工具、用具，清理现场。

五、技术要求

（1）正确估计重物的重量，选用合适规格的千斤顶。

（2）当几台千斤顶同时使用时，起升速度应保持同步，且每台千斤顶的负荷均衡。

（3）经常保持机体表面清洁，定期检查内部结构是否完好，使摇杆内小齿轮灵活可靠，升降套筒升降自如。

（4）升降套筒与壳体间的摩擦表面必须随时加注润滑油，其他注油孔应该定期加油润滑。

（5）使用时应避免急剧振动。

项目十一　液压千斤顶的使用

液压式千斤顶结构紧凑，工作平稳，有自锁作用，撑顶能力强，重型液压千斤顶顶撑力超过100t。

一、风险提示及防范措施

本项目风险提示及防范措施见表5-1-11。

表 5-1-11　风险提示及防范措施

风险提示		防范措施
人身伤害	物体打击	使用工具加力时，人员必须站在侧面，防止零件弹出伤人
设备损坏		严格执行操作规程，选用合适规格的千斤顶，切忌超载使用

二、操作流程

（1）准备工作。

（2）固定基础。

（3）顶升操作。

（4）卸载荷。

（5）回收工具、用具。

三、准备工作

（1）工具、用具、材料准备：液压千斤顶1套，枕木若干。

（2）劳动保护用品准备齐全，穿戴整齐。

四、操作步骤

（1）在顶升作业前，根据所要顶升设备选择合适吨位的液压千斤顶。

（2）使用前必须检查各部位是否正常，主要检查活塞杆、液压缸等处是否漏油。

（3）逆时针拧松泄压阀，使活塞降至最低，然后再顺时针将泄压阀旋紧。

（4）将需要放置千斤顶的位置用枕木铺垫平整，被顶升的重物与顶丝杠接触部位要平稳，也可加顶板，防止将重物顶变形。

（5）估计起重物重量，确定起重物的重心，选择着力点，正确放置于起升部位下方，防止倾斜打滑。

(6) 将千斤顶加力杠插入加压套管中，上下压手柄，活塞杆应平稳上升，起升重物至理想高度。

(7) 待重物作业完毕后，缓慢将泄压阀逆时针转动，自动卸荷，活塞杆即逐渐下降，将活塞压至千斤顶底部。

(8) 清洁、回收工具、用具，清理现场。

五、技术要求

(1) 承载能力不可超负荷，选择的液压千斤顶的承载能力需大于重物重力的 1.2 倍。

(2) 液压千斤顶使用时底部枕木要垫平整、坚韧。

(3) 起升时要求平稳，重物稍微起升后要检查有无异常情况，如无异常情况才能继续起升，不得任意加长手柄或过猛操作。

(4) 千斤顶必须与荷重面垂直，其顶部与重物的接触面间应加防滑垫层。

(5) 在起升的过程中，应随着重物的上升在重物下加设保护垫层，到达起升高度后应及时将重物垫牢。

(6) 千斤顶不得在长时间无人监控情况下承受荷重。

(7) 千斤顶的下降速度必须缓慢，严禁在带负荷的情况下使其突然下降。

项目十二　试电笔的使用

试电笔也称为测电笔，简称"电笔"，是电工必备的一种工具，用来测试电线中是否带电。笔体中有一个氖管，测试时如果氖管发光，说明导线有电或为通路的火线。试电笔中笔尖、笔尾（笔帽）由金属材料制成，笔杆由绝缘材料制成。使用试电笔时，一定要用手触及试电笔尾端的金属帽，否则，因带电体、试电笔、人体、大地没有形成回路，试电笔中的氖管不会发光，造成误判，认为带电体不带电。试电笔按照测量电压的高低分为高压试电笔、低压试电笔、弱电试电笔，按照接触方式不同分为接触式试电笔、感应式试电笔，常用的试电笔为低压接触式试电笔。

一、风险提示及防范措施

本项目风险提示及防范措施见表 5-1-12。

表 5-1-12　风险提示及防范措施

风险提示		防范措施
人身伤害	机械伤害	设备防护设施完好、齐全，严格按设备操作规程操作，开关阀门时侧身
	触电	定期检查线路完好情况，操作员工要侧身操作
设备损坏		作业前认真检查，严格执行操作规程，平稳操作，严禁违章敲击设备

二、操作流程

（1）准备工作。
（2）进行使用前的检查。
（3）测试操作。
（4）回收工具、用具。

三、准备工作

（1）工具、用具、材料准备：低压试电笔 1 支，擦布若干。
（2）劳动保护用品准备齐全，穿戴整齐。

四、操作步骤

（1）使用试电笔之前，首先要检查试电笔里有无安全电阻，再检查试电笔是否损坏，有无受潮或进水，检查合格后才能使用。

（2）测量时手指握住试电笔笔身，食指触及试电笔尾部的金属帽，氖管发亮的部位要面向自己。

（3）测量时可以先在确认有电的电路上检查氖管是否能正常发光，如果不发光就不能使用。

（4）将试电笔前端的金属笔尖触及带电体，氖管发亮表明线路有电，否则无电。

（5）在明亮的光线下或阳光下测试带电体时，要注意避光，以免光线太强观察不到氖管是否发亮，造成误判。

（6）测试完毕，要保持试电笔清洁，并置于干燥处，防止受潮、损坏。

（7）清洁并回收工具、用具，清理现场。

五、技术要求

（1）使用前一定要在确认有电的电路上检查氖管是否能正常发光。

（2）测试过程中，操作人员手不能触及试电笔的前端金属表笔部分，避免引发触电事故。

（3）测试时不能同时触及多个带电体，避免发生相间短路或对地短路。

（4）测试时操作人员应与带电设备保持足够的安全距离。

项目十三　水平仪的使用

水平仪用于测量机件相互位置的水平度和安装设备的平面度、直线度和垂直度，也可测量零件的微小倾角。水平仪按外形的不同可分为条形水平仪、框式水平仪、圆柱水平仪等，按水准器固定方式的不同分为可调式水平仪和不可调式水平仪，常用的水平仪为条式水平仪。

一、风险提示及防范措施

本项目风险提示及防范措施见表 5-1-13。

表 5-1-13 风险提示及防范措施

风险提示		防范措施
人身伤害	机械伤害	设备防护设施完好、齐全，严格按设备操作规程操作，开关阀门时侧身
设备损坏		作业前认真检查，严格执行操作规程，平稳操作，严禁违章操作设备

二、操作流程

（1）准备工作。
（2）清洁测点。
（3）测量。
（4）清洁并回收工具、用具。

三、准备工作

（1）工具、用具、材料准备：水平仪1套，擦布1块。
（2）劳动保护用品准备齐全，穿戴整齐。

四、操作步骤

（1）使用前，检查水平仪是否完好，底面是否清洁，有无变形、划伤、锈蚀。

（2）测量时，使水平仪工作面紧贴在被测表面，待气泡完全静止后方可进行读数。

（3）当测量长度较大工件时，可将工件平均分为若干段，用分段测量法，然后根据各段的测量读数，绘出误差坐标图，以确定其误差的最大格数。

（4）被测工件两点的高度差可按下式计算：测量面高度差 $H=$ 被测量面长度 $L÷$ 水平仪长度 $l×$ 气泡偏移的格数 $A×$ 分度值（精度）a，即 $H=\dfrac{L}{l}Aa$。

（5）清洁、回收工具、用具，清理现场，填写记录。

五、技术要求

（1）测量时清洁测量面，检查测量表面是否有划伤、锈蚀和毛刺等缺陷。
（2）检查零位是否准确。如不准确，调整可调式水平仪，修复固定式水平仪。
（3）测量时，应避免温度的影响，必须与热源和风源隔绝。温度变化会使测量结果产生误差,因此应注意手热、阳光直射、哈气等对水平仪的影响。检验或使用时如使用环境湿度与保存环境湿度不同,则需在使用环境中稳定 3h 方可使用。

(4) 测量时必须待气泡完全静止后方可读数,应在垂直水准器的位置上进行读数,以减少视差对测量结果的影响。

(5) 水平仪使用完毕,必须将工作面擦拭干净,涂防锈油,存放在清洁干燥处。

(6) 水平仪应轻放在被测表面上,尽量不要碰撞,以避免划伤水平仪测量面,进而影响测量精度。

项目十四 电动套丝机的使用

电动套丝机是用于加工管子外螺纹的电动工具,又名电动切管套丝机,可依次完成管子的套丝、割断、倒角等工序,由电动机、减速箱、冷却润滑系统、板牙装置、机架及电源连接装置等组成。

一、风险提示及防范措施

本项目风险提示及防范措施见表 5-1-14。

表 5-1-14 风险提示及防范措施

风险提示		防范措施
人身伤害	触电	定期检查接地线路可靠、完好;定期进行校验,确保漏电保护器合格有效
	着火	保障设备、设施、工艺完好无渗漏
	机械伤害	提前学习操作说明,严格按照操作规程操作设备;防护设施完好、齐全,操作过程中严禁戴手套;机件紧固牢靠
设备损坏		严格执行操作规程,平稳操作,严禁违章使用设备,定期维护保养
环境污染		提前做好防污染控制措施,密封部位定期调整

二、操作流程

(1) 准备工作。

(2) 操作前的检查。

(3) 套扣操作。

(4) 割管操作。

(5) 卸牙清理。

(6) 回收工具、用具。

三、准备工作

(1) 工具、用具、材料准备：1/2in 管 1 根，套丝机 1 套（附牙块），300mm 钢板尺 1 把，润滑油壶 1 把，150mm 平口螺丝刀 1 把，F 形防爆扳手 1 把，擦布若干。

(2) 劳动防护用品准备齐全，穿戴整齐。

四、操作步骤

1. 操作前的检查

(1) 根据管子的管径选择合适的板牙组。每组板牙上有两组数字，一组数字是板牙的规格，每支是一样的；另一组数字是安装的顺序号，如 1、2、3、4 等。

(2) 把板牙头从滑架上取下，松开手柄螺母，转动曲线盘，使曲线盘到刻度最大的位置。

(3) 将选好的板牙组按对应顺序号逐个装入板牙槽内，其锁紧缺口就会与曲线盘吻合，然后扳动曲线盘，使曲线盘上的刻度指示线与所需加工件的刻度尺对齐，拧紧手柄螺母，该板牙就被正确定位，将板牙头扳起备用。

(4) 将变距盘旋至所需管子规格的位置上。

(5) 检查油箱内是否有足够的润滑油，如需加油可通过油盘加入。启动设备后，板牙头应有切削油流出（注：为了保证套出高质量的螺纹，应使用套丝机专用润滑油）。

2. 套扣操作

(1) 顺时针转动前后卡盘，松开三爪，将管子从后卡盘装入，穿过前卡盘，伸出长度约为 100mm。

(2) 用右手抓住管子，先旋紧后卡盘，再旋紧前卡盘，然后将锤击盘按逆时针方向适当锤紧，夹紧管子。

(3) 扳起割刀架和倒角架，放下板牙头，使其与方形块接触，用锁销锁紧。

(4) 当板牙头可靠定位后，按启动按钮，启动设备，套丝机自动完成套扣操作。

3. 割管操作

(1) 套扣停止后按停止按钮，套丝机停运，向右退出板牙头至安全距离。

(2) 用钢板尺在套出螺纹的管子上量取相应的尺寸，并做好记号。

(3) 转动割刀手柄，增大刀架开度，使割刀架滚子能跨越于管子上，检查与所做记号的垂直度，然后抬起割刀架。

(4) 按启动按钮，启动设备，转动滑架手柄，使割刀移至割断位置，旋转割刀手柄，使割刀与管子靠近。

（5）将割刀切入管子，管子每转一圈进刀 0.15~0.25mm，即主轴每转一圈割刀手柄进 1/10 转左右，切割完毕后，退回割刀，按停止按钮，并扳起割刀架复位停止（注：切割时进刀量不能过大，用力不能太猛，否则会使管子变形，损坏割刀）。

（6）逆时针方向转动前后卡盘，松开三爪，将管子从前卡盘向后退出。

（7）按安装牙块的顺序反向拆卸牙块，清洗套丝机、牙块等各处的铁屑。

（8）清洁并回收工具、用具，清理现场，填写记录。

五、技术要求

（1）设备使用前，使用人员应认真阅读设备操作规程，保持工作场地清洁。

（2）设备运转时，严禁抓摸工件、装拆零件、手持工具工作。

（3）操作过程中严禁拖拉设备和电缆线。

（4）不允许超负荷使用设备，禁止用不合适的附件，禁止超强度使用设备，禁止使用钝或破损的板牙，避免损坏设备和加工出不合格的螺纹。

（5）禁止使用过长的管子进行运转操作，始终保持设备平衡，避免工件突然折断及甩出。

（6）精心保养设备机具，定期润滑设备及更换附件，定期检查设备的电缆线。

（7）电源插头未插或维修维护前，电源开关应在"关"的位置处，避免无意启动。

项目十五 万用表的使用

万用表又称多用表，可用来测量直流电流、电压或交流电流、电压、电阻等，有的万用表还可以测量电容、电感及晶体二极管、三极管等。万用表具有功能多、量程宽、灵敏度高、价格低和使用方便等优点，是电工必备的电工仪表之一，常用的万用表有指针式和数字式两种。

一、风险提示及防范措施

本项目风险提示及防范措施见表 5-1-15。

表 5-1-15 风险提示及防范措施

风险提示		防范措施
人身伤害	触电	定期检查接地等线路，保证完好、可靠，定期进行校验，确保漏电保护器合格有效
	机械伤害	设备防护设施完好、齐全，严格按照操作规程操作
设备损坏		严格执行操作规程，使用时应选用合适的量程，以免损坏设备

二、操作流程

（1）准备工作。
（2）操作前的检查。
（3）调零。
（4）测量电阻。
（5）测量直流电流。
（6）测量直流电压。
（7）测量交流电压。
（8）回收工具、用具。

三、准备工作

（1）工具、用具、材料准备：MF500万用表1台，150mm平口螺丝刀1把，测量电路1套，记录纸笔若干，擦布若干。
（2）劳动防护用品准备齐全，穿戴整齐。

四、操作步骤

1.测量电阻

（1）使用前检查指针是否在零位，若不在零位，应调整表盘上机械调零旋钮，将指针调到零位。
（2）将红色表笔的插头插入表盘上的"+"孔，黑线插入"*"孔。
（3）将万用表左侧转换开关旋至"Ω"处，右侧转换开关旋至"1k"挡位，将两表笔短接，手动调节电阻"Ω"钮，使指针调零。
（4）确认电阻无电的情况下进行操作。
（5）如果知道被测电阻的阻值，可以直接将右侧转换开关旋至"Ω"相应的量程挡位，然后将红、黑表笔触及电阻的两端，即可指示出相应的电阻值。
（6）如果不知道电阻阻值，则需要将右侧转换开关旋至"Ω"最大量程挡位，观察指针所指数值，如果数值很小，则断开表笔，再转换低一挡位，直至表头指针处于表盘中间位置。
（7）每个挡位中，指针所指示的数值乘以右旋扭所对应挡位的倍率即为所测的电阻值。
（8）将万用表挡位调至初始状态并做好记录。

2.测量直流电流

（1）先将万用表左侧转换开关旋至"A"处，右侧转换开关旋至"mA"或"μA"挡位。
（2）将红色表笔接到电池组的负极，黑色表笔接到用电负载的一个端口上，负载的另一个端口接到电池组的正极。

（3）将控制开关闭合，即形成串联电路闭合回路，此时表盘所指示的数值就是负载在工作状态下的直流电流值。

（4）将万用表挡位调至初始状态并做好记录。

3.测量直流电压

（1）先将万用表左侧转换开关旋至"V"处，右侧转换开关旋至相应的量程挡位。

（2）测量时，黑笔触及电源的负极，红笔触及电源的正极。

（3）如果分不清正负极，可选用较大的量程挡位，将两表笔快速触及被测电源的首尾端，观察指针的偏向，找出电源的正负极。

（4）正确触及后，表盘上指针指示值即为当前的直流电压值。

（5）将万用表挡位调至初始状态并做好记录。

4.测量交流电压

（1）先将万用表左侧转换开关旋至"V"处，右侧转换开关旋至相应的量程挡位。

（2）测量时，先用黑笔触及一相带电体，再用红笔触及另一相带电体或中性线。

（3）正确触及后，表盘上指针指示值即为当前的交流电压值，读完数后立即脱开触及点。

（4）将万用表挡位调至初始状态，清洁并回收工具、用具，清理现场，填写记录。

五、技术要求

（1）测量前表盘要水平放置，先要进行机械调零和短接调零操作。

（2）短接调零的时间要短，以减少电池电能消耗。

（3）测量过程中，不可进行挡位的转换操作，以免产生电弧或损坏仪表。

（4）测量电阻时一定要在断电的情况下进行，如果电路中有电容，应先放电。

（5）测量直流电流时，不可用表笔直接触及电源的两极。

（6）测量直流电压时，红笔触及电源正极，黑笔触及电源负极，不可接反。

（7）测量过程中，手只能握表笔的绝缘部位，不得触碰表笔前端的金属部分及被测元件或电路。

（8）如果事先不能估计被测参数的数值范围，可先旋至量程最大挡位，然后依次逐渐调节，直至选至合适的测量挡位。

（9）测量电压和电流时，万用表指针最好在量程的1/2~2/3处；测量电阻时，指针最好在量程的中间区域。

（10）万用表使用完毕，应拆掉测量表笔，将转换开关旋至空挡或交流电压最大量程挡位。

项目十六　兆欧表的使用

兆欧表又称摇表，是专门用来测量电气线路和各种电气设备绝缘电阻的便携式仪表，它的计量单位是兆欧，所以称为兆欧表。掌握兆欧表的正确使用方法，可以对电气设备和线路的绝缘阻值进行检测，判断绝缘情况，及时发现安全隐患，避免发生电气触电事故，保证设备和人身安全。

一、风险提示及防范措施

本项目风险提示及防范措施见表5-1-16。

表5-1-16　风险提示及防范措施

风险提示		防范措施
人身伤害	触电	严格按照HSE作业指导书操作，先停机后断电挂牌，操作电气设备前进行验电，操作过程中佩戴防护用具
	机械伤害	正确使用工具、用具、防止伤人
设备损坏		严格执行操作规程，平稳操作，使用时应选用合适的量程，以免损坏设备

二、操作流程

（1）准备工作。

（2）选择兆欧表。

（3）检验兆欧表。

（4）测量绝缘阻值。

（5）回收工具。

三、准备工作

（1）工具、用具、材料准备：500V兆欧表1块，黑红表线各1根，200mm活动扳手1把，试电笔1支，绝缘手套1副，放电用导线1根。

（2）劳动保护用品准备齐全，穿戴整齐。

四、操作步骤

1. 选择兆欧表

选择兆欧表，应以所测电气设备的电压等级为依据。通常，额定电压在

500V 以下的电气设备，选用 500V 的兆欧表；额定电压在 500V 以上的电气设备，选用 1000V 或 2500V 的兆欧表。

2. 检验兆欧表

（1）将红色表线连接到兆欧表的"线路（L）"接线旋钮上，并卡紧旋钮；将黑色表线连接到"接地（E）"接线旋钮上，并卡紧旋钮。

（2）对兆欧表进行开路和短路检验，以检查兆欧表是否良好。先将兆欧表"线路（L）""接地（E）"两端开路，按 120r/min 速度摇动手柄，指针应指在"∞"位置；再将两端短接，缓慢摇动手柄，指针应指在"0"处，说明兆欧表完好。否则，表明兆欧表有故障，应进行检修和更换。

3. 测量绝缘阻值

（1）测量前，应切断被测设备的电源，并用试电笔进行验电，以确保人身和设备安全。

（2）擦拭被测设备的表面，使其保持清洁、干燥，以减小测量误差。

（3）将兆欧表放置平稳，并远离带电导体和磁场，以免影响测量的准确度。

（4）测量线路对地的绝缘电阻时，将被测线路接在"线路（L）"接线旋钮上，"接地（E）"接线旋钮与地线相接。测量电动机定子绕组与机壳间的绝缘电阻时，将定子绕组接在"线路（L）"接线旋钮上，机壳与"接地（E）"接线旋钮连接。测量电缆芯线对电缆绝缘保护层的绝缘电阻时，将"线路（L）"接线旋钮与电缆芯线连接，"接地（E）"接线旋钮与电缆绝缘保护层外表面连接，将电缆内层绝缘层表面接在保护环旋钮"G"上。

（5）摇动手柄的速度应由慢逐渐加快，一般保持转速为 120r/min 左右为宜，在转速稳定 1min 后即可读数。如果被测设备短路，指针摆到"0"处，应立即停止摇动手柄，以免烧坏仪表。

（6）测量电容器的绝缘电阻时应注意，电容器的击穿电压必须大于兆欧表发电机的额定电压值。测试电容后，应先取下兆欧表表线再停止摇动手柄，以免已充电的电容向兆欧表放电从而损坏仪表。

（7）测量完毕，只有在兆欧表完全停止转动和被测设备对地充分放电后，才能拆线。被测设备放电的方法是：用导线将测点与地（或设备外壳）短接 2~3s。

五、技术要求

（1）不可选用电压过高的兆欧表，以免被测设备绝缘击穿造成事故。同样，也不得选用电压过低的兆欧表，否则无法测出被测对象在额定工作电压下的实际绝缘电阻值。

（2）兆欧表的两根表线测量时分开，以免因绞线导致绝缘不良而造成测量误差。

(3) 测量时，所选用兆欧表的型号、电压值以及当时的天气、温度、湿度和测得的绝缘电阻值，都应详细记录下来，为下一步检修维护提供准确依据。

(4) 兆欧表应存放于清洁、干燥、湿度温度适当（温度 10~30℃，相对湿度 30%~80%）、无振动、无强电磁场干扰的环境中，并且要避免阳光直接照射。

项目十七　黄油枪的使用

黄油枪是一种给机械设备加注润滑脂的手动工具，具有操作简单、携带方便、使用范围广等诸多优点。正确使用黄油枪，可以提高设备保养质量，保证设备的安全平稳运行。

一、风险提示及防范措施

本项目风险提示及防范措施见表 5-1-17。

表 5-1-17　风险提示及防范措施

风险提示		防范措施
人身伤害	触电	严格按照 HSE 作业指导书操作，先停机后断电挂牌
	机械伤害	正确使用工具、用具，防止伤人
设备损坏		严格执行操作规程，平稳操作，严禁违章敲击设备

二、操作流程

(1) 准备工作。
(2) 充装润滑脂。
(3) 加注润滑脂。
(4) 清理加油口。
(5) 回收工具。

三、准备工作

(1) 工具、用具、材料准备：黄油枪 1 把，润滑脂若干，300mm 平口螺丝刀 1 把，200mm 活动扳手 1 把，擦布 1 块。
(2) 劳动保护用品准备齐全，穿戴整齐。

四、操作步骤

(1) 使用前检查确认黄油枪完好、配件齐全。将拉杆拉出，使筒内活塞靠近后端盖，再将拉杆锁住。

(2) 向筒内装润滑油脂。使用灌油器时，连接储油筒螺纹与灌油器，用灌油器把润滑油脂装到储油筒内。若用手直接向筒内装润滑油脂时，首先旋下前盖，将清洁的润滑油脂装入储油筒内，直到装满整个储油筒，然后旋上前端盖，解锁拉杆，并用擦布擦净黄油枪。

（3）一只手握住储油筒，另一只手握住手压杆，往复按压手压杆排出筒中空气，当发现油嘴处出现润滑油脂时，停止按压手压杆。

（4）将注油嘴紧压在润滑注油部位的黄油嘴上，将手压杆下压靠近储油筒，直到不能下压为止，然后上抬手压杆至原始位置，再下压上抬，往复按压手压杆即可将润滑油脂缓缓压入需要润滑的部位，加注完润滑油脂后，拔出黄油枪。

（5）若黄油枪注油杆前端不便接近需润滑的注油部位时，应在注油杆上套一节软管，并将套扣扎牢，以防挤注润滑油脂时从套口漏出，同时，在软管另一端装一个与黄油嘴螺纹相配的嘴套及内堵头，将内堵头伸入注油部位的黄油嘴内，然后拧紧嘴套，按上述方法即可加注润滑油脂至注油部位。

五、技术要求

（1）注油时，注油杆前端的注油嘴与黄油嘴要对正。

（2）向储油筒内灌注润滑油脂时，不得使用已变质和受污染（稀释和含有泥沙及杂物等）的润滑油脂，以防影响润滑效果或将油道堵塞。

（3）润滑油脂应严实地填满整个储油筒，并需防止空气气包的产生。

（4）操作手压杆时，应使手压杆开合达到最大位置，若手压杆来回数次下压并无受阻的感觉，而拉手保持原位不动，说明润滑油脂并未注入黄油嘴内。

（5）挤不出油脂而下压手压杆时又无阻力感觉，拉杆也全部进入筒内，说明筒内润滑油脂已全部注完，应重新灌注新油脂。

（6）设备保养完毕应将黄油枪放在工具箱内，防止泥沙进入。若长时间不使用，应将黄油枪内润滑油脂挤出并将筒内、外部擦洗干净，放在适当位置，避免受压变形、受热漏油。

项目十八　百分表的使用与安装

百分表是精密量具，主要用于测量各种工件的形状尺寸和形位公差，它的测量精度为 0.01mm。在日常的设备维修保养中经常用到百分表，掌握百分表的正确使用方法可以更精确地检测设备和配件的使用情况，提高设备维修和保养的技术水平，保障设备的安全平稳运行，百分表结构如图 5-1-4 所示。

一、风险提示及防范措施

本项目风险提示及防范措施见表 5-1-18。

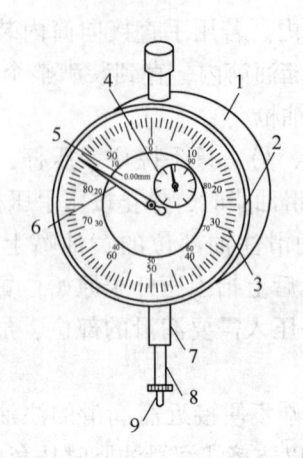

图 5-1-4　百分表结构示意图
1—表体；2—表圈；3—刻度盘；4—转数指示盘；5—测量精度；
6—指针；7—导向夹；8—测量杆；9—测量头

表 5-1-18　风险提示及防范措施

风险提示		防范措施
人身伤害	机械伤害	设备防护设施完好、齐全，严格按设备操作规程操作，操作员工开关阀门时侧身
仪表损坏		按操作规程正确使用量具、测量仪表，禁止磕碰和接触油污

二、操作流程

(1) 准备工作。
(2) 清洗测量件。
(3) 检验百分表。
(4) 安装百分表。
(5) 标记测量点。
(6) 测量和记录。
(7) 回收工具。

三、准备工作

(1) 工具、用具、材料准备：0~10mm 百分表及表架 1 套，V 形铁 2 块，预测泵轴（检测泵轴弯曲度）1 根，水平工作台 1 座，清洗剂、润滑油、擦布若干，石笔 1 根，记录纸 1 张。
(2) 劳动防护用品准备齐全，穿戴整齐。

四、操作步骤

1. 检验百分表

（1）检查磁力表座，确认磁力表杆无弯曲变形、磁力表卡子无断裂现象，将手柄转动到 N 级，磁力表底座能够吸住钢铁表面。

（2）百分表使用前，应检查测量杆活动的灵活性，即轻轻推动测量杆时，测量杆在套筒内的移动要灵活，没有任何卡滞现象，每次手松开后，指针能回到原来的刻度位置，表针不松动。

2. 安装百分表

（1）将百分表架的磁力底座固定在水平工作台上。

（2）百分表应牢固地装夹在表架夹具上，夹紧力不宜过大，以免使装夹套筒变形；卡住测杆，应检查测量杆与被测表面是否垂直，测杆移动是否灵活。

（3）安装百分表时，测量头与测量面接触后，根据测量需要将测量杆下压一定的量（2mm 左右），使转数指示盘的小指针对准某一整数。转动表盘，使百分表的大指针指到"0"位。提起测量杆后轻轻放下，检测百分表的大指针是否稳定归零。如不归零，应重新调整百分表和表架，直到归零。

3. 标记测量点

在泵轴测量点外圆处，用石笔均匀标记 A（0°）、B（90°）、C（180°）、D（270°）4 个测量点。

4. 测量和记录

缓慢转动泵轴，每到一个测量点，观察表针的跳动，记录好百分表的示值。记录示值时，一定要等到指针摆动到位后，结合大指针和转数指示盘小指针读数。百分表的读数等于转数指示盘小指针的读数（毫米整数部分）与大指针的读数（毫米小数部分）之和。

5. 收尾工作

清洁百分表，保养存放，清理现场。

五、技术要求

（1）使用百分表时，测量数值不能超过百分表的测量范围。

（2）百分表不能在表面粗糙度过大或有显著凹凸不平的工件上使用。

（3）百分表不能放置在机床等振动量过大的场所，以免振坏或摔坏。

（4）百分表不能放置在磁场附近，以免磁化；不能直接测量高温工件，以免表内零件受热变形。

（5）百分表使用完毕，要清洁干净并放入盒内。

（6）百分表应定期进行校验。

项目十九　管子割刀的使用

管子割刀是用来切割各种金属管材的专用工具，是生产现场常用的工具之一，熟练使用管子割刀切割管材是每名岗位员工都要掌握的基本操作技能之一。

一、风险提示及防范措施

本项目风险提示及防范措施见表5-1-19。

表 5-1-19　风险提示及防范措施

风险提示		防范措施
人身伤害	划伤	割管过程中，禁止用手触摸割口，以免划伤
	机械伤害	管件固定牢固，防止工具打滑造成伤害
设备损坏		严格执行操作规程，平稳操作，严禁违章敲击设备

二、操作流程

（1）准备工作。
（2）测量长度。
（3）固定管材。
（4）切割。
（5）清理和测量。
（6）回收工具并清理场地。

三、准备工作

（1）工具、用具、材料准备：300mm钢板尺1把，管子割刀1组，ϕ15mm、ϕ25mm钢管各1根，管子压力钳1台，工作台1个，润滑油壶1个，200mm平锉1把，润滑脂若干，石笔1支，擦布1块。
（2）劳动防护用品准备齐全，穿戴整齐。

四、操作步骤

（1）根据所切割管子直径选择割刀，检查割刀、刀片和丝杠的完好情况。
（2）清理管材，量出切割长度，用石笔画线标记，将管材用压力钳夹持牢靠。
（3）一手持割刀，另一手旋转调节手柄，使开口大小合适。将管子割刀套入管子，使刀刃对准标记，轻画一圈，用钢板尺核实尺寸，给所割管子刀口加润滑油。
（4）割刀转一周加力一次，酌情加润滑油一次。进刀量不可过多，以免顶弯刀轴及损坏刀片。
（5）将要割断管件时，用力要轻，一手扶管件，慢慢割下。

(6）用锉刀清理切割面毛刺，用钢板尺核实被割管子长度尺寸。

(7）取下压力钳上多余管材，擦净管子割刀，涂上润滑脂。

(8）清洁和回收工具、用具，清理现场。

五、技术要求

(1）割管件时不可左右摆动，用力要均匀，防止损伤刀片。

(2）割管件时，割刀转动方向与开口方向一致，不能倒转。

(3）加持管材时，管材加持位置应在大于切割位置 200mm 左右。

(4）不能切割有锥度的管子。

项目二十　台钻的使用

台式钻床简称台钻，是一种体积小巧，操作简便，通常安装在专用工作台上使用的小型孔加工机床，一般钻孔直径在 32mm 以下。台钻在使用过程中，要严格遵守操作规程，避免安全事故。

一、风险提示及防范措施

本项目风险提示及防范措施见表 5-1-20。

表 5-1-20　风险提示及防范措施

风险提示		防范措施
人身伤害	触电	检查电源开关和线路情况完好
	机械伤害	管件固定牢固；操作旋转设备不允许佩戴手套，劳保用品穿戴做到"三紧"；佩戴护目镜，防止铁屑飞溅
设备损坏		使用专用工具，不暴力敲击设备

二、操作流程

(1）准备工作。

(2）操作前检查。

(3）固定工件。

(4）钻孔。

(5）清理检查。

(6）回收工具、用具。

三、准备工作

(1）工具、用具、材料准备：台钻 1 台，专用钻头扳手 1 把，钻头 1 套，钻孔工件 1 件，毛刷 1 把，护目镜 1 只，画规 1 把，样冲 1 把，手锤 1 把，平锉 1

把，冷却液若干。

(2) 劳动防护用品准备齐全，穿戴整齐。

四、操作步骤

1. 操作前检查

(1) 检查确认台钻电源已连接好，开关完好。

(2) 检查钻床上工、卡具完好，钻床接地完好。

2. 固定工件

(1) 在钻孔工件上确定画线位置，并用样冲标记清楚。

(2) 根据孔径要求选择规格合适的钻头，将钻头安装到台钻锁头内，用扳手拧紧。

(3) 在台钻托板上调整工件位置，使钻孔位置与钻头在同一点上，然后调整好钻头与工件高度后，固定工件和托板。

3. 钻孔

(1) 侧身启动台钻开关，检查确认钻头旋转方向正确，运转声音正常。

(2) 待转速正常后，缓慢下放钻头，不可用力过猛。

(3) 钻孔时要缓慢进刀，并及时清理铁屑和加注冷却液。

(4) 当钻头要钻透工件时，要控制钻头下压力度，以免用力过猛造成人身伤害。

4. 清理检查

(1) 钻孔完毕，将台钻停机断电。

(2) 取下工件清理干净，检查钻孔质量，用锉刀修整钻孔周围毛刺。

(3) 用扳手松开锁头，取下钻头，并清理钻头与台钻工作台上的铁屑。

(4) 回收工具、用具，清理现场。

五、技术要求

(1) 钻孔过程中，严禁用棉纱擦拭铁屑或用嘴吹铁屑，更不能用手直接触摸铁屑，应用毛刷清理。

(2) 钻孔过程中，清理铁屑和加注冷却液，必须停机后操作。

(3) 钻头要安装牢固，加持钻头长度不宜过短，以加持到螺杆以上光杆位置为宜。

(4) 为了防止钻孔位置偏差，打孔前必须用样冲制作中心眼。

项目二十一 手持式多种气体检测仪的使用

手持式多种气体检测仪可以有效地检测出可燃气和某些可燃蒸气、氧气、一氧化碳、硫化氢等气体的浓度，预防气体泄漏后气体浓度超标。联合站内固定报警器发出泄漏报警后，使用手持式多种气体检测仪检测现场气体，来确认是真泄漏还是固定报警器误报警。涉及特殊作业时，使用手持式多种气体检测仪检测现场有毒有害气体。

本操作以 ALTAIR4X 手持式多种气体检测仪为例。

一、风险提示及防范措施

本项目风险提示及防范措施见表 5-1-21。

表 5-1-21　风险提示及防范措施

风险提示		防范措施
人身伤害	火灾爆炸	密闭场所进行强制通风后，方可进入
	中毒	进行现场气体检测前，按照标准佩戴正压式空气呼吸器后，方可进入泄漏区域
设备损坏		使用仪器时轻拿轻放，防止摔落、磕碰

二、操作流程

（1）准备工作。
（2）开机。
（3）检测。
（4）回收工具、用具。

三、准备工作

（1）工具、用具、材料准备：ALTAIR4X 手持式多种气体检测仪 1 台，正压式空气呼吸器 2 套，防毒面具 2 套。
（2）劳动防护用品准备齐全，穿戴整齐。

四、操作步骤

（1）检查仪器外观完好，电量保持充足。
（2）按中间电源键打开仪器，进入自检状态，仪表自动执行快速测试来检查仪表，自检测试正常后，绿色指示灯闪烁，表示仪器已启动，进入正常的工作状态，如果检测失败，则需要由专业部门进行检修及标定后方可使用。
（3）如果在室外发生有毒有害气体泄漏，操作人员位于上风头，缓慢靠近泄漏点，靠近过程中，密切关注检测仪数据变化，如果数据急剧上升，同时红色 LED 指示灯闪烁并发出警报声音，则立即停止靠近，迅速退回并佩戴正压式空气呼吸器后方可进入泄漏区域，根据实际情况，采取相应措施，切断泄漏源。
（4）如果在室内发生有毒有害气体泄漏，按照标准佩戴正压式空气呼吸器后，手持检测仪方可进入该区域内进行检测，根据显示数据，在恢复正常的空气质量之前，不得摘下正压式空气呼吸器。

（5）如果进入容器内部、沟渠、孔洞等受限空间作业，可把检测仪绑在竹竿上，开机后伸入其内部中心位置进行检测，空气质量合格后，人员方可进入。

（6）作业完成后，按电源开关键5s，关闭检测仪，如果电量消耗较大，则充电后备用。

（7）清洁仪表，回收工具、用具。

五、技术要求

（1）使用检测仪人员必须经过专门的培训。

（2）虽然仪器能够检测周围空气中高达30%浓度的氧气，但是它仅被允许在浓度高达21%的氧气环境下使用。

（3）如果仪器遭受物理撞击或者高污染后，必须经由专业部门检测合格后方可使用。

（4）不要在缺氧或富氧、炉烟、惰性气体等环境下进行常规的气体检测，否则可能导致数据不准确。

（5）不要使用仪表测试空气中高闪点（大于38℃）的从蒸气到液态的可燃性气体，不要阻塞传感器的检测口，否则可能导致错误数据。

（6）不要挤压传感器表面，不要使用压缩空气清洁传感器检测口，否则可能会造成传感器损坏。

（7）如果仪表黄色LED指示灯亮，说明指示仪表处于故障状态。

（8）如果仪表在使用过程中出现电池报警，则立即离开仪表使用现场，如果忽视此报警，则可能导致严重的人身伤害，甚至死亡。

（9）在使用过程中，报警被触发，可燃气体读数为"100"，表示环境中含有浓度高于100%LEL的甲烷，存在爆炸的危险，应立即离开现场，如果仍然在现场逗留，则会导致严重的人身伤害，甚至死亡。

第二节　安全生产及其他

项目一　干粉灭火器的正确使用

干粉灭火器又称粉末灭火器，是一种通用型的灭火器。其内部装有一种干燥的、易于流动的微细固体粉末，一般借助于专用灭火器或灭火设备中的气体压力，将干粉从容器中喷出，以粉雾状形式覆盖在燃烧物上形成阻碍燃烧的隔离层，同时粉末受热还会分解出不可燃气体，降低燃烧区中的含氧量，达到灭火的目的。正确使用灭火器是快速、有效扑灭各类初起火灾的一项基本操作。

一、风险提示及防范措施

本项目风险提示及防范措施见表5-2-1。

表 5-2-1 风险提示及防范措施

风险提示		防范措施
人身伤害	触电	操作员工灭火前应先断电
环境污染		正确切换流程，以免憋压造成泄漏

二、操作流程

（1）准备工作。

（2）拔出保险销。

（3）握住喷嘴。

（4）压下压把。

三、准备工作

（1）工具、用具、材料准备：干粉灭火器1个，火盆1个。

（2）劳动防护用品准备齐全，穿戴整齐。

四、操作步骤

（1）手提灭火器的提把，迅速赶到着火处。

（2）站在上风口方向，在距离起火点5m左右处，将灭火器上下颠倒几次，使筒内干粉松动。

（3）拔出保险销，一只手握住喷嘴，另一只手用力压下压把，干粉便会从喷嘴喷射出来。

（4）扑救流散液体火灾时，应从火焰侧面对准火焰根部喷射，并由近而远，左右扫射，快速推进，直至把火焰全部扑灭。

（5）扑救容器内可燃液体火灾时，因干粉灭火器具有较大的冲击力，不可将干粉直接冲击液面，以防燃烧的液体溅出，扩大火势。

五、技术要求

（1）干粉灭火器指针指向绿色表示正常，红色表示压力不足，黄色表示压力过大。

（2）灭火时人应站在上风处。

（3）使用灭火器灭火时，要保持罐体直立，切不可将灭火器平放或颠倒使用，以防驱动气体泄漏，中断喷射。

（4）熟悉灭火器适用扑救的火灾种类、使用温度范围及日常维护。

项目二 二氧化碳灭火器的正确使用

二氧化碳灭火器是一种瓶内充有压缩二氧化碳气体的灭火器材。二氧化碳是无色无味、不燃烧、不助燃、不导电、无腐蚀性的惰性气体，灭火用的二氧化碳一般是呈液态灌装在钢瓶内，依靠二氧化碳的蒸发作用喷射出雪花状固体颗粒的干冰进行灭火。正确使用灭火器是快速、有效扑灭各类初起火灾的一项基本操作。

一、风险提示及防范措施

本项目风险提示及防范措施见表5-2-2。

表5-2-2 风险提示及防范措施

风险提示		防范措施
人身伤害	触电	操作员工灭火前应先断电
	冻伤	操作员工在扑救过程中应佩戴防护手套
	窒息	在室内或狭小空间内灭火后应及时通风
环境污染		正确切换流程，以免憋压造成泄漏

二、操作流程

（1）准备工作。

（2）拔出保险销。

（3）握住手柄。

（4）握紧压把。

三、准备工作

（1）工具、用具、材料准备：二氧化碳灭火器1个，火盆1个，防护手套1副。

（2）劳动保护用品准备齐全，穿戴整齐。

四、操作步骤

（1）戴好防护手套，将灭火器提到起火地点，放下灭火器，拔出保险销，一只手握住喇叭筒根部的手柄，另一只手紧握启闭阀的压把。

（2）没有喷射软管的二氧化碳灭火器，应把喇叭筒往上扳70°~90°。使用时，不能直接用手抓住喇叭筒外壁或金属连接管，防止手被冻伤。

（3）在室外使用时，应站在上风位喷射；在室内窄小空间使用时，灭火后操作者应迅速离开，以防窒息。

五、技术要求

（1）灭电气火灾时，应先断开电源。

（2）灭火时人应站在上风位。

（3）使用灭火器灭火时，要保持罐体直立，切不可将灭火器平放或颠倒使用，以防驱动气体泄漏，中断喷射。

（4）熟悉灭火器适用扑救的火灾种类、使用温度范围及日常维护。

项目三 正压式空气呼吸器的正确使用

正压式空气呼吸器（C900）为自给开放式呼吸器，主要适用于消防、化工、船舶、石油、冶炼、厂矿、实验室等处，使消防员式抢险救护人员能够在充满浓烟、毒气、蒸气或缺氧的恶劣环境下安全地进行灭火、抢险救灾和救护工作，正确的使用方法可以有效保护人员的生命安全。

一、风险提示及防范措施

本项目风险提示及防范措施见表5-2-3。

表5-2-3 风险提示及防范措施

风险提示		防范措施
人身伤害	摔伤	操作员工在奔跑过程中注意观察周围环境情况
	窒息	报警哨报警后应立即撤离事故现场
环境污染		正确切换流程，以免憋压造成泄漏

二、操作流程

（1）准备工作。

（2）背上呼吸器。

（3）戴面罩。

（4）打开气瓶开关。

（5）连接供气阀接口与面罩接口。

三、准备工作

（1）检查确认面罩及配件完好，气密性良好。

（2）检查确认肩带、腰带、背板齐全完好，检查确认气瓶与背板连接紧固，检查确认高低压胶管无老化、无裂纹，检查确认压力表、供气阀完好；检查确认气瓶工作压力为25~30MPa（观察压力表压力）、压力表无压降、密封性良好；

检查报警哨，打开气瓶。

四、操作步骤

（1）气瓶阀门和背托朝上，采用过肩式或交叉穿衣式背上呼吸器，适当调整肩带的上下位置和松紧度，直到感觉舒适为止。

（2）插入腰带插头，然后将腰带一侧的伸缩带向后拉紧扣牢。

（3）撑开面罩头网，由上向下将面罩戴在头上，调整面罩位置。用手按住面罩进气口，通过吸气检查面罩气密性是否良好，收紧面罩紧固带，或重新戴面罩。

（4）打开气瓶开关及供气阀。

（5）将供气阀接口与面罩接口吻合，然后握住面罩吸气根部，左手将供气阀向里按，当听到"咔嚓"声即安装完毕。

（6）呼吸若干次检查供气阀性能，吸气和呼气都应舒畅，无不适感觉。

（7）脱下呼吸器，按下供气阀对称按键，拔下供气阀，关闭气瓶。

（8）松开下、中、上面罩系带，摘下面罩，脱下呼吸器放在放置箱中，放掉管线余气。

（9）用消毒纸巾清洁面罩密封胶皮和口鼻罩，清洁干净放入存放袋中。放置呼吸器，关闭箱盖。

五、技术要求

（1）相关人员应经过专业培训合格后，方可佩戴使用。

（2）使用过程中必须确保气瓶阀处于完全打开状态。

（3）必须经常查看气瓶气源压力表，一旦发现高压表指针快速下降或发现不能排除的漏气故障时，应立即撤离现场。

（4）使用中感觉呼吸阻力增大、呼吸困难、出现头晕等不适现象，以及其他不明原因时，应及时撤离现场。

（5）使用中听到残气报警器哨声后，应尽快撤离现场，到达安全区域后，迅速摘下面罩。

项目四 心肺复苏操作

现场抢救的宗旨是借助综合措施，通过人工的方法，使伤员迅速得到气体交换和重新形成血液循环，恢复全身组织细胞的氧气供给，保护脑组织，继而恢复伤员的自动心跳和自动呼吸，把伤员从死亡状态拯救出来。

一、风险提示及防范措施

本项目风险提示及防范措施见表5-2-4。

表 5-2-4　风险提示及防范措施

风险提示		防范措施
人身伤害	传染	使用口膜或用酒精消毒

二、操作流程

准备好医学训练用人体模特。

三、准备工作

(1) 检查周围环境，保证空气流通良好。
(2) 查看病人有无呼吸活动。
(3) 检查清除病人口腔或鼻腔内异物。

四、操作步骤

1. 人工呼吸法

(1) 保障现场通风良好，伤员平卧，解开衣领，松开紧身衣服，放松裤带，从而使呼吸时胸廓能自然扩张。使伤员的头部充分后仰，呼吸道尽量畅通，减少气流的阻力，确保有效通气量，同时，这也可以防止舌根陷落堵塞气流通道。然后，将病人嘴巴掰开，用手指清除口腔中的异物，如假牙、分泌物、血块、呕吐物等，以免阻塞呼吸道。

(2) 抢救者站在伤员一侧，用靠近其头部的手紧捏伤员的鼻子（避免漏气），并用手掌外缘压住额部，另一只手托在伤员颈部，将颈部上抬，头部充分后仰，鼻孔呈朝天位，使嘴巴张开准备接收吹气。

(3) 抢救者先吸一口气，然后嘴紧贴伤员的嘴用力吹气，同时观察其胸部是否膨胀隆起，以确定吹气是否有效和吹气是否适度。

(4) 吹气停止后，稍侧转抢救者头部，并立即松开捏鼻子的手，让气体从伤员的鼻孔排出。此时注意胸部复原情况，倾听呼气声，观察有无呼吸道梗阻。

2. 胸外心脏按压法

(1) 使伤员就近卧于硬板上或地上，注意保暖，解开伤员衣领，使其头部后仰侧偏。

(2) 抢救者站在伤员左侧或跪跨在病人的腰部。

(3) 抢救者以一手掌置于伤员胸骨下 1/3 段，即中指对准其颈部凹陷的下缘，另一只手掌交叉重叠于该手背上，肘关节伸直，依靠体重和臂、肩部肌肉的力量，垂直用力，向脊柱方向冲击性地用力施压胸骨下段，使胸骨下段与其相连的肋骨下陷 3~4cm，间接压迫心脏使心脏内血液搏出。

(4) 按压后突然放松（要注意掌根不能离开胸壁），依靠胸廓的弹性，使胸骨复位。此时心脏舒张，大静脉的血液就回流到心脏。

五、技术要求

（1）有规律地进行人工呼吸，不可中断，吹气频率应在 12~16 次/min。

（2）进行人工呼吸要注意，口对口的压力要掌握好，开始时可略大些，频率也可稍快些，经过十几次吹气后逐渐减小压力，只要维持胸部轻度升起即可。

（3）如遇到伤者嘴巴掰不开的情况，可改用口对鼻孔吹气的办法，吹气时压力稍大些，时间稍长些。采取这种方法，只有当伤员出现自动呼吸时，方可停止。但要密切观察，以防出现再次停止呼吸。

（4）在进行胸外心脏按压时要注意，操作时定位要准确，用力要垂直适当，要有节奏地反复进行，防止因用力过猛而造成继发性组织器官的损伤或肋骨内折。

（5）按压频率一般控制在 60~80 次/min，有时为了提高效果，可增加按压频率，达到 100 次/min 左右，抢救时必须同时兼顾心跳和呼吸。

（6）抢救工作一般需要很长时间，在没送医院之前，抢救工作不能停。

项目五 制作 Word 文件，在文字中插入表格、图片

Word 是常用的办公软件，是一款非常实用的排版、编辑类软件。

一、风险提示及防范措施

本项目风险提示及防范措施见表 5-2-5。

表 5-2-5 风险提示及防范措施

风险提示		防范措施
人身伤害	触电	定期检查漏电保护器完好、动作灵敏，插拔电源时禁止湿手操作

二、操作流程

（1）检查运行状态。

（2）创建文件夹。

（3）启动 Word 及汉字输入法。

（4）录入文档。

（5）按要求排版。

（6）保存文档。

（7）退出 Word。

三、准备工作

（1）工具、用具、材料准备：Win7 系统计算机 1 台，Office 2007 及以上版本软件，相关编辑资料。

（2）劳动防护用品准备齐全，穿戴整齐。

四、操作步骤

（1）检查计算机的运行状态。
（2）启动 Word 及汉字输入法、绘图工具栏。
（3）创建文件夹，输入文件夹名。
（4）按试题要求进行文档录入。
（5）按试题要求对录入的文档进行排版。
（6）在指定位置插入自选图形，加三维效果并添加文字。
（7）在指定位置插入表格。
（8）文件保存到指定的文件夹中。
（9）退出 Word。

五、技术要求

（1）文件必须保存到指定的文件夹中。
（2）必须按试题要求编辑。

项目六　制作 Excel 文件，并进行编辑处理操作

日常生产中常常会见到各种表格，使用表格可以很方便地记录生产数据，以及对重要的生产数据进行分析。

一、风险提示及防范措施

本项目风险提示及防范措施见表 5-2-6。

表 5-2-6　风险提示及防范措施

风险提示		防范措施
人身伤害	触电	定期检查漏电保护器完好、动作灵敏，插拔电源时禁止湿手操作。

二、操作流程

（1）检查运行状态。
（2）创建文件夹。
（3）启动 Excel 及汉字输入法。
（4）按要求排版。
（5）保存文档。
（6）退出 Excel。

三、准备工作

（1）工具、用具、材料准备：Win7 系统计算机 1 台，Office 2007 及以上版

本软件,相关编辑资料。

(2) 劳动防护用品准备齐全,穿戴整齐。

四、操作步骤

(1) 检查计算机的运行状态。
(2) 启动 Excel 及汉字输入法。
(3) 创建文件夹,输入文件夹名。
(4) 正确录入试题内容。
(5) 为表格加边框,外边框较粗,内边框较细。
(6) 标题位于表格正上方,合并居中。
(7) 按试题要求进行排版、数据计算。
(8) 文件保存到指定的文件夹中。
(9) 退出 Excel。

五、技术要求

(1) 文件必须保存到指定的文件夹中。
(2) 必须按试题要求进行编辑。

参 考 文 献

[1] 中国石油天然气集团公司人事服务中心.集输工.北京：石油工业出版社，2005.
[2] 中国石油天然气集团公司职业技能鉴定指导中心.集输工.北京：石油出版社，2011.
[3] 李振泰.油气集输技能操作读本.北京：石油工业出版社，2009.